国家城镇化的地学保障·中国城市地质调查丛书

中国城市地质调查工作指南

程光华　翟刚毅　庄育勋 等　编著

科学出版社

北　京

内 容 简 介

本书主要为城市地质调查系列工作指南汇编，是通过滨海平原、河口三角洲、内陆山间盆地、山前冲积扇等六个不同类型城市的试点工作总结，在参考国外成功经验的基础上编制的一套比较完善的城市地质调查工作指南体系。包括城市地质调查工作指南、城市地质调查遥感工作指南、城市地质调查钻探工作细则、城市环境地球化学调查与评价工作指南、城市地质信息系统建设指南和城市地质调查物探工作指南。

城市地质调查系列工作指南对城市地质调查的目的、任务和基本原则，工作程序，主要工作内容及其使用的方法和工作精度等提出了明确要求，对遥感、钻探工程、地球物理、环境地球化学、数据库与信息系统建设等技术方法与技术规程方面提出了有针对性的具体要求。

本书可供从事城市地质调查工作的科研人员、行政管理人员及相关专业大专院校人员参考。

图书在版编目（CIP）数据

中国城市地质调查工作指南/程光华，翟刚毅，庄育勋等编著. —北京：科学出版社，2013

（国家城镇化的地学保障·中国城市地质调查丛书）

ISBN 978-7-03-037639-8

Ⅰ. ①中… Ⅱ. ①程… ②翟… ③庄… Ⅲ. ①城市-区域地质-地质调查-中国-指南 Ⅳ. ①P562-62

中国版本图书馆 CIP 数据核字（2013）第 116132 号

责任编辑：陈岭啸 曾佳佳 罗 吉/责任校对：钟 洋

责任印制：徐晓晨/封面设计：许 瑞

科学出版社出版

北京东黄城根北街 16 号

邮政编码：100717

http://www.sciencep.com

北京凌奇印刷有限责任公司印刷

科学出版社发行 各地新华书店经销

*

2013 年 6 月第 一 版 开本：787×1092 1/16

2020 年 9 月第五次印刷 印张：21

字数：480 000

定价：148.00 元

（如有印装质量问题，我社负责调换）

从 书 序

城镇化是中国实现现代化的重大措施。党的“十八大”报告指出，工业化、信息化、城镇化和农业现代化是全面建设小康社会的载体，是推动我国经济社会发展的新引擎。从发达国家发展的历史来看，工业化和城镇化是实现社会和经济现代化、走向小康社会的必由之路。改革开放以来的30多年，是我国历史上城镇化发展最为迅速的时期。我国的城镇化率由1978年的17.92%上升至2012年的52.57%，年均增长约一个百分点，是世界同期城镇化率水平的三倍。预计2050年我国城镇化率将达到70%。

城市地质是城市可持续发展的重要基础。城市的科学规划、建设、管理和城市的可持续发展需要包括地质科学在内的科学理论和方法技术的支撑，需要以大量科学调查成果资料为基础。城市的区域地壳稳定性信息，地下空间资源信息，地下水、地热、矿产、化石能源、建筑材料以及地质遗迹等地质资源信息，地质环境与地质灾害信息等是制定城市规划的重要基础。城市市政建设计划制定，政府地下水等资源开发管理，城市地下空间资源开发与地籍管理，城市周边地球化学环境与农业区划管理，城市地铁、天然气管线运营管理，土地资源调查监测与城市土地利用管理等城市建设、城市管理迫切需要城市地质信息数据作为基础与支撑。

国土资源部中国地质调查局自2004年至2011年，先后在环渤海、长江三角洲和珠江三角洲三个经济区，与上海、北京、杭州、天津、南京、广州六个城市政府合作开展了城市地质调查试点工作。这项工作以服务于城市可持续发展为目标，以先进地学理论为指导，在城市行政区范围内，围绕制约城市可持续发展的地质构造、地质资源、地质环境等综合因素，采用地质、地球物理、地球化学、钻探、遥感、监测、测试和信息技术等多学科、多专业、多方法手段，以已有地质资料为基础，全面调查城市三维地质结构、地质资源、地质环境和地质灾害，建立城市地质信息数据库与三维可视化数据管理服务系统，综合评价城市发展的资源保障与环境承载能力，从而为城市规划、建设、管理、防灾减灾、环境治理服务，为城市可持续发展服务。

城市地质调查试点工作取得了丰硕的成果。一是查明与评价了六个试点城市的地质背景、资源与地质环境的安全性、承载力。试点成果已及时提交各城市政府及有关部门使用，在各城市的规划、建设与管理中，发挥了巨大的作用，取得了良好的经济和社会效益。二是为地方开展城市地质工作提供了示范，拉动了全国的城市地质工作。三是编制了城市地质调查工作指南，为今后开展全国城市地质调查工作提供统一的技术规范。四是探索了不同类型城市地质调查工作方法，探索了安全有效的城市地球物理调查技术方法，研发了城市多源异构三维可视化地质信息管理系统。五是为地质工作服务于城市规划、建设和管理做出了重要的探索和实践。六是使我国的城市地质调查在理论、方法、技术上达到国际领先水平。七是在项目的组织实施经验上，形成了超前性、综合性、立体性、公益性、实用性五大项目特点，形成了系统化、定量化、信息化、动态化四大项目技术特色，形成了中央与地方共同出资、统一部署、统一管理、统一标准、成果共享的项目合作机制，以城市行政区为单元，多专业统一部署，分头实施、互相促进、协调推进的项目技术管理机制，地质工作与政府规划、城建、交通、环保等部门联动、实时、协同的项目成果应用转化机制。

《国家城镇化的地学保障·中国城市地质调查丛书》是城市地质调查试点工作的系统和全面总结，共分四部。第一部为《城市地质与城市可持续发展》，围绕城市地质工作做什么、适用范围的问题，介绍了国内外城镇化趋势，总结了城市发展中的资源环境问题，归纳了城市可持续发展对城市地质工作的需求，回顾了以往的城市地质工作，阐述了新一轮城市地质工作的新思路，回答了为什么要开展城市地质工作。第二部为《中国城市地质调查成果与应用——北京、上海、天津、杭州、南京、广州试点调查》，围绕六个试点城市的工作情况，介绍了城市地质调查试点项目总体工作概况、目标任务、工作部署与专题设置、组织实施、工作进展与成果，介绍了各试点城市三维地质结构调查、城市水土地球化学调查与评价、城市地质灾害与地质环境调查与评价、城市地质资源调查与评价、城市重大工程专项调查、城市地质环境综合评价、城市地质数据库与信息服务系统等方面的调查内容与成果，介绍了各试点城市的调查与评价成果在城市规划、建设和管理中的实际应用。第三部为《中国城市地质调查技术方法》，围绕城市地质调查的技术方法，介绍了三维地质结构调查方法、城市水土地球化学调查与评价方法、城市地质灾害与地质环境调查与评价方法、城市地质资源调查与评价方法、城市地质环境综合评价方法、城市信息系统建设与成果表达技术方法等城市地质调查技术方法体系。第四部为《中国城市地质调查工作指南》，围绕开展城市地质调查的技术标准，介绍了开展城市地质调查试点的总体工作指南，以及遥感、钻探工程、地球物理、环境地球化学、数据库与信息系统建设等方面的具体工作指南。这四部构成城市地质工作的完整体系，各部又相对独立。

这项工作是在我兼任中国地质调查局局长时就给予充分的重视和支持的。我十分欣喜地看到，作者在大量城市地质调查试点的基础上，对我国城市地质调查工作进行了全面系统的总结，这是我国城市地质调查的最新、最全面的成果。这一成果的出版必将对我国其他城市开展这项工作在思路上有启迪作用，在技术方法上有指导作用，在项目组织上有借鉴作用，在成果应用上有示范作用。这一成果的出版必将推动拓宽地质工作服务领域的探索，必将有力地推动我国城市地质调查水平的提高，也必将在保障我国城镇化的科学、健康发展中起到重要作用。

2013 年 3 月

前　言

城市地质调查是一项基础性、公益性的地质调查工作，以服务于城市的规划、建设、发展与管理以及社会公众信息需求为宗旨。城市地质调查的目的是系统查明城市地质资源与环境状况，建立三维可视化的城市综合地学信息管理与服务系统，综合评价城市可持续发展的资源保障能力和环境承载力，最终为城市的规划、建设和可持续发展提供系统、全面的地质信息支持。

近年来，国家经济建设发展迅速，城市化和集团性城市群（带）经济进程在不断加快，城市建设也由平面转向空间立体开发。随着城市建设活动增强，对资源、环境和空间的需求日益增大，城市灾害和生态恶化不断加剧，使得资源短缺、环境质量降低等一系列城市地质问题日益突出，严重制约了城市的可持续发展，成为当前国家经济建设和社会发展亟待解决的关键问题。从 2003 年起中国启动了城市地质调查工作，在中国东部环渤海城市群、长江三角洲城市群和珠江三角洲城市群中的北京、上海、天津、杭州、南京、广州等中心城市进行城市地质调查试点。

通过滨海平原、河口三角洲、内陆山间盆地、山前冲积扇等六个不同类型城市的试点，建立集调查、研究、评价、成果表达、数据库与信息系统建设为一体的城市地质技术方法体系。在调查研究上侧重于三维地质结构调查，活动断裂调查，城市水、土、气等环境地球化学调查，地面沉降调查，岩溶塌陷调查，垃圾填埋场调查等方面的技术方法研究；在评价上侧重于区域地壳稳定性、地下空间适宜性、工程建设适宜性、城市土地利用适宜性、垃圾填埋场址优选、城市环境容量评价等方面的评价指标体系建设；在成果表达上形成了地质报告，系列基础性、评价性、对策建议性地质图系，立体显示与三维可视化表达等成果表达体系；在资料与成果的集成方面建立城市地质数据库与信息系统，城市多源地学数据的一体化组织、管理与实时更新体系。

通过对试点城市的实践经验的总结和研究，参考国外的成功经验，建立了一套比较完善的城市地质调查工作指南体系。包括城市地质调查总体工作指南和遥感、钻探工程、地球物理、环境地球化学、数据库与信息系统建设等方面的具体工作指南。

该系列工作指南是“城市立体地质方法技术研究与成果集成”项目组织编制的，是项目成果的组成部分，多数未纳入中国地质调查局标准编制的项目中，难以作为行业标准出版发行，因此本次出版的中国城市地质工作指南不是作为行业标准出版发行，而是作为城市地质调查项目的研究成果出版，以供在城市地区进行相关地质调查的实施单位与管理部门参考。

目　　录

指南概述

1 城市地质调查工作指导意见

在城市地质调查试点开始阶段，由于缺少实践经验，无统一的工作程序和调查标准，因此制定了城市地质调查工作指导意见以规范当时的城市地质调查试点工作。指导意见包括城市地质调查的工作内容，基本原则，工作程序，基础地质、工程地质、水文地质、环境地球化学、地质灾害、地质资源等调查工作的工作要求，物探、遥感、钻探等技术方法的应用和要求，城市地质数据库与成果三维可视化信息系统建设的要求等方面。

（1）明确了城市地质调查的目标任务。城市地质调查是围绕制约城市可持续发展的地质资源、地质环境等综合因素，在城市行政区范围内，以先进地学理论为指导，采用地质、测绘、遥感、物探、化探、钻探、监测、测试和计算机等现代综合方法、手段，以已有地质资料为基础，开展多学科、多目标、多用途的综合城市三维地质调查。全面调查城市地表与地下地质结构、地质资源、地质环境和地质灾害；建立城市地质信息数据库与三维可视化数据管理服务系统，综合评价城市发展的资源保障与环境承载能力。为城市规划、建设、管理、防灾减灾、环境治理、满足公众对地学知识需求、地学研究等提供基础资料和研究成果。

（2）城市地质调查工作应遵循六大基本原则：兼顾国家目标与城市发展需求；多学科多方法集成；在充分利用现有资料基础上进行工作部署；平面分区与垂向深度分层；调查与评价相结合；成果的科学性、实用性和表达形式的信息化与多样化。

（3）城市地质调查的工作程序可分为五个阶段：项目立项与审批、设计编写与审查、项目实施、报告编写与评审、成果汇交与发布。程序之间不是彼此独立进行的，而是互为关联的一个整体。资料收集与利用是城市地质调查中的重要内容，并贯穿于立项、编写设计和实施的各个阶段，但各阶段对资料收集、分析、整理和利用有不同的要求。

（4）基础地质调查的内容包括基岩地质调查、第四纪地质调查、地貌调查、新构造调查。基岩出露区和第四纪覆盖区可分别作为不同的地质单元进行调查。基岩出露区可进一步划分地质单元，第四纪覆盖区可依据沉积环境的差异进一步划分不同的地质单元。基础地质填图按地质单元划分工作区，地表以下 100m 深度范围内的松散沉积层和出露基岩调查基本工作比例尺为 1∶50 000；地表以下超过 100m 深度范围的松散沉积层和隐伏基岩面，调查的精度可以放宽。松散沉积层三维地质调查，100m 以浅深度段主要采用钻探控制，100～500m 深度段采用钻探与物探相结合的方法控制，大于 500m 深度段主要采用物探方法控制。每个地质单元至少应有 1 条地质-地球物理综合剖面控制，地质结构比较单一的城市，全区至少有2～3条贯通性地质-地球物理综合剖面控制，每条综合剖面上至少有2～3个穿透第四纪地层的钻孔。松散沉积层厚度小于100m的地区，新施工的钻孔都应穿透松散沉积层。钻孔柱状图基本垂直比例尺为1∶500～1∶2000。

（5）工程地质调查的内容包括岩体、土体、特殊岩土体工程地质调查。工程布置需充分考虑工程地质条件的复杂程度、以往研究程度、工作条件和工程地质勘测技术的现有水平等因素，将区域工程地质条件复杂程度划分为复杂类型（Ⅰ类）、中等类型（Ⅱ类）和简单类型（Ⅲ类）。平原区土体根据调查区工程地质条件并结合建设需要确定勘查深度，一般为30～100m；每个地貌单元均应有控制性钻孔。岩体区原则上不布置工程地质调查孔。应密切结合城市建设规划的需求，确定调查的空间范围、工作比例尺。一般分为解剖区、重点区和一般区。解剖区调查比例尺为1∶10 000～1∶25 000，重点区调查比例尺为1∶25 000～1∶50 000，一般区调查比例尺为1∶50 000～1∶100 000。

（6）充分利用已有资料，在区域水文地质调查的基础上，对水位、水质等的变化及应急水源地进行补充调查，对水文地质结构进行三维建模，开展相关的研究、评价工作。新布设水文地质勘探孔以揭露工作区具有供水意义的主要含水层或含水构造带为前提，平原区、滨海地区、黄土地区在松散覆盖层厚度小于100m时，新布设水文地质勘探孔应揭穿覆盖层；当厚度小于500m时，应按水文地质单元布设揭穿覆盖层的控制性勘探孔，每个水文地质单元至少布设1个孔。

（7）环境地球化学调查包括区域地球化学调查和区域生态地球化学评价两部分。区域地球化学调查内容分为土壤（包括湖泊沉积物、近岸海域沉积物）地球化学调查、水地球化学调查和地球化学异常查证。表层土壤地球化学调查和深层土壤地球化学调查，工作比例尺为1∶250 000。系统开展土壤、湖泊沉积物及近岸海域沉积物地球化学测量，分析测试Au、Ag、As、Cd、Hg、Pb等54项元素、有机污染物和土壤理化指标。地表水和浅层地下水地球化学调查，工作比例尺为1∶250 000。分析测试pH、氯化物、铁、锰、亚硝酸根、氟化物等21项指标及有机污染物。绘制各类地球化学图，对发现的重要异常进行查证。规定了土壤、水地球化学调查的采样密度和深度以及分析样品组合原则及测试指标；说明了异常元素和有机污染物来源及迁移、异常元素和有机污染物生态效应评价的方法技术和要求。

（8）环境地质、灾害地质调查工作依据调查城市的实际环境和灾害问题确定调查内容。环境地质和灾害地质调查应在环境和灾害发生区和潜在发生区进行，并以专题调查为主。

（9）地质资源调查应针对城市范围内所拥有的主要资源种类，在收集已有资料的基础上，分别进行程度不同的调查，并将收集与调查的资料分类录入数据库，同时建立相应的评价体系，编制综合图件。

（10）物探工作是城市地质调查中的重要手段。在三维地质结构调查中，物探方法应首选地震方法。在隐伏基岩面调查中，采用以钻孔或地震方法控制深度的重力三维反演方法辅以磁法最小深度图方法计算基岩埋深，了解基岩面起伏。在隐伏基岩面地质填图中，结合钻孔所见基岩面地质体情况，利用磁法、重力、电法综合资料定量、半定量反演方法圈定地质体边界。基岩出露区调查，充分利用区域重力、磁法资料，通过反演，绘制三维基岩地质略图。利用测井方法获得工程参数，进行孔间地层对比。利用地震、电法进行孔间含水层、隔水层连接和描述，圈定含水层；利用测井方法获得水文参数；利用电法资料评价水的矿化度。地震、重力、电法、磁法等物探方法均可用于确定断裂位置，地震方法也可用于断裂活动性评价。电法、地质雷达、地震等方法均可用于圈定岩溶等地面塌陷区和潜在影响范围。在通行条件允许的情况下，物探剖面应尽量通过较多的钻探工程；在通行条件不允许的情况下，可设计折线剖面。当物性前提不明时，应通过方法有效性试验选择方法技术。

（11）遥感技术是城市地质调查中的重要辅助手段，应贯穿于城市地质调查工作的全过程，并成为设计编写、野外调查、资料整理及报告编制等各个环节的组成部分。在基础地质调查、水文工程地质调查、环境与灾害地质调查、地质资源调查等方面都可应用。遥感解译的工作程序为：遥感资料收集，图像、数据处理，室内遥感解译，野外验证及资料整理，遥感地质编图。

（12）钻探必须在地质调查和物探工作的基础上进行。勘探线布置要平行或垂直于地质体、岩土体、地质灾害体长轴方向或变化最大的方向。钻探类型和使用工作量主要根据调查内容、比例尺和地质复杂程度确定。每个钻孔必须目的明确，尽量做到一孔多用。根据探测对象的不同确定钻孔深度，原则上一般要穿透目的层3～5m。

（13）城市地质数据库与成果三维可视化信息系统是利用数字模拟、大型数据库系统、三维可视化和GIS等现代计算机技术，对城市区域地质、水文地质、工程地质、环境与灾害地质、地球物理、地球化学、遥感等多专业的地质信息和成果进行集成和综合；在信息管理、更新维护、检索查询、分析评价、成果显示和三维地质模拟的基础上，进行城市的地表与地下空间结构与空间资源、地质灾害、地下水资源与质量和生态环境分析评价和模拟预测，建立城市地质调查三维数据管理与应用服务系统。系统的建设流程是：城市地质勘查数据及资料收集—编写系统建设需求分析和概要设计—数据组织、预处理与转换—编写数据库与系统建设的详细设计—系统选型—基础数据库建设—各项功能的开发—测试与完善—用户试用与完善—交付使用。统一命名和编码规则，包括图层命名、数据库与表的命名、索引编码以及分类编码等。城市地质调查空间数据库建设的空间坐标参照系，应根据本区域的基本地理地图数据所采用的坐标系统确定，也可根据三维建模的需要确定。在进行数据库设计时，必须首先设计各类数据的数据项及相关名称、代码、类型、长度、值域等。

城市地质调查工作指导意见后期已转成城市地质调查工作指南。

2 城市地质调查工作指南

为规范城市地质调查工作，统一调查与评价标准，制定了城市地质调查工作指南。它适用于城市及城市规划区开展的城市地质调查工作。

城市地质调查工作指南规定了城市地质调查的目的、任务和基本原则，工作程序，主要工作内容及其使用的方法和工作精度等要求。包括设计编审、资料收集与整理、野外调查实施、成果编制等工作程序；三维基础地质调查、三维工程地质调查、三维水文地质调查、环境地球化学调查与评价、环境地质问题与灾害地质调查、地质资源调查与评价、城市地质数据库与信息系统建设、城市地质综合研究与评价等工作内容；每一方面的原则、调查内容、工作精度、工作方法、综合研究、成果表达等要求。

(1) 城市地质调查是在城市及城市规划区开展的三维地质结构、活动构造、地质灾害与环境、地质资源等综合地质调查，建立城市地质信息数据库与三维可视化地质信息管理服务系统，综合评价城市地壳稳定性、城市发展的资源保障与环境承载能力和城市安全性，从而为城市规划、建设和管理提供地质信息，为城市可持续发展提供基础保障。

(2) 城市地质调查的主要任务是查明城市三维地质结构、地质资源、主要地质灾害及工程地质条件、水土体地球化学背景及污染状况，评价城市环境质量及容量、城市地质资源潜力，建立三维可视化城市地学信息管理与服务系统，实现城市多源地学数据的一体化管理，为城市规划、建设与管理提供基础数据和决策依据。

(3) 城市地质调查的基本原则是服务于城市总体规划，充分收集、集成已有资料，解决突出地质问题，多学科多方法相互融合，先基础后专题、调查与评价相结合，依托现代信息技术。部署原则是从已知到未知，重点调查与一般调查、平面调查与立体调查、覆盖层详细调查与基岩概略调查相结合，进行平面分区与垂向分层。

(4) 城市地质调查工作程序。①在设计阶段应编制项目总体设计书、专题设计书、方法技术设计书，每个年度还应编写年度工作方案。工作指南中说明了各类设计书的编制要点和要求。经审批的设计是项目实施的依据。②应充分收集以往资料，包括原始资料、成果资料及图件、监测资料及历史沿革资料等。应对收集的资料进行整理和录入原始资料数据库，入库数据差错率均不得超过1‰。应对所利用资料分类建档。③根据经过审批的设计书开展野外调查工作。首先开展三维地质结构等基础地质调查，在三维地质结构调查取得初步成果的基础上进行工程地质、水文地质、环境地质、地质灾害以及其他专题调查与评价。各专题调查必须统筹兼顾，坚持一法多用、一线多用、一点多用和一孔多用的原则，并制定城市地质调查工作细则。实施过程中应及时进行资料整理、质量检查与野外验收。④在各专题成果基础上进行综合研究，统一区域地层划分、岩石单位划分等方面内容；统一基岩、活动构造调查等专题的构造认识；协调、对比地层、工程地质层、水文单元层等三维地质结构的划分标准与方案。总报告应突出城市特色，重点是总结影响城市环境与安全的主要地质问题、城市地质信息平台与应用服务系统、城市地质资源可持续利用和地质环境保护对策建议等方面内容。

(5) 三维基础地质结构调查。①包括基岩、松散层地质结构调查和活动构造调查。基岩地质调查以岩性填图为主。在基岩出露地区，以地表地质填图为主，地下部分通过物探和钻探结合地质路线和地质剖面进行调查。隐伏基岩区依据钻孔和物探资料并结合出露区地质特征进行类比推测。松散层地质调查包括地貌、地层层序调查、沉积环境与岩相古地理调查，建立松散层三维地质结构。地貌调查应充分利用遥感技术进行调查。地层层序调查和沉积环境与岩相古地理调查通过路线、剖面、钻探，结合以往资料、电测深、地震资料和样品分析、测试数据进行。本次活动构造调查侧重于调查发育在基岩与松散层中以活断层为主的活动构造。②基本比例尺为1∶50 000，在重点调查区，可以提高到1∶25 000。隐伏基岩的调查精度可适当降低。松散层三维地质调查，100m以浅深度段主要采用钻探控制，100～500m深度段采用钻探与物探相结合的方法控制，大于500m深度段主要采用物探方法控制。每个地质单元至少应有1条地质-地球物理综合剖面控制，地质结构比较单一的城市，全区至少有2～3条贯通性地质-地球物理综合剖面控制，每条综合剖面上至少有2～3个穿透松散层的钻孔。松散层厚度小于100m的地区，新施工的钻孔都应穿透松散沉积层，并进入基岩半风化层。③沉积岩以岩石地层单位作为基本填图单位，以组、段、层及非正式岩性表示；侵入岩以同时期单一岩石类型作为基本填图单位，以岩性加时代表示。松散沉积层填图单位以能最大程度地反映沉积层序、地层结构、区域岩相古地理变化以及特殊地质体的分布为原则。④进行综合研究以掌握地质作用规律和发展趋势。第四纪地质研究主要进行第四纪地貌研究、新构造与地质灾害研究、古气候与古环境研究、第四纪古人类古文化遗迹研究等方面。风化作用研究包括风化作用与残积物的形成、风化壳类型划分、土壤与古土壤等方面。基岩地质构造演化研究，包括区域地质构造格架、构造单元划分、岩浆及变质作用、断层与褶皱等主要构造形迹的几何特征与运动学特征研究、构造应力场研究、构造年代学研究。⑤在调查与综合研究的基础上编制三维地质结构调查专题报告和系列图件，包括地貌图、地形坡度图、地质图、第四纪地质图、基岩岩性图、地质构造图、隐伏基岩地质图、(反映三维结构特征的）系列地质剖面图、隐伏基岩风化程度等深图、活动断裂分布图、第四纪不同时期岩相古地理与沉积环境图等。建立三维地质结构调查基础地质数据库和三维地质结构与属性模型。

(6) 三维工程地质结构调查。①调查内容包括岩土体工程地质调查、特殊岩土体工程地质特征调查、易液化饱和砂土工程地质调查、可溶岩工程地质特征调查、工程水文地质条件调查。②应依据城市建设规划和地质特点，按照“平面分区、垂向分层”的原则，确定调查精度。平面上，一般分为重点调查区和一般调查区，重点调查区工作程度应达到满足城市总体规划阶段的要求，一般调查区应达到规划前期的要求。垂向调查深度重点调查100m以浅的岩土工程地质结构，根据城市规划的实际需求和地质特点，按照上细下粗的原则，确定不同深度段的调查精度。工作精度需充分考虑工程地质条件的复杂程度和分区控制平面工程控制程度。一般调查区调查比例尺为1∶50 000～1∶100 000，重点调查区调查比例尺为1∶10 000～1∶25 000。调查深度为30～100m，一般控制在50m。工程地质钻孔分为控制孔、一般性钻孔和原位测试孔。控制孔深度原则上控制在100m，一般性钻孔深度控制在30～50m。岩体工程地质区调查深度原则上控制在地表以下50m内。控制性钻孔占钻孔总数的1/3～1/5。③工程地质调查以岩土性层、岩土性层综合体为基本填图单元，可能时可划分到工程地质类型。④工程地质调查可采用遥感解译、地表调查、地球物理勘查、钻探与原位测试、室内试验等工作方法。⑤可进行工程地质单要素评价、工程地质条件综合评价、工程建设适宜性评价、地下空间利用适宜性评价研究、工程地质区划评价等。⑥在调查与综合研究的基础上编制三维工程地质结构调查专题报告和系列图件，包括实际材料图、岩土体工程地质分类图、地貌及外动力地质现象图、地质构造与地震烈度分区图（或震中分布图)、遥感工程地质解译图、工程分层地质图、土体结构类型图、特殊岩土体分布系列图、饱和土振动液化分析图、综合工程地质图、城市建设工程适宜性评价图系、地下空间利用适宜性评价图系等。建立三维地质结构调查工程地质数据库和三维工程地质结构与属性模型。

(7) 三维水文地质结构调查。①在地质结构调查的基础上开展三维水文地质结构调查，结合城市发展需求，开展地下水资源评价及应急水源地论证。②根据水文地质条件复杂程度、水文地质工作程度，并结合地下水开发利用引发环境地质问题的严重程度以及地下水资源开发利用前景，综合确定工作方法和工作量。在水文地质条件简单、工作程度高的地区，针对工作程度不足补充少量的调查工作，以综合研究为主。在水文地质条件简单、工作程度中等或低的地区，以及水文地质条件中等或复杂、工作程度高或中等地区，补充适当的调查工作，调查与综合研究相结合。在水文地质条件中等复杂、工作程度低的地区，以调查为主。三维水文地质结构调查基本比例尺为 1∶50 000～1∶100 000。③以地质填图单位为基础，以水文地质特征为依据，以地下水资源开发利用为目的，确定水文地质填图单位。基岩区划分出具有供水意义的含水层（组、带）。可将富水性或透水性弱的地质填图单位合并。松散层区根据地下水动力条件和水文地球化学环境划分含水层（组)，一个地质填图单位可以划分为多个含水层（组)，多个地质填图单位可以合并为一个含水层（组)。根据地层的渗透性，可将含水层组进一步划分为含水层、弱含水层和隔水层，完善填图单位。④水文地质结构调查可应用地表调查、电法和测井、钻探、试验、样品测试等技术方法。⑤可进行三维水文地质结构综合研究、地下水资源量评价、地下水质评价、地下水潜力评价、应急地下水水源地选择和论证评价等。⑥成果包括水文地质系列图件、专题研究报告、水文地质数据库与三维可视化模型等。

(8) 环境地球化学调查与评价。①分为环境地球化学调查和环境地球化学评价两个层次。环境地球化学调查旨在查清城市土壤中主要污染元素和有机污染物含量与分布特征；环境地球化学评价是在环境地球化学调查基础上，按照不同功能分区需求和环境地球化学问题进行的评价工作。②环境地球化学调查以表层土壤调查为主，其工作比例尺为 1∶50 000。根据调查工作需要和不同城市特点，可进行水地球化学调查和异常查证工作。按城市不同土地利用现状，控制土壤及沉积物样品采集密度和采样深度。坡地、菜地及小规模经济作物种植地区等土壤中化学元素含量空间变异性较大地区，采样密度可适当加密。幼儿园、中小学、大学等校园区，采样密度可适当增加，以保证该功能区样品数不少于 10 个。在工矿企业用地、垃圾填埋场、河流入口处、工厂排污处等地区，可增加土壤剖面样品采集。表层土壤、湖泊湿地沉积物及浅海沉积物样品均为单点样样品分析，样品分析密度同采样密度。土壤样品分析测试指标依农用地和建设用地，有不同的必测指标和选测指标。对地球化学调查中发现的重要异常进行查证，调查后及时进行数据整理和综合研究。③在城市土壤环境地球化学调查和异常查证基础上，依据城市存在和面临的环境地球化学问题，开展环境地球化学评价工作。评价内容主要为查明异常元素来源、追踪异常元素迁移途径、评价异常元素生态效应、预测生态系统安全性变化趋势，并对可能发生的生态危害事件进行预警。环境地球化学评价工作可分为四部分：城市绿地土壤环境质量地球化学评价、大气环境质量地球化学评价、城市饮用水水源地环境质量地球化学评价和典型地区环境质量综合地球化学评价。④完成环境地球化学调查和环境地球化学评价野外样品采集、数据分析工作后，需对所获得的数据资料进行统计、图件编制和报告编写等项工作，在此基础上，不同城市可根据开展调查和评价工作的重点有针对性地进行综合研究，如土壤元素地球化学特征研究、土壤环境质量状况评估、生态环境质量评价、城市典型环境地球化学问题研究、环境质量预测预警等。在综合研究的基础上，提出改善环境质量、降低生态风险、合理利用土地资源、调整农业种植结构等各项对策建议。⑤成果包括地球化学系列图件、专题研究报告、基础资料数据库和统计与评价数据库。

(9) 环境地质和地质灾害调查。①应在环境地质问题较明显、地质灾害发生区和易发区进行；调查内容应根据调查城市的实际环境地质问题和地质灾害问题确定，并以专题调查为主。根据环境地质问题和地质灾害的类型、严重程度及其对城市建设的影响程度，调查方式可分为以收集资料为主、以调查为主两类。以收集资料为主的有：崩滑流、地下水位降落漏斗、地震、海水入侵、海岸淤积与侵蚀、河湖塌岸。以调查为主的有：地面塌陷、地面沉降、地裂缝、不稳定斜坡、地下水污染、垃圾场调查与选址调查。②根据不同的调查内容，可选择应用地表调查、遥感解译、地球物理、钻探、槽井探、地下水样品采集与测试等方法技术。③在调查的基础上，可进行城市地质环境条件评价、城市地质环境适宜性评价等。④成果包括环境和地质灾害调查系列图件、专题研究报告和数据库。

(10) 地质资源调查是摸清城市地质资源状况和开发利用现状，研究城市发展的地质资源承载力，为优化调整城市产业结构和布局，促进城市科学规划和可持续发展提供资料与技术支撑。城市地质资源主要包括固体矿产资源、能源、地下水资源、地下空间资源和地质景观资源五大类。工作原则上以资料的收集与整理为主，但对于具城市区域特色、与所调查城市的经济、社会发展和人民生活密切相关的地质资源，如地下水资源、建筑材料资源、地下空间资源和地质景观资源等，需开展适当的野外调查和评价工作。

(11) 城市地质数据库与信息系统建设。①城市地质数据应涵盖地质调查中所涉及的所有类型的数据源及其成果，包括基础地理、基础地质、工程地质、水文地质、环境地质、地质资源、地球物理与地球化学勘查以及遥感地质数据等。数据库可分为原始数据层、基础数据层、成果数据层和辅助信息。在城市地质数据库建设和三维模型建立中，要求进行统一的编码和命名，包括图层命名、数据库与表的命名、索引编码以及分类编码等。空间数据库建设的空间坐标参照系应与城市平面坐标系统和高程系统相一致。数据库的组织管理应遵循先进性与实用性相结合、规范性与兼容性相结合、安全性与可维护性相结合、集中管理与分散管理相结合的原则。数据库更新的技术实现不但与数据种类、来源和特征有关，而且与数据库的组织管理和数据存储方式有关。应重点从数据完整性、逻辑一致性、空间定位准确度、专题数据准确性、图面整饰规范性五个方面对数据质量进行检查与评价。②在基于系统进行城市三维地质建模时，应综合考虑数据来源、复杂程度以及对模型精度和效率的要求等多种因素选择不同的建模方式，系统应提供基于钻孔、剖面数据的自动或交互式三维地质结构建模方式，基于体视化方法的三维地质属性建模方式，基于三维 CAD 方法的地下建（构）筑物模型导入建模方式。应在建模范围、建模精度、地质体划分、建模数据、模型成果等方面满足一定要求。城市三维地质建模工作流程为资料收集整理、空间数据处理、模型构建、模型分析应用和模型质量检查五个阶段。③城市地质信息系统分为三个层次体系，即基础数据获取体系、数据分析评价体系、信息共享与服务体系。包括城市地质分析应用子系统、城市地质三维建模及可视化子系统、城市地质信息网上发布子系统及系统管理与维护等软件构件。城市地质分析应用子系统应以城市地质数据有效利用为基础，通过提供查询显示、统计分析、专业图表生成等功能，辅助专业人员开展评价工作，以满足城市规划、建设、管理的需要。城市地质三维建模及可视化子系统应是在三维 GIS 平台支持下，面向城市地质领域的三维地质模拟软件，通过提供三维空间数据存储管理、三维模型显示、三维场景操作、三维地质建模、三维模型分析应用等功能，构建面向城市地质的三维可视化与空间分析平台。城市地质信息网上发布子系统应是依托 WebGIS 技术构建的城市地质信息门户，提供 Internet 用户通过浏览器访问城市地质数据及服务的功能，包括数据查询、分析、图表制作、行业动态、科普知识等功能，实现面向政府有关部门、企事业单位、地质领域科研院所、社会公众的城市地质信息共享和服务。系统管理与维护模块可提供建立用户角色权限管理、数据库配置管理、系统日志管理、数据定时备份管理等功能保障系统安全有效运转。

（12）城市地质综合研究与评价。①城市地质综合研究是在专题调查成果的基础上，针对影响城市规划、建设、可持续发展有关的关键地质问题，进行综合分析、研究，从更高的角度、更大的视野审视和解决制约城市可持续发展的城市地质问题，提出城市地质资源可持续利用和地质环境保护对策建议，保障城市安全和可持续发展。主要任务包括城市选址、规划和建设所遇到的基础地质问题、工程地质环境问题、地质资源与地质环境承载力与容量问题，以及城市建设和发展过程中由于地质环境反馈作用而产生的地质问题等。主要内容包括基础地质背景研究、断裂构造与地壳稳定性研究、地球化学地质背景研究、地下水资源与环境研究、城市工程地质环境研究、城市规划环境影响研究等方面。城市地质调查工作指南中介绍了各类综合研究的研究方法和成果类型。②综合评价的主要内容有城市工程地质环境稳定性评价，城市地下空间开发利用容量评估、适宜性评价与区划，城市地质资源承载力评价，城市地质环境容量评价，土地利用规划适宜性评价，城市环境地质灾害的评价与预测等。城市地质调查工作指南中介绍了各类综合评价的评价方法和成果类型。③城市地质调查是为城市规划、建设和管理服务的，在调查、研究、评价的基础上提出一些对策建议。包括对城市规划建设的后评估建议、地质环境容量与城市可持续发展影响评估建议、城市地下空间规划建议、垃圾场地选址规划建议、合理利用地质资源潜力建议等方面。

3 城市地质调查遥感工作指南

城市地质调查遥感工作指南说明了城市地质调查中遥感工作的目的、基本要求和工作程序，对资料收集和整理、遥感影像图的制作、野外踏勘、室内解译的内容和方法、野外验证、图件编制等方面提出了要求，并给出了常见遥感卫星的参数和传感器光谱特征、航空照片扫描精度参考表、地貌解译方法与影像特征、岩性解译方法与影像特征、构造地质解译方法与影像特征、地下水解译方法与影像特征、地质灾害解译方法与影像特征等资料性附录。

(1) 城市地质调查遥感工作的目的是为地形地貌、基础地质、水文地质、工程地质、环境地质、地质灾害、城市变迁等各项专题调查工作提供信息，指导地面地质调查，减少野外工作量，提高工作效率。

(2) 遥感工作应贯穿于城市地质调查工作的全过程，成为工作设计、野外调查、资料整理及报告编制等各个环节的组成部分。工作区范围应覆盖城市地质调查工作区。根据城市地质调查工作所要求的精度和图面复杂程度，确定遥感工作的比例尺。原则上，遥感工作的比例尺不小于城市地质调查工作要求的比例尺，主城区一般不小于1∶50 000，非主城区一般不小于1∶250 000。可针对不同的调查内容采用不同的比例尺布置遥感工作。工程地质、环境地质、地质灾害等专题调查的遥感工作宜采用1∶10 000或更大比例尺；地貌、基础地质、水文地质、城市变迁等专题调查的遥感工作宜采用1∶50 000或更大比例尺；地面沉降专题调查的遥感工作宜采用1∶100 000或更大比例尺。应充分搜集利用不同时相、不同数据源的遥感资料，提取城市地质调查所需的信息。尽可能采用最新遥感资料，充分搜集其他相关资料，加强资料的二次开发和综合研究。遥感影像图的解译应做到目视判读与图像处理相结合、室内判读与野外验证相结合、遥感数据与地面实况数据相结合。遥感工作成果应符合各项专题调查工作的专业要求，体现科学性、针对性、实用性。应充分利用GIS技术进行分析、制图和信息的可视化表达。

(3) 应收集航空遥感数据，卫星遥感影像数据和地物波谱特征数据，地形图、基础地理信息数据，基础地质、水文地质、工程地质、环境地质和其他地质资料和图件，地球物理、地球化学的资料和数据，地貌、气象、水文、土壤、植被等方面的资料，城市规划、环境污染、地质灾害、自然保护区等方面的资料以及其他与城市地质调查有关的资料。对收集到的资料进行编录，建立资料卡片。航空照片经过扫描、配准后录入数据库。扫描精度应满足设计要求。纸质图像、图形资料经过扫描、配准后录入数据库。纸质图形资料扫描精度不低于300dpi。统一采用高斯-克吕格投影。根据研究的需要，可以对部分专题图件进行矢量化，并采集专题要素的属性数据。对于没有投影参数的卫星遥感数据，应采集地面控制点进行几何配准和图像变换，转换为高斯-克吕格投影。纸质图像、图形应采用逐网格结点配准。

(4) 应根据城市地质调查实际工作的需要和解译对象的特点选择遥感数据源。遥感影像的精处理应采用多项式拟合法，校正控制点可在基准图像中均匀选取，每景应不少于9个点，与地面控制点间的拟合精度在平原区应在1个像元以内，在山区应在3个像元以内。宜采用经过挑选的在本区自然环境条件下信息最丰富的波段的影像直接合成，必要时也可采用经过图像处理的影像合成。使用多景影像镶嵌制图时，影像的成像时间应比较接近。各波段影像之间的配准精度和相邻影像重叠区域之间的配准精度都应控制在一个像元以内。相邻影像应进行无缝镶嵌。不同时相的影像应进行色彩匹配处理。镶嵌过程中应尽可能减少非接边区图像光谱的非线性变化。图像数据文件应采用“GeoTIFF”格式。

（5）遥感影像室内解译的要素按专题地图信息分类的三级子类划分类别。该工作指南说明了地貌类型解译、构造地质解译、水文地质解译、工程地质解译、环境地质解译、地质灾害解译、城市变迁解译等方面的内容。

（6）遥感解译可以用直判、对比、推理等目视判读法，也可选用历史分析法、影像差值法、主成分分析法、假彩色合成法、波段替换法等方法提取动态信息，进行多时相的分析。

（7）成果图件包括遥感影像平面图、地貌解译图、地质解译图、水文地质解译图、工程地质解译图、环境地质解译图、地质灾害解译图、城市变迁解译图、城市绿地解译图、城市垃圾填埋场解译图等。

4 城市地质调查钻探工作细则

城市地质调查钻探工作细则适用于在城市地区开展地质调查的各类钻探工作。该工作细则规定了城市地质调查中钻探工作的目的、任务、工作内容、方法技术、编录、样品采集、综合整理等内容，并给出岩石的分类、钻孔质量验收报告、表格等资料性附录。

（1）钻探是城市地质调查中的主要勘查技术手段，用于调查城市松散层地质结构、基岩地质结构、工程地质结构、水文地质结构以及城市地质资源、地质环境和地质灾害状况等。主要的工作任务有：进行松散沉积层分层，调查沉积层厚度及空间变化特征，查明基岩面起伏变化特征；调查基岩风化带（层）特征及空间变化；调查基岩地质结构；划分工程地质层（组），调查其埋藏深度、分布及空间变化特征；划分地下含水层（组），调查其埋藏深度、分布及空间变化特征；验证隐伏断裂和活动断裂；调查地下洞穴、地下岩溶的发育状况，调查滑坡、泥石流等地质灾害特征；进行地下水动态监测和地质灾害监测；用于井中地球物理勘探以及水文地质、工程地质试验；采集各类分析、测试样品。

（2）钻探工程应在地质调查和地球物理勘探基础上进行。钻孔部署应在充分收集、整理已有钻孔资料的基础上进行。钻孔应综合利用，一孔多用。控制孔和一般孔间隔布置，控制孔数量不少于钻孔总数的 20%。勘探线应垂直或平行于地貌、地质构造、地质灾害体长轴方向或最大变化方向布置。勘探线应与主干地质调查路线、地质剖面及地球物理勘探线一致。不同地貌单元、地质单元应有钻孔控制。

（3）不同类型钻探工程对钻机类型、孔径、编录、取样等应有不同的要求。总体设计书中应明确钻孔目的、钻孔类型、位置、设计坐标、设计深度及技术要求，并附钻孔布置图及设计钻孔一览表。开孔前应按设计要求核对实地位置，需改变孔位时应书面说明变更原因，重大调整要经设计审批部门批准。回次进尺不得超过钻具长度，一般不超过 2m，并以能满足分层与描述要求为准。各类控制性钻孔必须做综合测井工作。所有钻孔都应全孔取心。野外岩（土）心必须进行彩色拍照或录像，建立岩（土）心图片库

(需注明孔号、位置等内容);控制孔岩(土)心均按要求保存备查;不入库岩(土)心按规定程序处理,并记录存档备查。单个钻孔完工后,由项目承担单位组织验收。验收不合格的钻孔必须返工。

5 城市环境地球化学调查与评价工作指南

城市环境地球化学调查与评价工作指南明确了城市环境地球化学调查和评价的目标任务、工作内容、方法技术、分析指标、质量管理、资料综合整理与研究评价、成果表达及要求等内容,并给出了设计书编写内容及要求,土壤地球化学采样记录卡,城市环境地球化学调查与评价报告编写提纲等规范性附录,矿山环境质量地球化学评价土壤、水系样品测试指标,工矿企业环境质量地球化学评价土壤、水系样品测试指标,风险评价等资料性附录。

(1)城市环境地球化学调查和评价分为环境地球化学调查和环境地球化学评价两个层次。环境地球化学调查旨在查清城市土壤中主要污染元素和有机污染物含量与分布特征。环境地球化学评价是在环境地球化学调查基础上,按照不同功能分区需求和环境地球化学问题进行的评价工作。

(2)环境地球化学调查以表层土壤调查为主,工作比例尺为 1∶50 000,调查区域为开展城市地质工作区。根据调查工作需要和不同城市特点,进行水地球化学调查和异常查证工作。环境地球化学评价方法以传统勘查地球化学方法技术为主,同时辅以同位素测年和示踪等方法技术。采样介质除常规的岩石、土壤、水、水系沉积物外,还采集大气、江河悬浮物、生物、湖底和浅海沉积物等。

(3)设计书编写前应全面收集拟调查城市的地质与地球化学工作程度及工作进展、自然地理、社会经济、环境问题等各方面资料,系统总结 1∶250 000 多目标区域地球化学调查成果,广泛调研国内外研究现状。在收集资料和初步研究基础上,对工作区进行实地踏勘,对特殊样品进行实地预采集,对特殊分析方法进行预研究,制定城市环境地球化学调查和地球化学评价方案。

(4)城市环境地球化学调查。城市环境地球化学调查内容主要为查清土壤中化学元素、理化指标和有机污染物含量水平,研究空间分布特征及其影响因素。调查对象为表层土壤、湖泊沉积物、滩涂(含潮间带)、10m 以内近岸海域沉积物等。根据调查工作需要和不同城市特点,开展水地球化学调查和异常查证工作。

(5)城市环境地球化学评价。①在城市环境地球化学调查和异常查证基础上,依据城市存在和面临的环境地球化学问题,开展环境地球化学评价工作。评价内容主要为查明异常元素来源、追踪异常元素迁移途径、评价异常元素生态效应、预测生态系统安全性变化趋势,并对可能发生的生态危害事件进行预警。环境地球化学评价工作可分为四部分:城市绿地土壤环境质量地球化学评价、大气环境质量地球化学评价、城市饮用水水源地环境质量地球化学评价和典型地区环境质量综合地球化学评价。②不同城市可根据存在的环境地球化学问题和城市发展需求,选做环境地球化学评价研究。污染严重的矿山开采区及受矿业活动影响的地区,可开展矿山环境质量地球化学评价;受垃圾填埋影响较严重的地区可开展垃圾填埋对环境质量影响的地球化学评价，评价内容主要涉及垃圾填埋场及周围的地下水、大气和土壤污染程度评价；城郊蔬菜基地环境质量地球化学评价，主要研究基地土壤、灌溉水和大气污染程度，评价蔬菜安全性，查明污染成因，提出治理建议；生态观光园环境质量地球化学评价，主要是进行土壤放射性危害程度和空气有害气体浓度评价；工矿企业旧址环境质量地球化学评价，评价对象主要涉及土壤和地下水；城市放射性污染程度评价，依据城市环境质量地球化学调查结果，选择表层土壤 U、Th、K 等放射性元素高异常的地区开展放射性污染程度评价；城市加油站环境质量地球化学评价，评价对象主要涉及土壤和地下水；农用地土壤环境质量地球化学评价，主要对调查城市的农用地进行土壤环境质量地球化学评价。

（6）不同城市可根据开展调查和评价工作的重点，有针对性地进行综合研究。主要包括土壤元素地球化学特征研究、土壤环境质量状况评估、生态环境质量评价、城市典型环境地球化学问题研究、环境质量预测预警。在对土壤、水体、大气环境质量、农作物安全和典型环境问题进行综合研究基础上，提出改善环境质量、降低生态风险、合理利用土地资源、调整农业种植结构等各项对策建议，为保障社会经济可持续发展和生态环境质量不断提高提供科学依据。

（7）城市环境地球化学调查与评价工作的成果主要包括报告，实际材料图、元素地球化学图、推断解释性图件和城市环境质量地球化学评价图等几类图件，基础资料数据库、统计与评价数据库等。

6 城市地质信息系统建设指南

该指南分为城市地质数据库建设和城市地质信息系统建设两部分。

（1）城市地质数据库建设部分以城市地质调查中所获取的各类数据为基础，在数据整理、编码与命名规则、数据结构以及城市地质评价和三维建模等方面做出了明确要求。该部分已正式纳入中国地质调查局规范系列，将作为行业标准出版发行。

（2）城市地质信息系统建设部分从系统功能、三维模型构建、安全体系、建设工作流程等方面提出了城市地质信息系统建设的工作内容和基本要求，提供了整个系统建设过程中各阶段核心工作流。①城市地质信息系统建设的目标是建立城市地质数据管理、服务平台，实现地质数据规范化管理；建立城市地质数据分析评价与辅助决策平台，提高城市地质信息资源利用水平；建立城市地质信息共享平台，实现城市地质信息社会化服务。②城市地质信息系统是由一系列应用软件组成的集成系统，在城市地质数据中心基础上提供城市地质数据录入与管理、城市地质数据分析应用、城市地质三维建模及可视化、城市地质信息网上发布、系统管理与维护等功能。明确了每种功能的建设目标，对系统功能和技术性能提出了要求。③城市地质三维模型主要由三维地质结构模型、三维地质属性模型、三维地下建（构）筑物模型及地表 DOM、DEM 等组合而成，该指南主要对作为城市三维地质模型数据内容主要部分的三维地质结构模型、三维地质属性模型的构建技术规范作了原则性的规定。主要包括城市三维地质建模方式方法、基本要求、技术流程、质量检查与控制。④应从全方位、多层次考虑城市地质信息管理与服务系统的安全设计，通过网络级、操作系统级、数据库级、应用系统级和管理级的安全设计措施来确保运行安全。这五个层面的安全措施相辅相成，共同构成整个系统的安全体系。指南提出了系统安全和软硬件配置方面的要求。⑤城市地质信息系统建设流程的主要内容包括核心工作流、支持工作流、工作阶段安排、过程人员职责及活动和过程方法与工具等。城市地质领域数据呈现多源、异构特点，使得信息化过程中对数据收集、整理、建库工作非常重视，在核心工作流中加入数据收集整理和数据中心建设两项。建设工作按照项目进展程度分为准备、实施、提交验收和运行改进四个阶段，各阶段工作各有侧重。

7 城市地质调查物探工作指南

城市地质调查物探工作指南阐述了城市地质调查中的物探勘查的目的、任务、工作内容、方法技术、资料采集和处理、资料解释和成果表达形式等内容。

(1) 城市地质调查中的物探工作的主要任务包括调查隐伏基岩面埋藏深度和起伏形态，出露或浅覆盖基岩风化壳分层、分带，识别与圈定基岩面上的地质体，松散沉积层分层，提供地下岩土工程物性参数，调查地下水、地热资源空间分布信息，识别与圈定含水层、隔水层，调查隐伏断裂与活动断层，调查古河道、古湖泊、海水入侵、古池塘、采空区、岩溶发育带的分布与埋深等。

(2) 城市地质调查中的物探工作以分析、利用已有物探资料为主，适当补充开展物探工作。物探剖面原则上设计为直线，并尽可能通过较多的井孔；设计折线剖面时，应具备相应的资料反演方法技术。单一物探方法能解决问题的，不使用其他方法；单一方法不能解决问题的，采用物探组合方法。当方法有效性不明时，应通过方法有效性试验选择适当的物探方法技术。

(3) 一般要求至少部署贯穿整个调查区的“十”字或“井”字物探剖面，进行基础地质、水文地质、工程地质、环境地质等综合调查；布设的每一条综合物探剖面必须尽量通过已有或新布设的地质钻孔。地球物理方法的选择、判断有效性应综合考虑探测对象与其围岩之间的物性差异、探测对象的大小和埋藏深度以及存在的干扰因素和非目标物引起的干扰异常。认定有效的方法，其具体技术参数也应在通过已知地段的试验后选定。

城市地质调查工作指南

1 范围

本指南规定了城市地质调查的工作程序与主要内容。包括设计编审、项目实施、成果集成等工作程序；基础地质、工程地质、水文地质、环境地质与地质灾害、地质资源调查等主要内容与要求；遥感、钻探、地球物理、地球化学、实验（试验）测试、信息技术等主要技术方法与要求；数据库、三维可视化信息管理与服务系统建设及成果表达方式等内容与要求。

本指南适用于城市及城市规划区开展的城市地质调查工作。各城市开展地质调查工作可依据本指南，结合各城市具体情况制定实施细则。

2 规范性引用文件

下列文件对于本指南的应用是必不可少的。凡是注日期的引用文件，仅所注日期的版本适用于本指南。凡是不注日期的引用文件，其最新版本（包括所有的修改单）适用于本指南。

GB/T 14158—1993　区域水文地质工程地质环境地质综合勘查规范（1∶50 000）

CJJ 57—1994　城市规划工程地质勘察规范

DZ/T 0001—1991　区域地质调查总则（1∶50 000）

DZ 55—1987　城市环境水文地质工作规范

DZ/T 0097—1994　工程地质调查规范（1∶25 000～1∶50 000）

DZ/T 0158—1995　浅覆盖区区域地质调查细则（1∶50 000）

DZ 0238—2004　地质灾害分类分级（试行）

DD 2005-01　多目标区域地球化学调查规范（1∶250 000）

地质图空间数据库建设工作指南 2.0 版

3 术语和定义

1）*三维地质结构*（three dimensional geological structure）

地质体、工程地质体、含（隔）水体的立体空间展布特征与相互关系。包含三维地层结构、三维工程地质结构及三维水文地质结构三种形式。

2）城市地质信息系统（urban geological information system）

用于城市综合地学数据管理、信息处理和可视化表现，可为地质专业研究以及城市规划、建设与管理提供基础地质信息和决策服务的集成化数字地质系统，简称为“城市地质信息系统”。

3）城市地质三维模型（urban geological three dimensional model）

对城市地表及地下空间地层、地质构造、人类工程等的三维表达，包含地质体对象的几何、拓扑、属性和外观特征。

4）基准孔（标准孔）（standard borehole）

用于基础地质、工程地质、水文地质横向对比依据的钻孔。这类钻孔应进行全孔取心、测井、系统采样和分析测试。

5）控制孔（control borehole）

在勘查网中，深度较大、采用技术手段较多、起骨干和控制作用的钻孔。

6）一般孔（common borehole）

控制孔之间深度相对较浅、采用技术手段较少、起一般连接作用的其他钻孔。

7）重点调查区（important surveying area）

在城市规划中明确及政府认为需要详细调查的地区，一般包括新城规划区、旧城改造区、重点建设区、重大工程建设区。

8）一般调查区（general surveying area）

重点区以外的城市调查区。

9）覆盖区（covered region）

由一定厚度松散堆积物覆盖，基岩没有出露的地区。

10）松散层（loose bed）

新生代未固结的堆积物。

11）城市地质资源（urban geological resources）

城市地质资源是指在城市区域范围内，由地质作用形成的非生物自然资源的总称，包括地下水、地下空间、地热、地质遗迹、土地、矿产等与地质作用相关的自然资源。

12）地下空间资源（urban underground space）

地下空间资源包括显性地下空间资源和隐性地下空间资源。显性地下空间资源包括由自然地质作用（如溶蚀、火山、风蚀、海蚀等）形成的可见地下空间，如喀斯特溶洞、熔岩洞、风蚀洞、海蚀洞等以及由人工开发地下矿藏、石油等形成的废旧矿井空间；隐性地下空间资源则指通过适当的工程处理可用于构筑物以及建筑物深基础在地下安全存留的空间区域，这种类型的地下空间资源一经开发和利用，所在区域的地下岩土体便受到扰动，其赋存状态将发生改变且不可逆转。

4　总则

4.1　目的

城市地质调查是在城市及城市规划区开展的三维地质结构、活动构造、地质灾害与环境、地质资源等综合地质调查，建立城市地质信息数据库与三维可视化地质信息管理服务系统，综合评价城市地壳稳定性、城市发展的资源保障与环境承载能力和城市安全性，为城市规划、建设和管理提供地质信息，为城市可持续发展提供基础保障。

4.2　任务

城市地质调查的主要任务是查明城市三维地质结构、地质资源、主要地质灾害及工程地质条件、水土体地球化学背景及污染状况，评价城市环境质量及容量、城市地质资源潜力，建立三维可视化城市地学信息管理与服务系统，实现城市多源地学数据的一体化管理，为城市规划、建设与管理提供基础数据和决策依据。具体为：

（1）三维地质调查与评价。

（2）地质灾害调查与评价。

（3）水土环境地球化学调查与评价。

（4）城市地质资源调查与评价。

（5）城市综合地质信息管理与服务系统建设。

4.3　基本原则

1）服务于城市总体规划

应围绕城市总体规划、建设与管理等社会经济发展对地质信息的需求，进行城市地质综合调查与评价。

2）充分收集、集成已有资料

应全面收集、利用和集成城市调查区已有的区域地质、矿产地质、水文地质、工程地质、环境地质、地球物理、地球化学以及各类钻孔等调查、勘察和研究的原始资料与成果资料，建立城市地质数据库。为城市地质调查工作部署奠定基础。

3）解决突出地质问题

应围绕城市在规划、建设、管理中遇到的制约城市可持续发展的地质资源、地质环境、地质灾害等城市突出地质问题开展调查与研究。

4）多学科多方法相互融合

城市地质调查需要将基础地质、工程地质、水文地质、环境地质与地质灾害、地质资源等多学科，遥感、地球物理、地球化学、钻探、测试、信息多种技术方法相互融合，综合应用。

在项目实施中应坚持一法多用、一线多用、一点多用、一孔多用的原则。

5）先基础后专题、调查与评价相结合

在三维地质结构调查的基础上，开展工程地质、水文地质、地质环境、地质资源等专题调查研究，调查与研究、调查与评价相结合。

6）依托现代信息技术

以现代数据库技术、GIS技术、三维可视化技术及计算机网络技术为依托，建立多专业、异构、海量城市地质数据的输入、管理、分析评价、可视化及网络发布为一体，功能全面、性能稳定的城市三维地质信息服务系统。

7）部署原则

城市三维地质调查采用从已知到未知、重点调查与一般调查、平面调查与立体调查、覆盖层详细调查与基岩概略调查相结合、平面分区与垂向分层的部署原则。

5　城市地质调查工作程序

5.1　设计编审

5.1.1　设计类型

1）总体设计

总体设计应依据主管部门下达的任务书编制，内容包括城市地质调查的总体框架、专题设置、总体工作方案、总工作量、经费总预算和预期提交的各项成果。总体设计是专题设计、技术方法设计、专项设计和年度工作方案编写的依据。

2）专题、专项设计

专题设计依据总体设计中设置的子项目、专题目标任务编制，是总体设计的组成部分。主要包括三维地质结构调查、工程地质调查、水文地质调查、环境地质与地质灾害调查、地质资源调查等方面设置的子项目和专题设计。

专项设计指重点调查区的专门调查设计。

3）技术方法设计

技术方法设计包括钻探、地球物理勘查、地球化学调查、遥感、测试、数据库与信息系统建设等单项技术方法设计，主要依据总体设计和专题设计对技术方法的要求编写。

4）年度工作方案

年度工作方案是在总体设计的基础上对每一年度的工作作出具体安排并编制年度经费预算，应根据年度任务书、下达的经费和总体设计编写。

5.1.2 总体设计编写要求

1）总体设计编写内容

总体设计的编写应包含：

（1）详细分析以往工作程度、已有资料的可利用程度和存在的主要问题。

（2）分析城市规划、建设、管理等方面对地质工作的具体要求，确定调查内容和工作重点。

（3）在进行平面分区、垂向分层（段）的基础上，依据总体目标任务和城市需求设置专题，明确专题调查内容、范围、面积、比例尺（包含相应的勘查网度、孔深）。

（4）初步确定基础、工程、水文地质结构调查的地层、工程地质层和水文单元层划分方案。

（5）确定总体技术路线和专题调查的技术方案、精度要求，选择的技术方法及依据。

（6）确定主要实物工作量和依据。

（7）项目负责人及主要项目成员承担本项目的能力和时间保证，项目组织机构和组织形式，质量管理体系和保障措施。

（8）按有关地质调查项目经费管理办法和预算标准编制项目经费预算，并详细说明经费预算依据。

（9）项目和各专题的进度安排。

（10）预期成果种类和每类成果的具体内容、阶段性成果内容和具体提交时间。

2）总体设计附图要求

总体设计的附图应包含：

(1) 城市总体规划图。

(2) 调查区地质草图。

(3) 工作程度图(基础地质、工程地质、水文地质、环境与灾害地质、地球物理、地球化学、地质资源等分别编制)。

(4) 已有钻孔分布图。

(5) 工作部署图(基础地质、工程地质、水文地质、环境与灾害地质、地球物理、地球化学、地质资源等分别编制)。

5.1.3 专题、专项、技术方法设计编写要求

专题设计、专项设计与技术方法设计依据总体设计和相关专业技术规范编写。

5.1.4 年度工作方案编写要求

年度工作方案依据项目总体设计、年度任务书和年度工作方案有关要求编写。重点是上年度任务完成和经费使用情况、主要进展、成果和工作质量评述,本年度主要工作内容、技术路线与技术方法、年度工作详细安排、主要实物工作量和年度经费预算等内容。

5.1.5 设计审查

专题设计、技术方法设计、专项设计由项目承担单位组织审查。总体设计和年度工作方案由上级管理部门组织审查。审查依据和要求主要是项目任务书、相关专业技术规范和中国地质调查局制定的有关项目管理办法。

经审批的设计是项目实施的依据。

5.2 以往资料的收集、整理与入库

5.2.1 收集资料类型

1) 原始资料

各类地质工作的实际材料图、采样位置图、实测剖面图,各类样品测试分析资料,物性采样点位及物探、化探成图数据,矿点检查、异常查证、普查勘探原始资料等。

区域地质、水文地质、工程地质、环境地质调查,矿产、地热、石油勘查等工作所施工的各类钻孔资料。内容包括钻孔原始编录、孔位(含高程)、孔深、测井、原位测试、试验测试等方面。

2) 成果报告及附图

包括区域地质、水文地质、工程地质、环境地质调查报告及附图,矿产、地热、石油勘查报告及附图。

3）监测资料与城市历史沿革资料

监测资料包括水文、水土污染、地面沉降、地质灾害等长期监测资料与数据。城市历史沿革资料包括海、河、湖、沟、坑演变，城市范围变迁和气象、地震等方面资料。

4）其他有关资料

城市规划图以及以往城市有关规划方面的地质资料，相关用户的需求资料等。

5.2.2 资料整理

应对所收集的各种类型资料进行甄别和标准化整理。主要包括名词、术语、符号、图示和坐标系统等的标准化，数据项的统一，填图单元、地质观点和认识的梳理与统一等。

对所利用资料应分类建档。

5.2.3 资料入库及质量要求

1）资料入库要求

收集的各类资料均应扫描后录入原始资料数据库。经过分析整理和标准化后的利用资料录入基础数据库。数据录入依据《城市地质调查数据库与信息系统建设工作指南》，结合调查城市的实际情况编制，并按细则录入全部数据。

2）质量要求

在编制的数据录入工作细则中应明确严格的数据录入和数据质量检查、控制办法，录入和入库数据差错率均不得超过1‰。

5.3 野外调查实施

5.3.1 野外调查

根据经过审批的总体设计和相关专项、专题设计、技术方法设计开展野外调查工作。调查内容、方法及要求按本指南第6～11节执行。

首先开展三维地质结构等基础地质调查，在三维地质结构调查取得初步成果的基础上，进行工程地质、水文地质、环境地质、地质灾害以及其他专题调查与评价。各专题调查必须统筹兼顾，坚持一法多用、一线多用、一点多用和一孔多用的原则，并制定城市地质调查工作细则。

各专题在实施过程中若出现地质情况复杂、变化较大，按原设计施工难以达到目标时，可根据实际需要对设计和实施方案进行调整，并向主管部门提出设计变更申请，经主管部门批准后按调整后设计实施。

5.3.2 原始资料整理

按专题对野外形成的各类地质调查路线、实测剖面、钻探、地球物理、地球化学、样品测试等原始记录、测试数据等实际材料图按相关技术要求和制定的工作细则，及时进行野外原始资料整理，建立原始资料数据库，编制实际材料图、采样点位图、剖面图、钻孔柱状图等原始图件。

5.3.3 质量检查

野外调查形成的原始资料均需要进行野外质量检查。主要包括项目作业组自检、互检，项目组抽检，承担单位抽检，上级主管部门抽检。检查程序与要求、检查比例参照相关专业技术标准和中国地质调查局制定的有关地质调查项目质量检查要求执行。

5.3.4 野外调查工作总结报告的编写

承担单位应在野外验收时提交野外调查工作总结报告。包括野外工作概况，野外工作任务完成情况，完成实物工作量及与设计工作量对比情况，各项工程质量情况，原始资料、数据整理和各类原始图件编制情况，工作进展与取得的初步成果，存在问题及工作建议等内容。

子项目或专题的野外验收由项目管理单位组织。

5.3.5 野外验收

有野外调查实物工作量的子项目或专题均需要进行野外验收，野外验收合格后方可转入报告编写阶段。野外验收由上级主管部门组织，或委托项目承担单位组织。野外验收程序与要求参照中国地质调查局《地质调查项目野外验收要求》执行。

5.4 成果编审

5.4.1 资料综合整理

1）专题调查资料综合整理

各专题通过野外验收后，转入资料综合整理。主要包括实物资料整理、试验测试分析数据整理、图件整理、卡片表格整理、专题数据整理入库和编写专题成果报告等方面。具体如下：

（1）实物资料整理。包括各类岩石、矿物、化石、岩体土体标本及岩心实物资料的整理。

（2）试验、测试、分析数据整理。包括各类鉴定、试验、测试、分析数据和结果的综合整理。

（3）卡片、表格整理。包括各种调查类和综合性的卡片、表格整理。

（4）图件编制。包括原始图件整理和成果图件编制。

(5) 专题数据入库。包括与专题有关的各类地理底图数据、调查数据、测试数据、分析数据、成果数据入库。

(6) 编写专题成果报告。各专题报告要以三维地质结构调查为基础，协调和统一基础地质、地质单元划分等有关内容。

2) 总项目综合整理

(1) 主要内容。项目综合整理包括综合各专题成果，进行综合研究、综合评价，编绘综合图件，编制项目总报告等方面内容。

(2) 综合专题成果。在各专题成果基础上进行综合研究，统一区域地层划分、岩石单位划分等方面内容；统一基岩、活动构造调查等专题的构造认识；协调、对比地层、工程地质层、水文单元层等三维地质结构的划分标准与方案。

(3) 综合评价。在各专题评价的基础上，综合各种地质要素，进行城市地质环境质量与环境容量、城市土地适宜性、地下空间资源等方面综合评价。在规划布局、土地利用、资源与环境承载力等方面为城市发展提出建议。

(4) 地质图系编制。城市地质图系包括不同部门所需要的不同内容、不同功能的评价和对策的基础性、专门性、综合性和评价性系列图件。

综合性和评价性图件比例尺以 1∶100 000、1∶50 000 为宜。

(5) 编写总报告。应在高度概括各专题调查成果基础上，经综合研究、归纳、总结后编写项目总报告。总报告应突出城市特色，重点是总结影响城市环境与安全的主要地质问题、城市地质信息平台与应用服务系统、城市地质资源可持续利用和地质环境保护对策建议等方面内容。

5.4.2 数据库与信息系统建设

在各子项目和专题数据库基础上，按项目统一要求汇总、建设城市地质数据库和城市地质信息系统。

按本指南第 12 节城市地质数据库与信息系统建设具体要求建立城市地质数据库。

5.4.3 成果评审

城市地质调查专题成果报告由项目承担单位组织评审；总成果报告由上级主管部门组织评审。

评审主要依据专题和项目设计书、各有关专业技术规范、中国地质调查局编制的有关项目管理要求。

6 三维基础地质结构调查

6.1 原则

三维基础地质结构调查是城市基础地质调查工作，其目的是通过地质调查、工程揭露、地球物理和地球化学勘查，查明覆盖层分布范围、物质组成、沉（堆）积厚度、空间变化、形成环境；查明基岩面埋深与起伏变化；基本查明隐伏基岩的地层、岩石、构造基本特征；查明主要活动构造的分布，分析活动构造的活动时间和活动性，为开展水文地质、地热、工程地质、环境地质、地质灾害、地质资源等专项调查、勘查等提供基础资料。

6.2 调查内容

6.2.1 基岩地质调查

1）裸露区基岩地质调查

地表基岩地质调查主要参照相应比例尺的区域地质调查技术规范开展调查。但在城市地质调查中应突出主要岩性、特殊岩性和构造调查。主要调查内容有：

(1) 各类地质体组成、岩性和结构。

(2) 正常沉积地层中的含矿层、油页岩层、膏盐层、钙质泥岩、泥灰岩层、煤层、碳质页岩层等特殊岩性层。

(3) 沉积岩中的流纹岩、粗面岩、熔结凝灰岩等火山岩夹层；厚层、巨厚层状火山岩层中的沉积岩夹层。

(4) 特殊岩石结构类型侵入岩体及侵入岩脉。

(5) 褶皱、断裂、各类面理构造、裂隙构造发育程度等。

2）隐伏区基岩地质调查

隐伏区基岩地质调查主要依据钻孔和物探资料并结合出露区地质特征进行类比推测等方法进行调查。主要内容包括：

(1) 基岩面埋深。

(2) 隐伏地质体展布特征、成岩时代和差异性风化特征。

(3) 主干隐伏断裂特征与空间展布特征。

6.2.2 覆盖松散层地质调查

1）主要内容

包括地貌、地层层序调查，沉积环境与岩相古地理调查，建立松散层三维地质结构。

2）地貌调查

按照地貌要素和几何形态对单体地貌形态和组合地貌形态进行调查，划分地貌成因形态类型。

查明地貌的区域分布规律，进行地貌分区。

调查地貌资源和地貌地质灾害。

查明地貌的形成年代及区域地貌发展史，有条件时收集地貌的演化过程和动态变化资料。

3）地层调查

(1) 原则。

松散层地层层序调查是三维地质结构调查的基础，是在岩石地层层序调查的基础上，结合年代学测定、古生物化石鉴定、磁性测定等进行层序地层划分及建立层序地层格架，并进行年代地层、生物地层、气候地层、磁性地层、事件地层等的对比研究。

(2) 岩石地层调查。

① 原则。依据钻孔、自然剖面、工程揭露、物探等方法来等确定砾、砂、泥等岩性层、岩性组合层的垂向叠置关系和横向变化规律，查明地层结构、划分岩石地层单位，确立松散沉积物标准层，建立松散地层三维空间结构。

② 岩性调查。查明不同时期形成的砾、砂、泥等松散沉积物的颜色、单层厚度、产状、碎屑成分、矿物成分、颗粒大小、形状、磨圆度、孔隙度、结构特征、沉积构造、含水状态、成因类型等特征。

③ 特殊沉积层调查。查明古土壤层、火山岩层、盐类沉积层、冰川沉积层、风沙沉积层、古文化层、生物层、地球化学异常层、磁性层、含矿层、砾石层、古地震层等特殊沉积层的组成、厚度、成因、产状与空间变化特征，作为地层划分、对比的基础。

④ 接触关系调查。查明侵蚀、覆盖、掩埋、切割、过渡、整合、断层等沉积物间接触关系特征，以此确定地层新老（或形成先后）顺序。

⑤ 地层层序调查。查明松散沉积层的层序、韵律组合特点、纵横向空间变化特征，结合接触关系调查划分层、段、组等岩石地层单位，建立地层层序和三维地层结构。

(3) 地层年代研究。

查明保存年龄记录的泥炭层、生物碎屑层、火山岩及火山碎屑层等测年层的层位和层序。

及时采集相应样品进行年龄测定。

根据测定年龄，综合地层层序、古生物、古地磁等特征建立年代地层单位。

(4) 生物地层调查。

在路线、剖面、钻孔岩心中调查有生物发育的层位。

通过采集的化石标本或孢粉鉴定、微古样品分析，查明古生物的种群、丰度、组合，确定生物演化序列；或通过古文化层调查古人类和古文化遗迹。

根据地层中所含的动、植物群化石组合建立生物地层序列。

(5) 磁性地层调查。

在天然、人工剖面或钻孔岩心中按古地磁样品要求采集古地磁样品。

测量沉积物的古地磁特征，包括磁化率、磁倾角与磁偏角、磁场强度等，与标准磁性地层柱对比并建立磁性地层序列。

与岩石地层序列、年代地层序列和生物地层序列对比，划分确定磁性地层界面。

(6) 事件地层调查。

开展冰川、火山、海侵、风暴、洪泛、地震等地质事件调查。

事件类型调查。查明古地震、火山喷发等构造事件，陨石、磁暴等天体事件，洪泛、冰川、风沙等短暂的、极端的热、冷、干、湿气候事件，大量动植物突然死亡的生态事件等所形成的地质遗迹、地质现象和特殊层位。

查明地质事件的发生年代。

分析地质事件的发生规律。

建立事件地层序列。

4) 沉积相与沉积环境调查

通过路线、剖面、钻探等技术手段，结合以往资料、电测深、地震资料和样品分析、测试数据，开展沉积相和沉积环境调查与研究。

在岩性、层序调查的同时，着重收集单层层厚、沉积颗粒特征、粒序、层理、顶底面印痕、流向等各种指示沉积环境的沉积学标志。

结合古生物、古气候和地质事件调查成果，恢复各时期的沉积相和沉积环境，分析沉积环境的变化规律和演化趋势。

编制不同时期岩相古地理图。

5) 古气候研究

通过调查岩石、地貌、生物、地球化学等反映气候标志的信息，研究松散层不同时期的气候性质、波动旋回，空间和强度变化规律。

结合年代学和地层学调查成果，以现代气候为参考，建立古气候演化序列，查明重大气候事件发生时间。

6.2.3 活动构造调查

1) 调查内容

活动构造包括活动断层、褶皱，活火山、现代裂谷和活动造山带等构造现象。本次侧重于调查发育在基岩与松散层中以活断层为主的活动构造。

调查内容主要包括新构造地貌、地质、水系、沉积记录、地震以及活动构造形成与活动年代等。

2) 活动构造主要标志调查

主要有地貌标志、地层标志、断裂破碎带标志、地下水标志、岩浆活动标志、地震标志、历史考古标志等。主要构造形迹有夷平面、河流阶地、溶洞、河谷形态、地形切割、水系分布、地下水位、沉积厚度变化、岩相变化、沉积物类型及其组合变化、古地震、古火山、地热异常与温泉、地应力值变化及其他地球物理现象等。

应详细测量活动构造标志的相对高程和绝对高程，详细测量断距和断层几何要素数据。

3）活动构造年代测定

查明活动构造的形成时代和最新活动年代。

间接法，主要测定断层上覆未被切穿的最新地层年龄，以确定最新地层年龄与其被切穿地层之间的活动时限。

直接法，主要是通过断层充填物和断层形成物两种方式测定断层充填物的充填时间和断层形成物的形成时间。

4）编制活动构造图或活动断裂分布图

以地质图和地质构造图为基础编制城市活动构造图或活动断裂分布图。

图的内容主要包括各类活动构造形迹和活动断裂的分布。比例尺以1∶100 000～1∶250 000为主。对隐伏的和发育在松散层不同深度的活动断层，除在图下方用剖面表达外，主要通过信息系统表达活动断层的立体展布特征。

6.3 工作精度

6.3.1 比例尺

三维地质结构调查的基本比例尺为1∶50 000，在重点调查区，可以提高到1∶25 000。地表地质调查严格按同比例尺区域地质调查的精度要求；隐伏基岩的调查精度适当降低，主要取决于钻探、物探的控制精度。覆盖松散层三维地质结构调查主要依据钻孔和地球物理剖面控制。

6.3.2 覆盖松散层控制精度

松散层三维地质调查，100m以浅深度段主要采用钻探控制，100～500m深度段采用钻探与物探相结合的方法控制，大于500m深度段主要采用物探、少量钻探验证的方法控制。每个地质单元至少应有1条地质-地球物理综合剖面控制，地质结构比较单一的城市，全区至少有2～3条贯通性地质-地球物理综合剖面控制，每条综合剖面上至少有2～3个穿透松散层的钻孔。松散层厚度小于100m的地区，新施工的钻孔都应穿透松散沉积层，并进入基岩半风化层。

在充分利用以往可用钻孔、物探资料的基础上，布置新孔和物探剖面，进行深部控制。地质结构调查工程控制程度按表1执行。表中列出的钻孔控制程度为必须达到的最低要求，各城市根据已有工作程度和城市需求可相应提高工作精度。物探工作见6.5节。

若需开展基岩三维地质结构调查，根据出露的岩石大类（沉积岩、岩浆岩、变质岩）和地层产状确定钻探和物探工作量。

表 1　松散层三维地质结构调查钻探工程控制程度

深度范围/m	一般钻孔的钻孔数/（个/100km²）			备注
	1∶100 000	1∶50 000	1∶25 000	
0～100	≥9	≥25	＞100	基岩面埋深在 500m 以内，表列钻孔数均应钻入基岩 2～3m 终孔
100～500	≥2	≥4	＞16	
＞500	≥1	≥1	≥4	

6.4　填图单位确定

6.4.1　划分原则

沉积岩以岩石地层单位作为基本填图单位，以组、段、层及非正式岩性表示；侵入岩以同时期单一岩石类型作为基本填图单位，以岩性加时代表示。松散沉积层填图单位以能最大程度地反映沉积层序、地层结构、区域岩相古地理变化以及特殊地质体的分布为原则，用岩石地层或成因地层单位表示。

6.4.2　填图单位划分

1）基岩填图单位划分

出露基岩岩石地层单位划分到组和段，砾岩层、膏岩层、含矿层或煤层等特殊岩性层以非正式填图单位表示。侵入岩划分到单一岩性的最小侵入体，以岩性加时代表示。变质表壳岩划分到岩组和岩段，变质侵入岩划分到单一变质岩性或岩性组合。

隐伏基岩的填图单位主要依据钻孔资料，结合地球物理和出露区及邻区地表基岩特征划分，有确切依据的划分岩石地层单位，依据欠充分则划分不同级的年代地层单位。侵入岩划分到岩类，变质地层划分到岩组。钻探控制的特殊沉积层（或其他特殊地质体）以非正式填图单位表示。

2）松散沉积层填图单位划分

松散沉积层以岩石地层单位划分为基础，突出沉积相和成因类型。特殊沉积层按非正式填图单位表达。同时进行生物地层、年代地层、事件地层、层序地层、化学地层、磁性地层和气候地层等多重地层划分对比研究，完善地层层序。

6.5　调查方法

6.5.1　地表地质调查方法

参照有关区域地质调查技术要求或相应技术规范执行。主要方法是遥感解译、测制地质剖面和地质路线调查。

6.5.2 地下地质调查

1）方法选择

地下地质调查主要采用地球物理和钻探方法，遥感和地球化学作为辅助调查方法。0～100m 的浅覆盖区以钻探方法为主，结合物探连接钻孔之间的界线；＞100m 的中、深覆盖区以物探方法为主，钻探起验证作用和基准孔作用。

2）钻探方法

钻孔应尽量均匀分布，在地面地质调查与物探工作成果的基础上布置；钻孔剖面线应尽可能垂直构造线走向，并与物探测线重合，尽量多利用已有钻孔；同一条剖面线上控制孔与一般孔间隔布置。

钻孔的实施应先施工基准孔与控制孔，后施工一般孔。

基准孔的多少依据沉积单元的复杂程度确定，较大的沉积单元至少应该有 2～3 个基准钻孔控制，小的沉积单元至少有 1 个基准孔控制。基准孔应选择在地层发育齐全、连续性好、特征明显、代表性强、沉积速率相对较大的位置。

基准孔应进行系统的地层层序、沉积相、古地磁、古气候与古环境（如粒度、磁化率、磁组构、植物硅酸体、孢粉、动物化石、碳氧同位素等）调查研究、地质年代测定（包括热释光、^{14}C 等测年），并建立标准综合地层柱。

3）地球物理方法

（1）方法选择。

不同的调查内容选用不同的地球物理方法：

① 松散层三维结构调查应首选反射地震方法，辅以电测深、重力等方法。

② 基岩面埋深和基岩岩性调查应增加磁法。

③ 断层活动性调查应使用反射地震方法。断层定位调查可依据断层性质、地质物性特点选择地震、电法、重力、磁法、放射性方法等。

④ 地面塌陷、古河道调查可选择高密度电法、地震、探地雷达等方法。

⑤ 其他特殊地质体和地质现象调查，应依据调查对象的物性等特点，选择适用的方法。

城市调查区一般存在多种人为干扰，技术方法选择应充分考虑其抗干扰能力，且应通过野外试验证明其有效性。

物探资料解释推断应注意减少多解性，提高可靠性。

（2）测线布置。

地球物理测线应尽可能多地通过已有钻孔，并垂直于构造线方向。在无相应处理、反演技术时不得布置折线、弯线或与构造线斜交的测线；测线长度应能保证进入正常场或背景场。

(3) 用于松散层调查。

地球物理方法在地质、钻孔资料和贯穿性长剖面的约束下，为100m以浅三维结构调查提供孔间地层对比、连接佐证；为100～500m深度段提供三维地质结构的补充性推断成果；为大于500m深度段提供三维地质结构的框架推断意见。

在进行孔间地层对比时，应重视物探标志层的作用。

(4) 用于隐伏基岩调查。

隐伏基岩面埋深调查，采用以钻孔或地震控制深度的重力三维反演方法辅以磁法最小深度图方法计算基岩埋深，了解基岩面起伏。当拥有电测深资料时，应综合利用电测深推断基岩埋深。

在有钻孔控制的地区，利用磁法、重力、电法综合资料识别隐伏基岩岩性和基岩断裂，采用定量、半定量反演方法圈定地质体边界；在钻孔未控制区，利用物探异常资料圈定有物性差异的地质体，此种情况下应注意分清基岩面上和其以下的推断地质体。

6.5.3 活动构造调查方法

1) 主要方法

活动构造调查定性方法有地貌法、地质法、历史考古法、生物地理法和航卫片解译法，定量方法有测量法、地球物理法、水文法、钻探法。活动断层的调查参照《活动断层探测方法》(DB/T 15—2005)。

2) 地表活动构造调查

应全面收集大地水准测量、GPS测量等各类现今地壳形变测量资料。

新构造地质调查，重点调查和描述第四纪地层的变形与变位现象和尚未胶结的断层结构面，详细测量反映断层几何学和运动学特征的数据。

新构造水系调查，结合遥感分析，注意异常水系展布与新构造关系的调查，并加以认真描述和测量。

新构造沉积调查，在山前地区，根据沉积厚度确定差异升降的幅度，依据沉积旋回及其他资料，确定新构造旋回；在盆地区，根据沉积物厚度和年代，确定构造沉降中心、构造沉降幅度与速率。

新构造地震调查，通过震中和等震线分布确定活动断裂带，根据震源机制获取断层错断和现代构造应力场有关信息。在地震发育地区，收集有关地震方面的资料，查明活动性断裂分布、规模、性质、产状及运动学特征；在地质灾害多发地区，应调查引起灾害的地质构造背景及具体构造部位。为分析研究区域地质灾害发育规律和环境工程评价提供依据。

3) 隐伏活动构造调查与定位

对于隐伏活动性断层，主要采用遥感、物探、化探和钻探及其组合方法探测、追索和定位。选用的主要方法有：

（1）利用高精度的遥感数据信息解译主要隐伏断裂构造的大体位置和方向。

（2）穿越断裂布置物探剖面精确定位断裂位置。主要物探方法有浅层地震、地质雷达、高精度重力、电法等测定隐伏断裂的上端点位置。

（3）布置剖面测量溶解气 CO_2、逸出气 He、氡气 Rn、汞气 Hg 等的浓度异常值，进行隐伏断裂的定位和确定隐伏断裂的活动性。

（4）利用穿越隐伏断裂的钻探进行断裂两侧地层对比，验证物探上端点并确认断层具体位置。

6.6　综合研究

6.6.1　概述

综合研究目的是掌握地质作用规律和发展趋势。综合研究内容主要包括：第四纪地质研究、风化作用研究、基岩地质构造演化研究。

6.6.2　第四纪地质研究

1）研究内容

主要进行第四纪地貌研究、新构造与地质灾害研究、古气候与古环境研究、第四纪古人类古文化遗迹研究等方面。

2）研究方法

第四纪地貌研究：通过地貌形态调查、成因类型划分，研究地貌的成因、地貌的形成年代和地貌发展史；研究地貌与岩性、构造、气候的关系；研究气候变化、新构造运动和人类活动与地貌发育、变化的关系。

新构造与地质灾害研究：在地貌、地质调查的基础上，研究新构造运动时限与尺度，新构造形式、运动方式，探讨新构造运动与气候、环境变迁及其与工程建设和地质灾害等的关系。

古气候与古环境研究：通过研究记录在生物化石、陆地沉积、地貌和深海沉积中的种种气候标志对古气候进行研究，探讨气候波动历史；调查第四纪或现代沉积物的成因，分析古沉积环境，建立沉积相模式。

第四纪古人类遗迹研究：以第四纪洞穴堆积、河湖堆积和黄土中的人类生活、文化活动遗迹为主要研究对象，通过对层位中石器、铜器、铁器、陶器、瓷器、贝丘、古建筑物遗址等的研究，恢复古人类发展过程及界定各历史文化期。

6.6.3　风化作用研究

1）研究内容

包括风化作用与残积物的形成、风化壳类型划分、土壤与古土壤等研究。

2）研究方法

风化作用与残积物的形成研究：通过对在物理风化、化学风化、生物风化作用下残积物特点的研究，恢复古气候、古地理；利用残积层不同组分和结构特点研究，确定风化壳垂直分带性。

风化壳类型划分研究：通过对不同气候带、不同岩类区、不同形态特征风化壳类型及古风化壳的调查，划分风化壳类型，研究不同类型风化壳所含的矿产特征，研究不同结构特点风化壳对工程建筑的直接影响；同时利用古风化壳特点恢复古地形和古气候条件。

土壤与古土壤研究：利用对土壤结构类型的研究，确定土壤发育历史与气候关系及恢复古地形。

6.6.4 基岩地质构造演化研究

1）研究内容

区域地质构造格架、构造单元划分、岩浆及变质作用、断层与褶皱等主要构造形迹的几何特征与运动学特征研究、构造应力场研究、构造年代学研究。

2）研究方法

区域地质构造格架：通过区域地质资料综合分析，确定研究区所处大地构造位置及区域地质构造格架。

构造单元划分：结合区域构造研究，厘定研究区主要断裂的性质，确定研究区构造格架。

岩浆及变质作用：作为构造作用的热演化产物，岩浆及变质作用的特征与时代是确定构造演化的重要内容。

断层与褶皱等主要构造形迹的几何特征与运动学特征研究：野外直接统计测量断层和褶皱的集合要素方位，运用赤平投影技术确定几何特征。运动学特征需在野外根据各种线状构造和不对称构造综合确定。

构造应力场研究：野外直接分析统计测量断层、褶皱的集合要素，运用相应的构造软件处理，获得不同期次构造变形的应力场主应力方位。

构造年代学研究：综合地质及同位素年代学，确定构造年代。针对不同构造遗迹和特征，采用不同的同位素测年方法。主要测年方法包括锆石 U-Pb 定年方法、含 K 矿物的 $^{40}Ar/^{39}Ar$ 定年方法以及 Sm-Nd 定年方法。

6.7 主要成果与表达方式

6.7.1 系列图件编制

三维地质结构调查应编制下列基本图件：

——地貌图
——地形坡度图
——地质图
——第四纪地质图
——基岩岩性图
——地质构造图
——隐伏基岩地质图
——（反映三维结构特征的）系列地质剖面图
——隐伏基岩风化程度等深线图
——活动断裂分布图
——第四纪不同时期岩相古地理与沉积环境图

6.7.2 专题数据库

按《城市地质数据库与信息系统建设指南》要求建立三维地质结构调查基础地质数据库。

6.7.3 三维地质模型

包括三维地质结构模型与属性模型。
三维地质结构模型及属性模型具有以下功能与特征：
(1) 模型中标注各类数据空间采集位置、编号与数值特征。
(2) 地质体属性，地质体性质、大小、厚度及时代和时代依据。
(3) 地质界面性质及确定依据和产状特征。
(4) 分级别显示断层性质、产状、空间延伸。

6.7.4 专题报告

在调查与综合研究的基础上编制三维地质结构调查专题报告。

7 三维工程地质结构调查

7.1 原则

工程地质结构调查应依据城市建设规划和地质特点，按照“平面分区、垂向分层”的原则，确定调查精度。平面上，一般分为重点调查区和一般调查区，重点调查区工作程度应达到满足城市总体规划阶段的要求，一般调查区应达到规划前期的要求。垂向调查深度重点调查 100m 以浅的岩土工程地质结构，根据城市规划的实际需求和地质特点，按照上细下粗的原则，确定不同深度段的调查精度。

7.2 调查内容

7.2.1 岩体工程地质调查

在6.2.2节基岩地质调查的基础上按工程地质调查要求开展岩体工程地质调查。重点是划分岩体类型，调查不同类型岩体的结构构造、空间分布、物理力学参数、结构面特征、不同岩体之间的接触关系等工程地质特征。注重岩体不同结构面及组合关系的分析，连续性强和性质软弱结构面的研究，以及易溶成分、成岩程度、岩石风化程度等的调查。

7.2.2 土体工程地质调查

在6.2.2节覆盖松散层地质调查的基础上开展土体工程地质调查。划分土体类型，鉴别不同类型土体的颗粒组成、矿物组成、结构构造、密实程度和含水状态，观测土层厚度、空间分布、裂隙、空洞和层理发育情况，进行物理力学性质试验。

7.2.3 特殊土体工程地质调查

1）特殊土体类型

特殊土体包括软土、膨胀土、湿陷性土、红黏土、盐渍土、冻土、风化残积土、人工填土和混合土等。

2）软土

查明软土的成因类型、埋藏特征、岩性和物质组成（颗粒成分、矿物成分及化学成分）、结构特征。

查明软土的固结变形、渗透与流变性质等工程地质特性。

查明软土层上覆土层的分布与厚度，下伏土层或岩层的埋深、起伏。

查明与软土有关的自然和各种工程地质现象及问题，以及造成的危害和损失，如土层震陷，地基、边坡、堤岸失稳等工程地质问题。

3）膨胀土

查明膨胀土岩性、结构、矿物组成、成因类型、形成时代、土层厚度、裂隙发育状况及分布规律。

查明膨胀土膨胀、收缩、压缩等性能及指标，根据地质、地貌条件及胀缩性指标对膨胀土进行分类、分级评价。

查明膨胀土的影响因素，包括地形地貌、植被、地表径流、地下水条件等对土层中水分增减和运动的影响，降水量、蒸发量、气温、日照等对土层胀缩性的影响。

查明膨胀土对建筑物造成的影响、危害及损失。

4）湿陷性黄土

查明黄土湿陷性特征，包括湿陷性黄土的岩性、结构、厚度与分布。

查明黄土的湿陷性质、湿陷程度和变化规律，进行湿陷性评价（非自重湿陷性、自重湿陷性）。

根据预测累计湿陷量进行黄土湿陷等级划分。

查明与湿陷性黄土有关的自然和各种工程地质现象及问题，以及造成的危害和损失。

5）湿陷性碎石土、砂土及其他湿陷性土

查明湿陷性土的年代、成因、分布和其中的夹层、包含物、胶结物成分和性质。

查明湿陷性碎石土、砂土力学性质，以及附加湿陷量和湿陷系数。

查明湿陷性土分布区工程地质现象、问题，以及造成的危害和损失。

6）红黏土

查明红黏土的分布、厚度、物质组成、土体结构等特征。着重调查红黏土的粒度、矿物和化学成分、孔隙和裂隙发育特征及其变化。

查明红黏土的膨胀性、崩解性和软化性等工程地质性状。

查明地表水体及地下水对红黏土湿度状态垂向分带、土质软化的影响。

查明红黏土下伏基岩岩性、岩溶发育特征及其与红黏土土层厚度变化的关系。

查明红黏土中土硐、塌陷、不均匀沉陷的分布及其造成的危害和损失。

7）盐渍土

查明盐渍土成因类型、发育厚度、含盐化学成分、含盐量及其分布特征。

查明盐渍土的膨胀、收缩、湿陷、压实、压缩等工程地质性质指标。

查明盐渍土形成及变化的影响因素，包括气候、地形地貌、岩性、结构、地下水埋深和水质、水位季节性变化规律。

查明盐渍土的溶蚀洞穴发育程度、分布特征。

查明盐渍土产生的工程问题和造成的危害及损失。

8）多年冻土

查明多年冻土的上限、下限、厚度、埋藏条件及分布规律，季节融化层和季节冻结层厚度，以及冻土的物理力学性质有关指标。

查明冻土工程地质特征的主要影响因素，包括气温、地温、地下水（冻结层上水、层间水、层下水）分布，划分冻土构造类型、融沉类型。

查明冻土不良地质现象，包括厚层地下冰、冰锥、冰丘、冻土沼泽、热融滑塌、热融沉陷、融冻泥流等的形成原因、分布规律，发展趋势及其对工程建筑的危害程度、造成的损失。

9）风化母岩与残积土

查明风化母岩地质年代、岩性名称，风化岩土与残积土的分布范围及规律。
查明不同风化程度带的埋深及厚度、风化均匀性和连续性。
查明风化岩中破碎带及软弱夹层、裂隙发育状况、岩土物理力学性质。
查明风化岩中球状风化体（孤石）的分布。
查明风化岩与残积土的地下水赋存条件。
查明风化岩与残积土对工程建筑造成的影响、危害及损失。

10）人工填土

人工填土包括素填土、杂填土、吹填土。
搜集资料，调查地形和地物的变迁，人工填土的来源、堆积年限和堆积方式。
查明人工填土的分布范围、厚度、物质成分、颗粒级配、密实性、压缩性、湿陷性、含水量及均匀性等。
查明有无暗浜、暗塘、渗井、废土坑、旧基础及古墓的存在。
查明地下水的水质及其对混凝土、钢结构的腐蚀性。

11）混合土

查明混合土的成因、物质来源及其形成时期。
查明混合土的组成、均匀性及其在水平、垂直方向上的变化规律。
查明混合土是否具有湿陷性、膨胀性。
查明混合土与下伏岩土的接触情况以及接触面的坡向和坡度。
查明混合土中是否存在崩塌、滑坡、潜蚀及洞穴等不良地质现象。
总结利用混合土作为建筑物地基、建筑材料的经验以及各种有效的处理措施。

7.2.4 易液化饱和砂土工程地质调查

查明饱和砂土的分布、组成、成因、时代、厚度、顶底板埋深等。
饱和砂土除进行常规物理力学实验外，尚应进行标准贯入原位测试、颗粒级配、黏粒含量、密实度、渗透性等试验。
查明饱和砂土分布区地形地貌、地下水位埋深。
对可液化土层应根据《建筑抗震设计规范》（GB 50011—2010）的规定确定其液化指数和液化等级。

7.2.5 可溶岩工程地质特征调查

查明可溶岩（重点是碳酸盐岩）的分布规律，岩面起伏、形态和覆盖层厚度。
查明岩溶的发育程度（规模、密度等）和分布规律。
查明岩溶的发育与岩性组合特征、构造、地形地貌及其与地下水的关系。
查明地下水赋存条件、水位变化和运动规律。

7.2.6 水文地质条件调查

基本查明地下水的补给、径流和排泄条件，地下水水位的变化规律、变化幅度，地下水地球化学特征。

基本查明地下水对混凝土、钢结构的腐蚀性。

7.3 工作精度

7.3.1 平面控制程度

工作精度需充分考虑工程地质条件的复杂程度和分区控制平面工程控制程度。

工程地质条件复杂程度分为复杂、中等和简单三类，见表2。

表2 工程地质条件复杂程度分类表

类别	特征说明
简单区	地形简单，地貌类型单一，地质结构简单，岩性单一，产状水平或缓倾，岩性岩相变化不大，岩土体工程地质性质良好，区域性地下水位基本稳定。如滨海平原、湖积平原
中等区	地形简单，地貌类型单一，地质结构较复杂，岩性岩相不稳定，层数较多，产状常呈倾斜或尖灭，岩土体工程地质性质较差，区域性地下水波动较大。如山前倾斜平原、冲积平原、山间盆地等
复杂区	地形复杂，地貌类型复杂，地质结构复杂，岩性岩相变化大，层数多，产状多变，岩土体工程地质性质不良，各种类型地下水相互关系复杂，如河口三角洲、冲洪积扇等

一般调查区调查比例尺为1∶50 000～1∶100 000，重点调查区调查比例尺为1∶10 000～1∶25 000。不同调查精度钻孔控制程度参见表3，钻孔分布应大致均匀。表3所示为必须达到的最低要求，可根据已有工作程度和实际需求提高精度。控制性钻孔占钻孔总数的1/3～1/5。

岩体工程地质区钻孔按需要适量布置。

表3 工程地质调查工程孔控制程度一览表　（单位：个/100km^2）

比例尺	钻孔数		
	工程地质条件简单	工程地质条件中等	工程地质条件复杂
1∶10 000	600～900	800～1200	1000～1500
1∶25 000	150～300	240～360	300～450
1∶50 000	50～100	80～120	100～150
1∶100 000	10～25	20～30	25～40

7.3.2 工程控制深度

调查深度为30～100m，一般控制在50m。工程地质钻孔分为控制孔、一般性钻孔和原位测试孔。控制孔深度原则上控制在100m，一般性钻孔深度控制在30～50m。

岩体工程地质区调查深度原则上控制在地表以下50m内。

7.4 工程地质填图单元划分

工程地质调查以岩土性层、岩土性层综合体为基本填图单元，可能时，划分到工程地质类型。岩体工程地质单元划分主要考虑岩石类型、岩体结构和岩石强度等因素，单元命名需在组成岩体工程地质单元的岩石类型前，冠以岩石强度和岩体结构类型，如坚硬中厚层状碳酸盐岩夹碎屑岩岩组，较坚硬薄层状页岩泥岩岩组，坚硬块状花岗岩岩组等；土类地质单元主要按压缩性特征划分，如中-低压缩性黏土，中密-稍密粉砂层等。

工程地质填图单位的划分应尽量采用本地区已形成的比较成熟的划分方案。对没有现成方案的地区，应根据地质剖面，结合当地工程地质勘察经验确定填图单元。

7.5 工程地质调查技术方法要求

7.5.1 方法种类

工程地质调查可采用遥感解译、地表调查、地球物理勘查、钻探与原位测试、室内试验等方法。

7.5.2 遥感解译

主要进行地貌、地形特征调查、岩土体分布调查，充分利用现有的遥感影像资料，对各种工程地质要素进行解译，以便在工程地质调查中提取和利用各种宏观信息。

遥感解译工作有关技术要求按城市地质调查遥感工作指南执行。

7.5.3 地表调查

城市地质调查中的工程地质地表调查应结合三维地质结构章节的地表地质调查，侧重于岩土体工程地质特征、外动力地质作用现象和地质灾害、主要工程地质问题和环境工程地质问题等调查。

地表调查应采用路线穿越法，辅以适当追索，观测路线一般沿工程地质条件变化最大的方向布置。观测点和观测线的密度要按照相应比例尺要求确定，视工程地质条件的复杂程度适当加密或减稀。

观测点及点间描述记录内容包括：岩土体岩性、结构，工程地质界线，微地貌和动力地质现象，断层、层理和片理产状，节理、裂隙统计，地表水体及地下水露头，采集样品、试验点及勘探工程等。

7.5.4 地球物理勘查

地球物理勘查应根据工作内容和地质环境条件确定有效方法，电法、磁法、浅震、重力、放射性等均可。重点布置在工程地质调查中难以判断又需要解决的地段，也可用于进行孔间地层连接和补充孔深不足的部分。应选择部分钻孔进行地球物理测井，主要利用测井方法获得工程参数，进行孔间地层对比。在地层横向变化较大的地段，可利用地震、电法资料进行孔间岩土体连接。

工程地质地球物理勘查工作有关技术要求按城市地质调查物探工作指南执行。

7.5.5 钻探与原位测试

1）钻探

工程地质钻探主要任务是查明地表以下地质结构，岩土体岩性、厚度、埋藏深度、分布范围以及水文地质条件等，并为采取试验样品，进行原位测试提供条件。

工程地质钻探工作有关技术要求按城市地质调查钻探工作细则执行。

2）原位测试

城市地质调查中工程地质调查原位测试包括静力触探试验、圆锥动力触探试验、标准贯入试验、十字板剪切试验、波速测试等内容。

3）室内试验

城市地质调查中工程地质调查室内试验必须进行土的物理性质（含水量、容重、塑液限、颗粒级配）试验、力学试验（固结试验、抗剪强度试验）、岩石物理力学试验、水土腐蚀性试验等。根据实际情况需要，选择相关试验项目。

7.5.6 原始资料整理

原始资料整理阶段需形成以下资料：

——实际材料图

——遥感解译图

——实测工程地质剖面图

——野外工程地质草图

——各类观测点记录表（卡片）

——各类工程（坑、槽探）记录表及素描图

——地球物理测井资料及其他地球物理勘察资料

——工程地质钻探原始班报表、岩心编录表、钻孔柱状图、单孔质量验收记录、钻孔地质记录表与专业记录表

——原位测试结果

——各类样品采集及试验成果表

——地质及岩心照片图册

其他技术资料按城市地质调查遥感、钻探及物探工作指南（细则）执行。

7.6 综合研究

7.6.1 工程地质单要素评价

工程地质单要素评价主要是对地形地貌、地层岩性、地质构造、不良地质现象、水文地质条件、岩土体风化状况等条件进行评价。主要要素有：

(1) 地形地貌。地形复杂程度。复杂地形包括丘陵、低山等，简单地形包括平原等。

(2) 岩体。强度分硬质岩、软质岩、极软岩。完整性分完整、较完整、较破碎、破碎、极破碎。

(3) 土体。物理力学性质，土性，砂土液化判别。

(4) 地质构造。断层发育程度，断裂活动性，断裂产状。

(5) 岩土体风化状况。风化强烈，中等风化，未风化。

(6) 岩体结构面。结构面类型有层面、裂隙、小断层；结构面结合程度有好、一般、差、很差。

(7) 地质灾害。包括地面沉降、地裂缝、不稳定斜坡、崩塌、滑坡、泥石流、地面塌陷（岩溶塌陷、采空区塌陷）、海水入侵等方面。

(8) 地震设防烈度。根据《建筑抗震设计规范》(GB 50011—2010)，工作区抗震设防烈度、设计基本地震加速度。

(9) 水文地质条件。淹没线、地下水位、水化学性质等方面。

7.6.2 工程地质条件综合评价

1) 评价内容

工程地质条件综合评价包括工程地质分区、岩土体单元划分、岩土体的工程地质特征参数等内容。

2) 评价方法

工程地质条件综合评价应在工程地质测绘、勘探、测试和搜集已有资料的基础上进行，遵循在定性分析的基础上进行定量评价的原则。

分析评价时应根据岩土体的地质背景，考虑岩土材料的非均质性、各向异性和随时间的变化，评估岩土参数的不确定性，确定其最佳估值；岩土地基承载力确定必须考虑岩土体的变形、强度两个方面，按承载能力极限状态计算，并充分考虑当地经验综合确定。

应提供岩土体的天然地基承载力和桩基参数值。

3) 评价等级划分

地基：好、较好、较差、差。

桩基：好、较好、较差、差。

7.6.3 工程建设适宜性评价

工程建设适宜性评价指地质环境在工程建设方面所表现素质的优劣程度，包括地质条件是否对工程设施建设运行不利的地质因素和地质作用，以及地质环境是否可能因工程建设恶化或加剧诱发不良地质作用、现象，甚至地质灾害。

工程建设适宜性评价通常按区域地壳稳定性、场地稳定性和地基稳定性三个方面综合评价。区域地壳稳定性可根据地震震级、基本设防烈度、活动性断层的运动速率等因素来确定；场地稳定性指地壳表面在内、外动力地质作用和人类活动影响下的稳定性，依据断裂、地质灾害、特殊岩土、人类活动影响等因素确定；地基稳定性指工程建筑物影响范围内岩土体的稳定性，主要包括地基承载力、变形量、特殊土类灾害、对构筑物的影响。

工程建设适宜性评价因子的选择和评价方法的选用，各地可参照相关规范，根据本地实际情况确定。

为城市建设规划编制的适宜性评价采用四级标准，划分为适宜性好、较好、较差、差。

7.6.4 地下空间利用适宜性评价研究

利用三维工程地质调查成果、已有高层建筑地基资料、水文环境和灾害地质调查资料等，进行综合研究，评价地下空间开发的适宜性。评价的基本工程地质条件包括地质构造、岩性、岩土体结构、岩土体强度等。

还应考虑以下影响因素：

(1) 地面沉降，含沉降量、速率、差异性及其变化。

(2) 软土对施工稳定性和建成后的长期影响。

(3) 砂土液化，含振动液化和渗流液化。

(4) 地下水，含地下水浮力、对地下建筑材料的腐蚀等。

(5) 已有地下空间利用（含桩基分布）。

(6) 其他影响地下构筑物安全及运行稳定的因素。

7.6.5 工程地质区划

工程地质区划的目的是为城市各项用地的合理选择、功能分区和各项建设的总体部署，以及编制各项专业总体规划提供工程地质依据，为城市管理部门提供工程地质分区图、工程建设适宜性评价图、不良地质现象控制与整治对策图等。

对工程建设不利地段进行的工程建设提出针对性的处理措施及建议，对可能发生的环境工程地质问题提出相应的建议和防治对策；为城市规划和重大工程选址决策、城市地质灾害防治提供综合性工程地质科学依据。

7.7 成果及表达

7.7.1 工程地质图系

1）基础性图件

实际材料图，岩土体工程地质分类图，地貌及外动力地质现象图，地质构造与地震烈度分区图（或震中分布图）。

2）专门性图件

遥感工程地质解译图，工程分层地质图，土体结构类型图，特殊岩土体分布系列图，饱和土振动液化分析图等。

3）综合性图件

综合工程地质图，城市建设工程适宜性评价图系，地下空间利用适宜性评价图系。

7.7.2 工程地质调查研究报告

工程地质调查研究报告的内容以反映岩土体的类型、空间分布、厚度、埋深及相互关系、变化规律；主要岩土层层组的强度、变形及稳定性，工程地质参数特征值；特殊岩土层的分布特征及工程地质参数；外动力作用对工程建设的影响及工程建设诱发地质灾害的可能性；工程地质分区特征，工程建设适宜性分区；地下空间利用适宜性评价结果；城市建设规划建议。

7.7.3 工程地质数据库

按《城市地质调查数据库与信息系统建设工作指南》要求进行数据库建库。

7.7.4 三维可视化工程地质结构模型

根据工程地质填图单位，显示各工程地质单元的空间分布及其相互间的关系，建立工程地质三维可视化模型。

模型应具有以下功能与特征：

（1）显示钻孔位置，标注钻孔编号及钻孔岩性柱，自动生成钻孔柱状图。

（2）查询钻孔的基本数据，包括钻孔名称、钻孔类型、钻孔深度、孔口标高、孔口坐标。

（3）显示各工程层的空间分布位置，查询其分层序号、土层层顶深度、土层层底深度、土质类型、土层详细描述、地层编号、地层名称、时代、成因等。

（4）查询各种工程测试数据，包括三轴压缩试验结果、OCR 数据、侧限压缩试验数据、直剪试验结果、土的粒径级配曲线试验结果、动力触探数据、单桥静力触探数据、双桥静力触探数据、孔压静力触探数据、波速测试数据、十字板剪切试验数据、岩石质量数据、土样试验数据、岩样试验数据等。

(5) 显示地下空间使用状况。

模型显示的图式、图例应符合相关国家标准和规范；供城市管理、决策部门和社会公众使用的图件和模型可适当简化，尽量做到形象、通俗。

8 三维水文地质结构调查

8.1 原则

在三维地质结构调查的基础上开展三维水文地质结构调查，结合城市发展需求，开展地下水资源评价及应急水源地论证。

调查工作原则上按《区域水文地质工程地质环境地质综合勘查规范（1∶50 000）》(GB/T 14158—1993) 要求进行。

8.2 调查内容

8.2.1 基岩水文地质调查

调查岩石裂隙、岩溶发育特征和含水层（组、带）的埋藏条件，圈定蓄水构造。

调查蓄水构造主要含水层（组、带）的水文地质参数，圈定富水地段。

调查构造对地下水补给、储存、运移和排泄的控制作用。

调查主要含水层（组、带）的水文地球化学特征。

调查地下水的开采利用及动态。

8.2.2 松散层三维水文地质调查

调查含水层及隔水层的分布、埋深、厚度及其变化规律，划分含水层（组），构建三维水文地质结构模型。

调查地下水的补给、径流、排泄条件。

调查含水层（组）的水文地球化学特征及其变化规律、咸淡水体分布与接触关系。

调查主要含水层（组）的水文地质参数，划分富水性。

调查地下水的开采利用及动态。

8.3 工作精度

8.3.1 基本原则

根据水文地质条件复杂程度、水文地质工作程度，并结合地下水开发利用引发环境地质问题的严重程度以及地下水资源开发利用前景，综合确定工作方法和工作量。

8.3.2 水文地质条件分类

1）简单地区

含水层空间分布比较稳定，地下水补给、径流和排泄条件简单，水文地球化学环境单一，不存在突出的环境地质问题。

2）中等地区

含水层多但具有一定的规律，地下水补给、径流和排泄条件和水文地球化学环境变化较大，存在较突出的环境地质问题。

3）复杂地区

含水层空间分布不稳定，地下水补给、径流和排泄条件和水文地球化学环境变化大，环境地质问题突出。

8.3.3 以往水文地质工作程度分级

1）工作程度高的地区

进行过1∶50 000区域水文地质调查，大部分地区进行过更大比例尺的水文地质勘查或城镇、工矿企业供水水文地质勘察等工作，水文地质、环境地质资料丰富。

2）工作程度中等的地区

进行过1∶100 000区域水文地质调查，其他水文地质工作较少。

3）工作程度低的地区

进行过1∶200 000或更小比例尺的区域水文地质调查工作。

8.3.4 工作方法

在水文地质条件简单、工作程度高的地区，针对工作程度不足补充少量的调查工作，以综合研究为主。

在水文地质条件简单、工作程度中等或低的地区，以及水文地质条件中等或复杂、工作程度高或中等地区，补充适当的调查工作，调查与综合研究相结合。

在水文地质条件中等-复杂、工作程度低的地区，以调查为主。

8.3.5 比例尺

三维水文地质结构调查基本比例尺为1∶50 000～1∶100 000。

8.3.6 工程控制程度

1∶50 000水文地质调查主要工程控制程度技术定额宜参照表4执行，1∶100 000

水文地质调查宜取 1/2～1/3，对于地下水资源开发利用前景较好的地段应当提高 1/3 的工程控制程度。表 4 所列主要工作量应包含质量符合要求的已有工作量和补充工作量。

钻孔包括水文地质钻孔和其他地质钻孔，应有 50%以上的揭穿主要含水层（组）。

水位观测点包括水位长期动态监测点和水位统测点，长期动态监测点应占 1/3～1/5以上。水位统测点每年至少应统测一次高水位和低水位。

表 4　1∶50 000 水文地质调查主要工作量

地区	复杂程度	水位观测点 /(个/100km²)	钻探剖面		抽水试验 /(层次/100km²)	水质全分析 /(个/100km²)
			网距 /km	密度 /(个/100km²)		
基岩	复杂	≥16		≥3	≥8	≥10
	中等	6～16		2～4	4～8	6～10
	简单	4～12		1～3	2～6	4～8
松散层	复杂	≥20	≤4	≥12	≥8	≥12
	中等	10～20	4～6	4～12	4～8	8～12
	简单	5～15	6～8	3～6	3～6	6～10

8.4　填图单位确定

8.4.1　确定原则

以地质填图单位为基础，以水文地质特征为依据，以地下水资源开发利用为目的，确定水文地质填图单位（含水层组）。

8.4.2　确定方案

1）基岩水文地质填图单位

在地质填图单位的基础上，划分出具有供水意义的含水层（组、带）。可将富水性或透水性弱的地质填图单位合并。

2）松散层水文地质填图单位

在地质填图单位的基础上，根据地下水动力条件和水文地球化学环境划分含水层（组），一个地质填图单位可以划分为多个含水层（组），多个地质填图单位可以合并为一个含水层（组）。根据地层的渗透性，可将含水层组进一步划分为含水层、弱含水层和隔水层。

8.5 水文地质调查方法要求

8.5.1 地表调查

参照《区域水文地质工程地质环境地质综合勘查规范（1∶50 000）》（GB/T 14158—1993）要求进行。

8.5.2 地球物理勘查

应与三维地质结构调查中地球物理勘查统一布置，两者兼顾。

地球物理勘查探明含水层的空间分布、控水构造、岩溶发育带、覆盖层厚度等。

地面地球物理勘查应主要布置在水文地质结构复杂的地区。以电法为主，因地制宜，合理选择方法和布置测线、测点，测线位置应与水文地质调查剖面一致。

新施工的钻孔，尤其是无岩心钻孔，都要进行水文地球物理测井，并采用数字测井技术。测井内容包括视电阻率测井、自然电位测井、自然伽马测井、人工伽马测井、井液电阻率测井和井径测量、井温测量、井斜测量等，可根据需要解决的问题增删有关内容。解释成果包括地层划分，含水层、裂隙带、岩溶发育带划分，咸淡水界面确定；估算的地下水可溶性固形物，估算含水层孔隙率、渗透系数及涌水量等水文地质参数。

8.5.3 水文地质钻探

在原有钻孔控制不足地段布置水文地质钻孔，新施工钻孔必须满足查明水文地质条件、开展地下水资源评价和专门任务的需要。水文地质钻孔要进行水文地球物理测井、水文地质试验，采集水文地质样品等。

松散层水文地质钻孔孔径应保证下入 200mm 口径的滤水管及其外侧 75～100mm 的填砾厚度。基岩水文地质钻孔孔径应不小于 100mm。

8.5.4 水文地质试验

抽水试验，包括单孔抽水试验、多孔抽水试验和群孔抽水试验。在岩溶地区可布置连通试验。其他试验可根据需要增删。

8.5.5 水文地质采样

岩土样品和地下水样品。地下水样品包括水质样和环境同位素样。

地下水水质采样范围包括抽水试验孔（井）、民井及泉、地表水体、城市集中供水水源井。水质样宜进行水质全分析，应根据不同的目的确定专门分析的项目。

8.5.6 地下水开采量调查

根据地下水开采历史和利用程度的差别，采取不同的调查方法。开采井数量较少的地区，采用逐一调查的方法实际测定开采量；集中供水的城市和工矿企业，可根据地下水开采记录统计开采量；开采井数量巨大的农村地区，可采取收集开采量资料和抽样核实相结合的方法确定开采量。具体内容：

（1）调查开采井的位置、开采层位、数量与密度、涌水量。

（2）调查地下水历史与现状开采量，统计地下水在工业、农业、生活和生态的利用状况。

（3）调查地下水开采引起的地下水位、水质变化及其他环境地质问题。

（4）调查地下水取水工程的类型与效率，以及与地下水有关的地表水开发利用历史与现状。

8.6 综合研究

8.6.1 三维水文地质结构综合研究

根据野外调查资料、试验结果和收集的资料，按照含水介质条件，在松散层三维地质结构的基础上，开展三维水文地质结构研究。

分析含水层、弱含水层与隔水层的岩性、结构、厚度及其空间变化。薄含水层和薄隔水层互层的地区应进行含水层组划分。

分析地表水系对地下水的影响范围和水文地质特征响应，平面上划分地下水系统。

分析含水层的渗透系数、给水度、释水系数以及降水入渗系数等水文地质参数的变化规律，进行含水层（组）富水性分区。

在地质剖面的基础上，编制水文地质剖面。根据水文地质剖面构建三维水文地质结构模型。水文地质剖面反映含水层组框架，表示主要含水层和弱含水层、隔水层的岩性与厚度以及主要含水层（组）的富水性。根据地下水资源评价计算模型的需要，增删剖面上有关水文地质参数的内容。

8.6.2 地下水资源量评价

1）评价方法与标准

根据调查工程控制程度和水文地质条件确定地下水水量计算评价方法。宜选择几种适合工作区特点的方法进行计算与比较，得出符合实际的结论。应计算评价地下水的天然补给资源量和开采资源量，必要时计算储存量。

地下水资源量评价的水质分级以可溶性固形物（矿化度）为标准。地下水按矿化度划分为四个等级：①淡水，矿化度小于1g/L；②微咸水，矿化度为1～3g/L；③半咸水，矿化度为3～5g/L；④咸水，矿化度大于5g/L。

2）地下水天然补给资源量评价

地下水天然补给资源量应根据地下水循环和水资源转化特点，采用补给量法计算，同时计算排泄量，用水均衡方法进行校核。在重点调查区，应利用长时间系列资料建立地下水数值模型，并根据近几十年地下水补给、径流、排泄条件的变化进行识别与检验。

采用不同时期、不同试验方法、不同计算方法所取得的降水入渗系数、水位变动带岩层给水度、河渠水渗漏系数、灌溉水回渗系数、潜水蒸发极限埋深、含水层导水系数、含水层和弱透水层渗透系数和贮水系数以及越流系数等水文地质参数存在差异，要根据地下水补给、排泄的变化详细分析，合理调整。

建立地下水数值模型的要求按《地下水资源数值法计算技术要求》（DZ/T 0224—2004）执行。

3）地下水开采资源量评价

地下水开采资源评价中应考虑区域水位下降、地面沉降、塌陷、地裂缝和土壤盐渍化、海水入侵、水质恶化和浅层地下水生态水位等环境制约因素，应考虑地下水集中开采和分散开采对地下水开采资源量的影响。

重点调查区可结合开采方案采用地下水数值模型计算开采资源量。一般调查区可采用补给量减去不可获取的消耗量作为开采资源量；长期地下水动态观测资料丰富的地区，可根据开采量-水位降深曲线关系，确定不同水位降深下的地下水开采资源量，或采用地下水水位变幅稳定时段的开采量作为开采资源量；也可采用开采模数比拟法计算开采资源量；山间盆地可采用试验开采法或断面流量计算开采资源量等。

对所求的地下水开采资源量要进行可靠程度论证。

4）深层承压水可采储存量评价

深层承压地下水可采储存量应逐项计算各项组成，一般包括侧向补给量、弹性释水量、黏性土压缩释水量、越流补给量。重点调查区可用地下水数值模型计算；一般地区可根据抽水试验资料和地下水长期动态观测资料；参考工作程度高的地区采用比拟法计算。

深层承压水可采储存量评价要考虑环境约束条件。一般以地面沉降作为约束条件，依据水位降低阈值计算可采储存量。

8.6.3 地下水水质评价

充分利用以往地下水环境质量调查和长期监测资料，对地下水水质进行评价。根据地下水用途，选择评价标准，一般依据《地下水质量标准》（GB/T 14848—1993）评价。

8.6.4 地下水潜力评价

在地下水资源评价的基础上进行地下水潜力评价。可采用地下水开采潜力系数法评价，公式如下：

$$\alpha = Q_{开资} / Q_{开采}$$

式中，α 为地下水潜力系数；$Q_{开采}$ 为地下水实际开采量（$10^8 m^3/a$）；$Q_{开资}$ 为地下水开采资源量（$10^8 m^3/a$）。

地下水潜力系数分级如下：

(1) $\alpha<1$，地下水无潜力区；

(2) $1\leqslant\alpha<1.2$，地下水潜力一般区；

(3) $1.2\leqslant\alpha<1.4$，地下水潜力较大区；

(4) $\alpha\geqslant1.4$，地下水潜力大区。

在地下水潜力较大区和大区，可以在节水、环境治理等基础上，根据国民经济规划，适当加大地下水的开发利用强度；地下水潜力一般区，地下水的开发利用已处于临界值，不能加大地下水的开发利用强度；地下水无潜力区，地下水的开发利用应控制与压缩。

8.6.5 应急地下水水源地筛选

在地下水资源评价和开采潜力评价的基础上，开展地下水调节能力和恢复能力研究，选择地下水储存量大、具有较强供水和恢复能力的地段作为应急地下水源地。分析应急供水水源地的开采方式、开采规模、开采经济技术条件、环境保护等，并提出进一步勘查方案。

8.7 成果及表达

8.7.1 专题报告

三维水文地质调查报告的内容应包含反映含水层结构以及地下水的补给、径流、排泄条件与变化，地下水资源状况与主要环境效应，提出地下水合理利用建议，应急地下水水源地论证等内容。具体工作区可有所侧重。

8.7.2 系列图件

基础图件可根据工作实际情况选择编制，一般包括遥感解译图、地球物理勘查成果图、地下水类型图、地下水埋藏条件图、水文地质参数系列图、地下水水化学图、地下水同位素图、地下水调蓄空间分布图等系列图。

综合性与应用性图件主要包括实际材料图、水文地质图和水文地质剖面图、地下水质量分区图、地下水开发利用现状图、地下水资源分布图、地下水潜力分区图、应急地下水水源地分布与勘查建议图等。

8.7.3 专题数据库

三维水文地质结构数据库。按城市地质数据库与信息系统建设工作指南要求进行数据库建设。

8.7.4 三维水文地质结构模型

展示含水层结构，包括含水层、弱含水层和隔水层。可以查询含水层埋深、厚度、岩性、富水性、渗透系数、导水系数、给水度、弹性释水系数等。

展示地下水系统空间分布，浅层地下水系统与深层地下水系统的关系或地下水系统界面的空间分布等。可以查询地下水系统名称、等级和特征等。

展示地下水水位与水质动态信息，包括地下水可溶性固形物、总硬度、水化学类型、水温以及特征组分等。可以查询监测点的基本数据和监测井结构数据，可以查询水量、水位、水质及水温等监测数据。

展示地下水资源分布与应急供水水源地特征。查询地下水开采强度、地下水天然资源数量、开采资源量等，以及地下水质量等级和地下水资源潜力系数等。查询应急供水水源地含水层特性、开采方式、开采规模、开采经济技术条件、环境保护和进一步勘查建议方案等。

9 环境地球化学调查与评价

9.1 原则

环境地球化学调查和评价分为环境地球化学调查和环境地球化学评价两个层次。环境地球化学调查旨在查清城市土壤中主要污染元素和有机污染物含量与分布特征。环境地球化学评价是在环境地球化学调查基础上，按照不同功能分区需求和环境地球化学问题进行的评价工作。

9.2 环境地球化学调查

9.2.1 调查内容

环境地球化学调查以表层土壤调查为主，比例尺为 1∶50 000，调查区域为开展城市地质调查的工作区。

根据调查工作需要和不同城市特点，可进行水地球化学调查和异常查证工作。

9.2.2 工作精度

城市土地利用现状不同，土壤及沉积物样品采集密度和采样深度不同，见表 5。

表 5 土壤及沉积物样品采集密度和采样深度

土地利用现状		采样密度 /(个样/km^2)	采样深度 /cm
农用地	旱地、水田等大宗农作物种植区	4～8	0～20
	菜地、茶园等作物种植区	4～8	0～20
	果园 、桑园等作物种植区	4～8	0～20
	苗圃、绿地、林地	4～8	0～20
	畜禽饲养地等其他农用地	4～8	0～5

续表

土地利用现状		采样密度 /(个样/km²)	采样深度 /cm
建设用地	商服用地、公用设施用地、公共建筑用地、交通运输用地、住宅用地及水利设施用地和公园绿地	8～10	0～5
	工矿企业用地、垃圾填埋场、工矿仓储用地	8～10	0～5
	使领馆用地、宗教用地、墓葬地等特殊用地	8～10	0～5
未利用土地	湖泊湿地、近岸海域	4～8	0～20
	湖泊湿地的河流入口处、工厂排污处	8～10	0～5

坡地、菜地及小规模经济作物种植地区等土壤中化学元素含量空间变异性较大地区，采样密度可适当加密。

幼儿园、中小学、大学等校园区，采样密度可适当增加，以保证该功能区样品数不少于 10 个。

在工矿企业用地、垃圾填埋场、河流入口处、工厂排污处等地区，可增加土壤剖面样品采集。

采样点布设、采样方法、样品加工保存、质量监控方法、野外原始资料质量检查等同中国地质调查局调查技术标准《多目标区域地球化学调查规范（1∶250 000）》(DD 2005-01)。

9.2.3 分析指标

表层土壤、湖泊湿地沉积物及浅海沉积物样品均为单点样样品分析，样品分析密度同采样密度。

土壤样品分析测试指标依不同功能区类型，可有所差异，原则上为：

(1) 农用地必测指标：pH、TOC、N、P、K、Ca、Mg、F、Cl、Se、S、B、Cu、Fe、Mn、Mo、Zn、As、Cd、Cr、Pb、Hg、Ni。

(2) 农用地选测指标：TC、CEC、黏粒、V、Th、U、Tl、I、Si、Al、Na；有机氯农药、多氯联苯、多环芳烃等有机污染物；营养元素有效态和有害元素不同相态；湖泊沉积物、近海域沉积物可加测含水率，盐碱土样品可加测 EC。

(3) 建设用地必测指标：Hg、U、Th、pH、EC 和多氯联苯、多环芳烃等有机污染物。

(4) 建设用地选测指标：As、Cd、Cr、Pb、Tl 等。

各项元素及指标的分析方法选择原则、分析方法检出限要求、分析方法准确度和精密度要求、报出率要求等各项质量监控方法同中国地质调查局调查技术标准《多目标区域地球化学调查规范（1∶250 000）》(DD 2005-01)、《区域生态地球化学评价技术要求》(DD 2005-02) 和《生态地球化学样品分析技术要求》(DD 2005-03)。

9.2.4 地球化学异常查证

对地球化学调查中发现的重要异常进行检查，初步查明异常原因，追踪异常可能出现的空间部位，为进一步推断解释和开展区域生态地球化学评价提供依据。

9.2.5 数据整理及综合研究

土壤地球化学调查样品的数据整理包括数据库建立、地球化学参数统计、地球化学图件制作及推断解释性图件编制等。

研究土壤中元素含量水平及其空间分布规律，总结不同功能区元素组合特征，分析引起元素异常分布的可能原因及其造成的生态效应，提出开展进一步评价的环境地球化学问题及地区。

9.3 环境地球化学评价

9.3.1 评价内容与类型

在城市土壤环境地球化学调查和异常查证基础上，依据城市存在和面临的环境地球化学问题，开展环境地球化学评价工作。评价内容主要为查明异常元素来源、追踪异常元素迁移途径、评价异常元素生态效应、预测生态系统安全性变化趋势，并对可能发生的生态危害事件进行预警。

环境地球化学评价工作可分为四部分：城市绿地土壤环境质量地球化学评价、大气环境质量地球化学评价、城市饮用水水源地环境质量地球化学评价和典型地区环境质量综合地球化学评价。

9.3.2 城市绿地土壤环境质量地球化学评价

针对城市公用绿地、道路绿地、居住区绿地、隔离片林，尤其是幼儿园、中小学、高校等绿地进行土壤环境质量地球化学评价。

根据城市主要绿地类型，按照1：1000～1：5000比例尺，网格化布置面积性土壤样品点；典型污染地区，可以采集土壤剖面样品。

每个绿地单元，保证土壤样品大于10件。

通常情况下，样品采集深度为0～5cm；相对较新的绿地，采样深度可以为0～10cm。

有条件地区，可采集地衣、松尖等植物。

分析测试的元素为As、Cd、Cr、Hg、Pb、Tl等重金属全量，U、Th等放射性元素，有机氯农药、多氯联苯和多环芳烃等有机污染物指标。

分析元素和指标可根据实际情况增减。

对绿地土壤地球化学质量进行等级评价，重点开展公共绿地、居民区、幼儿园、中小学绿地质量对人体健康影响研究，对存在人体健康风险地区的绿地土壤提出调控建议。

9.3.3 大气环境质量地球化学评价

采集不同污染端元降尘样品。详细调查城市工业、交通、建筑等分布状况，对废气排放量大、污染严重的冶金尘、燃煤尘、建筑尘和交通尘等进行大气环境质量地球化学评价。

采集面积性降尘和土壤样品。按照 1∶50 000 或 1∶10 000 采集密度，布置 1.5～2m高度的大气降尘和相应点位上的土壤样品采样点。

在城市不同功能区，布置大气干湿沉降样品接受点，每个功能区均匀布点，样品数大于 10 件。接受降尘周期可为一年、半年或季度。

对于以燃煤为主要能源或存在酸雨降落的城市，需布置一定量的降雨或降雪接受点，采集大气降水样品。

空气污染严重的城市，可分别采集$<2.5\mu m$、$2.5\sim10\mu m$ 和$>10\mu m$ 大气颗粒物样品。

大气降尘样品进行异常元素、有机污染物分析；典型样品进行不同粒径分离、X 射线衍射分析、铅同位素分析；降水或降雪进行 As、Cd、Cr、Cu、Pb、Hg、Ni、Zn、K^+、Na^+、Ca^{2+}、Mg^{2+}、SO_4^{2-}、Cl^-、CO_3^{2-}、HCO_3^{2-}、NO_3^- 等分析。大气可吸入颗粒物可分析 Cd、Hg、Pb、As、Ni、Zn、Cr、Cu 等有害重金属及多氯联苯、多环芳烃等有机污染物含量。

分析元素和指标可根据实际情况增减。

查明不同季节（或半年，或一年）有毒有害物质沉降通量；研究不同来源降尘的空间分布、主要污染元素种类及颗粒物粒径分布范围、传输距离、途径及对人体的可能影响，评价降尘对土壤重金属含量影响程度；研究大气降雨 pH 的变化与城市不同功能区分布关系及引起酸雨沉降的主要因素。

9.3.4 城市饮用水水源地环境质量地球化学评价

依据调查城市饮用水源类型，选择有代表性的饮用水集中水域（水库或池塘）进行水样点布置。样点分布地区包括饮用水供水水域和汇水地区，水样品采集同时，还需采集底泥、悬浮物和水产品。

根据区域地球化学基础调查结果和污染物种类，确定分析项目种类。水样品选测元素和指标范围为：pH、As^{3+}、Se、F、Tl、Hg、Pb、Cd、Cr^{6+}、硝酸盐（以 N 计）、亚硝酸盐（以 N 计）、总 α 放射性、总 β 放射性、COD、氯仿、四氯化碳、苯并（a）芘、滴滴涕、六六六、细菌总数等。

底泥、悬浮物选测元素和指标范围为：As、Cd、Hg、Pb、Cr、Cu、Zn、Ni、N、P、K，少量样品进行有机污染物分析。

水产品选测元素和指标范围为：As、Cd、Hg、Pb、Cr、Cu、Zn、Ni、F、Se，少量样品进行有机污染物分析。

在有地方病发病的地区，根据地方病种类增测表 6 中相应项目，实地调查居民的发病情况、饮食习惯等。

表 6 不同地方病流行地区工作布置参照表

地方病类型	调查介质	分析项目	备注
地方性甲状腺肿	饮水	I、F、Ca、Mg、Mn、有机质、亚硝酸盐、细菌总数	调查当地居民食物特征，查明蔬菜、食盐、海产品等对地方性甲状腺肿的干扰。找出引起该病的双阈值，提出治理建议
地方性氟病	饮水和食物	F	调查研究区地方性氟病、龋齿和居民饮水、食物中 F 含量的关系，提出相应的治理建议
地方性砷中毒	饮水	总 As 和 As^{3+}、As^{5+}	
伽师病	水	K^{+}、SO_4^{2-}、Cl^{-}、Na^{+}、Ca^{2+}、Mg^{2+}、Sr^{2+}、Mn^{2+}、Zn^{2+}	调查发病区土壤和粮食中 Mn、Zn 含量以及居民慢性腹泻、低血钾、不孕症、肝肿大等病症情况，查明饮水矿化度增加的原因，提出治理建议
克山病和大骨节病	水和食物	COD、Se^{4+}、Se^{6+}、腐殖态 Se、Ca^{2+}、Mg^{2+}、Sr^{2+}、Mn^{2+}、Zn^{2+}	研究发病区克山病、大骨节病发病程度与水体中元素含量关系，提出防治建议

进行饮用水安全性评价，研究地方病发病与水体元素地球化学特征关系，追溯污染物来源和迁移途径，对地表水域富营养化程度及水产品安全性进行评价，提出水体污染调控方案及治理建议。

9.3.5 典型地区环境质量综合地球化学评价

1）*矿山环境地球化学评价*

(1) 主要评价内容。

选择污染严重的矿山开采区，开展环境质量地球化学评价，评价内容主要为：矿山周围的水体（地表水和地下水）、大气和土壤环境质量及农产品（包括水产品）安全性。

(2) 水体污染程度评价。

依据矿区及其周围地下水水文地质特征、周围水系（河流、水库、池塘等）分布特征、污染源（尾矿坝、选矿厂、污水处理厂）分布状况，采取点面结合的方法进行地下水和地表水样点布置。

地表水和地下水分丰水期和枯水期两次采集，一次采样时间控制在一周内；采集地点应选择在矿坑、尾矿坝、选矿厂、污水处理厂等出水口和被污染河流的上、中、下游地区。

水样采集点，同点位采集底泥和悬浮物。

污染水域，采集代表性水产品，每种水产品数量为 5～10 件。

样品采集要求同《生态地球化学样品分析技术要求》(DD 2005-03)。

根据城市环境地球化学调查结果和矿山污染物种类，确定各类样品分析项目种类。

查明水体中污染物种类、分布特征和污染程度，评价矿山开采活动对水体环境质量、水产品安全性和人体健康的影响程度，追溯污染物迁移途径，对污染严重的水质提出改善及治理建议。

(3) 大气污染程度评价。

在矿山的坑道、矿井、尾矿坝、矿石运输道路两侧、冶炼厂等扬尘及废气排放量大的地方进行 1∶10 000～1∶5000 的干湿沉降样品、大气可吸入颗粒物、降尘和降水等样品点布置。

分析元素及指标种类根据矿山类型而定。

依据分析结果，对矿山周围空气质量进行评价；研究大气降尘的主要污染物种类、颗粒物粒径分布范围及其对人体影响；探讨大气降水 pH 的变化与矿山分布关系。

(4) 土壤污染程度评价。

充分考虑到矿山不同地质背景、土壤类型、景观特征、土地使用现状、重金属元素含量及土壤理化性质差异，选择采集样品工区；以土地使用现状为采样单元，采集土壤、农作物籽实和根系土样品。

根据城市环境地球化学调查结果和矿山污染物种类，确定污染物（元素和化合物）分析种类。

不同矿山类型对土壤样品可进行 As、Cd、Cr、Cu、Ni、Hg、Pb 和 Zn 等有害元素全量及不同形态分析和 pH、CEC、黏粒、容重、TOC、质地等理化性质分析，农作物样品分析籽实中有害元素全量。

不同研究区，可根据矿山种类增减分析元素和指标。

参照各种国家环境质量标准，结合研究地区实际情况，评价矿山活动对土壤环境质量和农产品安全性影响程度，进行人体健康和生态风险评估，绘制元素污染程度图和土地质量地球化学等级图，探讨矿山（污染严重的矿区）开采对土壤质量的影响机制，提出土壤质量改善及污染治理建议。

2) 垃圾填埋场环境质量地球化学评价

(1) 主要评价内容。

选择规模较大，或污染严重的垃圾填埋场，开展环境质量地球化学评价，评价内容包括垃圾填埋场周围地下水、大气和土壤质量污染程度评价。

(2) 水体污染程度评价。

依据垃圾填埋场及其周围水文地质特征、污染源分布状况，采取点面结合的方法进行样点布置；在垃圾填埋场渗滤液处理设施排放口（即填埋场废水外排口）加密布置样点。

样品选测元素和指标为：总硬度（以 $CaCO_3$ 计）、溶解性总固体、硫酸盐、氯化物、Fe、Mn、Cu、Zn、Co、挥发性酚类（以苯酚计）、高锰酸盐指数、硝酸盐（以 N 计）、亚硝酸盐、氨氮（NH_4）、氟化物、氰化物、Hg、As^{3+}、Se、Cd、Cr^{6+}、Pb、Be、Ba、Ni、滴滴涕、六六六、总大肠菌群、细菌总数、总 α 放射性、总 β 放射性等。

查明水中污染物种类和分布特征，与垃圾填埋场渗滤液排放存在的空间对应关系和成因联系，追溯地下水中污染物来源和迁移途径，对地下水污染程度进行评价，对污染严重的地下水水质改善提出治理建议。

(3) 大气污染程度评价。

在垃圾填埋场内及其周围按照 1∶5000～1∶10 000 布置面积性大气降尘、降水、恶臭等样品点；根据大气污染范围大小，可适当调整工作比例尺，保证各类样品大于 10 件。

大气恶臭样品应布设在臭气进入大气的排气口、污染治理装置的排气口，也可以在水平排气道和排气筒下部采样。

大气降尘和降水样品分析测试项目同 9.3.3。

大气恶臭样品选测指标：氨（NH_3）、三甲氨、硫化氢、甲硫醇、甲硫醚、二甲二硫、二硫化碳、苯乙烯、甲烷（CH_4）、硫化氢（H_2S）、二氧化硫（SO_2）、氮氧化物（NO_x）、碳氧化物（CO_x）、氯化氢（HCl）、氟化氢（HF）、臭气浓度、有机类污染物（多氯二苯并二噁英 PCDDs、多氯二苯并呋喃 PCDFs）。

依据分析结果对垃圾填埋场周围空气质量优劣等级作出评价；查明大气降尘的主要污染物种类、颗粒物粒径分布范围及其对人体的可能影响。

(4) 土壤污染程度评价。

充分考虑到垃圾填埋场类型、地质背景、土壤类型、景观特征、土地使用现状、重金属元素含量及土壤理化性质差异，选择采集样品工区。

以土地使用现状为采样单元，同一采样单元内，按照 1∶1000～1∶5000 布置面积性土壤样品和农作物籽实样品点。根据土壤污染范围大小，可适当调整工作比例尺，保证各类样品大于 30 件。

农作物籽实无污染去壳，分析 As、Cr、Cd、Cu、Hg、Pb、Zn、Ni、F、Se 等元素全量。少量样品可进行有机氯农药分析。

对土壤进行 N、P、K、B、Mo、Mn、Cu、Zn、Fe、Si、Ca、Mg 等元素的全量和有效态分析（碱解氮、有效磷、速效钾、有效硼、有效钼、有效铜、有效锌、有效铁、交换性钙和镁、有效硅)，测试土壤 pH、CEC、黏粒、容重、TOC、质地等指标。

分析土壤中 As、Cd、Cr、Cu、Hg、Pb、Ni、Zn 等重金属元素全量和离子交换态、碳酸盐态、弱有机结合态、铁锰氧化态、强有机结合态和残渣态分析。少量样品进行有机氯农药分析。

根据土壤污染类型和农作物种植品种，分析测试指标可进行增减。

参照各种国家环境质量标准，结合研究地区实际情况，进行土壤污染程度划分，评价农作物安全性和对人体健康影响程度，研究垃圾填埋对土壤质量影响的分布范围，绘制污染程度地球化学图，编制土壤质量地球化学等级图，提出土壤质量改善及垃圾填埋场污染治理建议。

3) 城郊蔬菜基地环境质量地球化学评价

城郊蔬菜基地环境质量地球化学评价，主要研究基地土壤、灌溉水和大气污染程度，评价蔬菜安全性，查明污染成因，提出治理建议。

在城郊大型蔬菜生产基地，按网格布设土壤、蔬菜样点。采样密度为 1 个样/

(100～200) m^2,根据基地面积大小适当调整采样比例尺，保证每个蔬菜基地样品量不少于 30 件。

实地调查蔬菜生产基地化肥（包括农家肥）、农药施用情况，详细记录不同种类化肥和农药施用量。采集代表性化肥和农药样品，每个蔬菜基地，每种化肥和农药样品数大于 10 件。

在蔬菜基地灌溉水出口处，于灌溉季节采集灌溉水样品，根据分析测试元素种类不同，添加不同保护剂，每个蔬菜基地灌溉水样品大于 10 件。

蔬菜基地存在明显的大气污染地区，可采集大气降尘、大气可吸入颗粒物和干湿沉降样品，每个蔬菜基地大气样品不少于 5 件。

土壤、大气、化肥和农药样品分析测试指标为 As、Cr、Cd、Cu、Hg、Pb、Zn、Ni、F、N、P、K、B、Mo、Mn、Ca、Mg、Se 等元素含量；灌溉水样品分析总硬度（以 $CaCO_3$ 计）、溶解性总固体、硫酸盐、氯化物、Fe、Mn、Cu、Zn、Co、挥发性酚类（以苯酚计）、高锰酸盐指数、硝酸盐（以 N 计）、亚硝酸盐、氨氮（NH_4）、氟化物、氰化物、Hg、As^{3+}、Se、Cd、Cr^{6+}、Pb、Be、Ba、Ni、滴滴涕、六六六、总大肠菌群、细菌总数。

根据蔬菜基地实际情况，各类样品分析元素与指标适当增减。

评价蔬菜安全性和对人体危害程度，定量计算由施肥、农药、大气沉降和灌溉水带入土壤中有害元素、有益元素年通量，查明控制重金属进入土壤和农作物中的主要因素，提出保障蔬菜安全措施建议。

4）生态观光园环境质量地球化学评价

生态观光园主要进行土壤放射性危害程度和空气有害气体浓度评价。

在生态观光园内按网格布设样点。采样密度为 1 个样/(20～50) m^2。每个评价生态观光园样品量不少于 15～20 件。

土壤采集点处，现场实测 1m 高 γ 辐射空气吸收剂量率；土壤样品分析 U、Th 和 K 含量。

大气样品分析甲醛、苯、氨、氡、总挥发性有机化合物（TVOC）、一氧化碳、二氧化硫、臭氧、可吸入颗粒物。

根据土壤样品 U、Th 和 K 含量和相同点位实测的 1m 高 γ 辐射空气吸收剂量率数据，对放射性污染进行评价。

参考《室内空气质量标准》(GB/T 18883—2002) 和《民用建筑工程室内环境污染控制规范》(GB 50325—2010)，对生态观光园空气质量等级进行评价。

5）工矿企业旧址环境质量地球化学评价

工矿企业旧址环境地球化学评价对象主要涉及土壤和地下水。

在工矿企业旧址内按照 1∶1000～1∶5000 网格化布置面积性表层土壤样品点，样品采集深度为 0～5cm；污染严重地区，可布置土壤剖面样品采集点；剖面样品采集密度为 1 个样/(5～10) cm。依据工矿企业及其周围地下水水文地质特征采取点面结合的方法进行地下水样点布置。

工矿企业类型不同，土壤和地下水分析指标不同。

对土壤地球化学质量进行单指标、综合指标等级划分和风险性评价；对地下水污染程度进行评价，并对污染严重的地下水水质改善提出治理建议。

6）城市放射性污染程度评价

选择表层土壤 U、Th、K 等放射性元素高异常的地区开展放射性污染程度评价。

在异常区进行 1∶5000～1∶10 000 密度的土壤样品采集点，或布置几条穿越放射性元素高异常区的水平剖面，采样密度为 1 个样/(10～20) m。土壤样品分析 U、Th、Rn 和 K 含量。

土壤样品采集深度为 0～5cm，土壤采集点位处，现场实测 1m 高 γ 辐射空气吸收剂量率。

根据土壤样品 U、Th 和 K 含量和相同点位实测的 1m 高 γ 辐射空气吸收剂量率数据，对放射性污染程度进行评价。

7）城市加油站环境质量地球化学评价

在城市加油站周围 100～200m 范围内，布置土壤垂向剖面和地下水样品点。

以加油站为圆心，以 10～20m 的间距为半径组成同心圆，在每个同心圆上按照一定密度采集土壤垂向剖面和地下水样品。

土壤垂向剖面的深度以加油站的地下储油罐的埋深为准，剖面的深度要大于地下储油罐的埋深 5～10m。每条土壤垂向剖面的样品量为 10～20 件。

土壤样品分析指标为：饱和烃、芳香烃、环烷烃、挥发性酚类、As、Hg、Pb、Ni、V、Fe、Cu、Cr、Pb、Cd、TOC。

地下水样品分析指标为：pH、饱和烃、芳香烃、环烷烃、硫酸盐、挥发性酚类、Hg、Ni、As^{3+}、V、Cr^{6+}、Cu、Pb、Cd、TOC。

采用环境风险评价方法，对城市加油站的土壤、地下水进行风险评价。

8）农用地土壤环境质量地球化学评价

充分考虑调查城市的农用地分布特征、地质背景、土壤类型、景观特征、重金属（包括似金属 As）元素含量及土壤理化性质（pH、质地、CEC 等）差异，选择采集样品的工区。

以一定采样密度（1∶10 000 或 1∶5000）和一定面积的工区为单元，采集大宗农作物籽实（包括蔬菜、经济作物和水果等）、根系土。

农作物籽实无污染去壳，分析 As、Cr、Cd、Cu、Hg、Pb、Zn、Ni、F、Se 等元素全量。少量样品可进行有机氯农药分析。

对根系土进行 N、P、K、B、Mo、Mn、Cu、Zn、Fe、Si、Ca、Mg 等元素的全量和有效态分析（碱解氮、有效磷、速效钾、有效硼、有效钼、有效铜、有效锌、有效铁、交换性钙和镁、有效硅），测试根系土 pH、CEC、黏粒、容重、TOC、质地等指标。

分析根系土中 As、Cd、Cr、Cu、Hg、Pb、Ni、Zn 等重金属元素全量和离子交换态、碳酸盐态、弱有机结合态、铁锰氧化态、强有机结合态和残渣态分析。少量样品进行有机氯农药分析。

分析检测的元素和指标，不同城市可根据实际情况进行增减。

参照各种国家环境质量标准，结合研究地区实际情况，进行农作物安全性评价和人体健康风险评估，研究农作物籽实吸收有害元素影响因素，提出降低有害元素生态风险建议；进行土壤营养元素生物有效性研究，建立元素有效态与全量、理化性质关系方程，对农用地土壤肥力进行评价；综合土壤肥力指标、环境健康指标等因素，对土壤质量进行地球化学等级划分，划分方法参照《土地质量地球化学评估技术要求》(DD 2008-06)。

9.4 综合研究

9.4.1 概述

完成环境地球化学调查和环境地球化学评价野外样品采集、数据分析工作后，需对所获得的数据资料进行统计、图件编制和报告编写等项工作，在此基础上，不同城市可根据开展调查和评价工作的重点，有针对性地进行综合研究。

9.4.2 土壤元素地球化学特征研究

按照不同单元，统计元素平均值、标准偏差、最大值、最小值、样品数等地球化学参数，研究不同单元元素地球化学含量特征、空间分布规律及其可能造成元素富集与贫化的自然与人为因素。

9.4.3 土壤环境质量状况评估

系统研究土壤 As、Cd、Cr、Cu、Hg、Ni、Pb、Zn 及有机污染物的污染程度，查清污染物的空间分布特征及其可能成因，进行土壤环境质量分级；对农用地、城市绿地、城郊蔬菜基地等地区土壤中的 N、P、K、B、Mo、Mn、Cu、Zn、S、Cl、Na 等有益营养元素和有机质丰缺分级，对土壤肥力状况进行评估；对 F、I、Se 等健康元素进行系统对比研究，结合研究区存在的地方病分布情况，开展生态环境健康风险研究。

9.4.4 生态环境质量评价

参照国家标准或行业标准对城市饮用水安全、大气环境质量进行评价，结合农产品安全性研究，综合评价城市生态环境质量和生态风险；通过异常查证、污染物追踪和生态效应评价等项研究，甄别影响生态环境质量的自然和人为因素，研究不同因素对生态风险影响的作用机制。

9.4.5 城市典型环境地球化学问题研究

参照相应的环境质量标准，对城市区矿山、放射性、垃圾填埋场、蔬菜基地、生态观光园、绿地、加油站等环境质量进行综合评价研究。研究污染物成因来源和迁移转化途径，评价其对生态环境造成的影响，尤其是评价对人体健康和经济社会可持续发展的影响。

9.4.6 环境质量预测预警

在系统研究影响生态环境质量因素的基础上，提出生态环境质量评价和预测预警模型，结合研究城市未来规划建议和影响城市环境质量因素的变化速率，对城市环境质量进行预测预警。

9.4.7 提出对策建议

在对土壤、水体、大气环境质量、农作物安全和典型环境问题进行综合研究的基础上，提出改善环境质量、降低生态风险、合理利用土地资源、调整农业种植结构等各项对策建议，为保障社会经济可持续发展和生态环境质量不断提高提供科学依据。

9.5 成果与表达

9.5.1 图件

图件包括实际材料图、元素地球化学图、推断解释性图件和城市环境质量地球化学评价图。

实际材料图包括：各类介质采样点位图及其他实际材料图。

元素地球化学图包括：表层土壤地球化学图、湖泊湿地及近海沉积物地球化学图、地表水地球化学图、浅层地下水地球化学图等，以单元素数据勾绘等值线成图。

推断解释性图件包括：单元素地球化学异常图、组合元素地球化学异常图、地球化学分区图、表层土壤环境质量分类图、表层土壤常量营养元素（全量）丰缺分级图、地表水和浅层地下水环境质量分类图等。

城市环境质量地球化学评价图包括：有毒有害元素及有机污染物污染程度图、有益元素总量及有效量评价图、土壤（土地）质量评价图、城市及农田区土壤安全区划图、农作物适宜性种植建议图、安全性评价预警图、城市土地利用规划建议图等。

9.5.2 专题调查报告

专题调查报告包括城市环境地球化学调查报告和城市环境质量地球化学评价报告两大部分。

9.5.3 专题数据库

1）数据库类型

采用区域地球化学数据库信息系统（GeoMDIS），建立基础资料数据库、统计与评价数据库。

2）基础资料数据库

基础资料数据库包括：调查资料子库、分析数据子库和图形子库。

调查资料子库：包括各类定点的GPS坐标数据、各类采样记录、各类调查查证记录、剖面记录、数字拍照资料、摄像资料、野外素描等。

分析数据子库：包括城市环境地球化学调查阶段的土壤、水、湖底沉积物、近岸海域沉积物等分析数据；环境质量地球化学评价阶段的土壤、水体、生物样品、大气干湿沉降、大气颗粒物、悬浮物、底泥及各类污染源样品的分析数据。

图形子库：包括地形地貌、地质矿产、水文地质、土壤分布、第四纪地质、土地利用以及农业区划和区域经济发展规划等。

3）统计与评价数据库

统计与评价数据库包括地球化学数据参数统计库、环境质量地球化学数据评价库。

地球化学数据参数统计库：各类样品的全区与子区参数统计，统计参数包括样本数（N）、面积（S）、算术平均值（$\overline{X}$）、标准离差（S_o）、变异系数（C_V）、逐步剔除平均值加减2倍标准离差后的算术平均值（$\overline{X}_o$）、几何平均值（$\overline{X}_g$）、中位数（M_e）以及最大值（X_{max}）、最小值（X_{min}）。

环境质量地球化学数据评价库：有益元素和有害物质（元素及有机污染物）各类评价参数统计，土壤、大气和水体污染程度评价参数统计、土壤有益元素等级划分参数统计和土地质量评价参数统计、生态系统安全性预警等。

10 环境地质问题与地质灾害调查

10.1 原则

环境地质问题和地质灾害调查应在环境地质问题较明显、地质灾害发生区和易发区进行；调查内容应根据调查城市的实际环境地质问题和地质灾害确定，并以专题调查为主。

根据环境地质问题和地质灾害的类型、严重程度及其对城市建设的影响程度，调查方式可分为以收集资料为主和以实际调查为主两类。

以收集资料为主的有：崩塌、滑坡、泥石流、地下水位降落漏斗、地震、海水入侵、海岸淤积与侵蚀、河湖塌岸。

以实际调查为主的有：地面塌陷、地面沉降、地裂缝、不稳定斜坡、地下水污染、垃圾场调查与选址调查。

10.2 调查内容

10.2.1 地质灾害调查

1）崩塌（危岩体）调查

包括已有崩塌体调查和危岩体调查，重点是危岩体调查。调查崩塌（危岩体）的位置、形态和规模；崩塌（危岩体）形成的地形地貌、地层岩性、地质构造、岩土体结构、斜坡组构特征，水文地质及工程地质特征，人为影响因素；分析崩塌（危岩体）的稳定性及其可能造成的灾害范围。

具体可参照《崩塌滑坡泥石流灾害调查规范（1∶50 000）》（DD 2008-02）。

2）滑坡调查

调查滑坡体的位置、形态、规模、边界特征、表部及内部特征，变形活动特征；滑坡形成的地形地貌、地层岩性、地质构造、水文地质条件等地质影响因素，降雨、地震、洪水等自然影响因素，人为影响因素；分析滑坡稳定性及其可能造成的灾害范围和灾害程度。

具体可参照《崩塌滑坡泥石流灾害调查规范（1∶50 000）》（DD 2008-02）。

3）泥石流调查

调查泥石流的形态、分布、规模、物质组成及形成发育历史；泥石流形成区、流通区、堆积区的地形地貌、岩土体、地质构造、水文地质、水文气象、植被、人为活动特征；泥石流防治情况；分析泥石流的发展趋势及可能造成的危害。

具体可参照《崩塌滑坡泥石流灾害调查规范（1∶50 000）》（DD 2008-02）。

4）地面塌陷调查

岩溶塌陷调查：调查岩溶发育特征及分布规律，岩溶塌陷带的分布、规模、发育历史及伴生现象，岩溶塌陷形成的地形地貌、地质、水文地质及人为影响因素，危害及造成的损失，圈定塌陷区及成灾范围，分析其发展趋势。

采空塌陷调查：调查采空塌陷的分布、规模，采空塌陷形成的地质及人为影响因素，危害及造成的损失，圈定塌陷区及成灾范围，分析其发展趋势。

5）地裂缝调查

调查地裂缝（单缝或群缝）的空间展布及组合特征，地裂缝形成的地形地貌、地层岩性、岩土体结构、水文地质、工程地质特征，地裂缝与区域地质构造、地震、气象水文、人为活动的关系，地裂缝的危害方式及程度，分析其发展与危害趋势。

6）地面沉降调查

调查地面沉降的分布范围、形状、面积、沉降速率及累计沉降量，沉降发展历史，地面沉降形成的地形地貌、基底构造、岩土体结构、含水层结构特征，地下水、地热资源、油气资源开采状况，工程建筑、区域性构造沉降状况，地面沉降的危害及程度，分析其发展与危害趋势。

7）地震调查

收集地震资料，总结地震活动规律。

10.2.2 环境地质问题调查

1）地下水污染调查

调查地下水污染范围、层位、主要污染物特征、污染程度，污染原因和污染源类型，与地下水污染有关的包气带结构、地下水系统结构特征，地下水补给、径流、排泄条件，初步进行地下水质量评价和地下水污染评价。

具体可参照《地下水污染地质调查评价规范》(DD 2008-01)。

2）区域地下水位降落漏斗调查

调查地下水位降落漏斗的范围、漏斗中心水位、面积和形状、水位下降幅度和速度，调查含水层岩性和结构、地下水开采量、开采时间、开采方式与降落漏斗发展的关系，分析降落漏斗形成的原因，预测其发展趋势。

3）不稳定斜坡调查

在主要居民点、重要工程设施和交通干线附近可能发生滑坡、崩塌的地段，调查斜坡坡面特征（坡度、坡向及其与地层结构、构造的组合关系等），斜坡组成结构特征（地层岩性及其组合），斜坡软弱结构面组合特征（断裂、节理、裂隙等），岩石风化特征，地表水、地下水及人为活动对斜坡的影响和破坏情况，分析斜坡稳定性。

具体可参照《崩塌滑坡泥石流灾害调查规范（1∶50 000)》(DD 2008-02)。

4）海水入侵调查

调查海水入侵的分布范围、含水层结构、地下水咸化程度、入侵途径及变化规律，地下水、地表水与海水之间的相互联系，海水入侵的地质、地形地貌、水文地质、海岸带变化、陆地水文、潮汐和气象、人为活动等背景条件及主要影响因素，分析海水入侵对土地资源、地下水资源和生态环境等的危害及趋势。

5）海岸侵蚀与淤积调查

调查海岸带地表形态特征及海岸带类型（基岩海岸、砂砾海岸、泥质海岸），海岸带地形地貌、地质构造、地层岩性、第四纪地质等地质背景条件，海岸侵蚀、淤积现状及主要影响因素，海岸侵蚀、淤积对土地资源、生态环境等的危害及趋势。

6）河湖塌岸调查

调查塌岸的位置、形态和规模，岸坡坡面特征、岩土体工程地质结构特征，地表水、地下水、降水及人为活动等影响特征，塌岸对大堤、农田、道路、房屋、航运的危害程度，分析岸坡稳定性。

7）城市垃圾场调查

调查城市垃圾堆放现状（数量、种类）、处理现状（数量、方式），垃圾填埋场现状（位置、数量、规模、填埋方式、建设历史及运行情况），垃圾填埋场对周边地表水、地下水、土壤等环境的影响程度，现有（拟选）垃圾填埋场的地质环境条件及人文环境状况（地形地貌、地层岩性、地质构造、水文地质及地下水防护条件，居民点、重要保护区、重要景观、重要设施、交通条件等）。

10.3 调查方法

10.3.1 遥感调查

通过遥感图像（或数据）解译提取和分析反映调查区内地质环境特征的各种信息，测量各种环境地质参数、填绘环境地质图件和研究环境地质问题，编制相应的遥感解译图件，提供遥感解译资料。

卫星遥感信息源包括：TM＋ETM 图像、SPOT 图像、中巴资源卫星图像以及其他不同分辨率的遥感图像。宜使用多分辨率、多时相的遥感资料进行对比分析。

遥感解译的范围一般略大于常规地面调查范围，以便于从区域上对调查区充分了解和分析研究。

可参照城市地质调查遥感工作指南要求执行。

10.3.2 环境地质调查

应充分利用已有资料和遥感解译成果，加强地质调查工作的针对性。

野外调查前，应选择地质条件、环境地质条件、环境地质问题和地质灾害有代表性的地段，进行实地踏勘或预研究，统一工作方法和要求。

地面调查手图的比例尺应比实际调查精度大一倍以上。

观测路线以穿越法为主，重点地段和重点问题穿越法与追索法相结合。

观测点的布置要突出重点、兼顾一般，点位要有代表性。

观测点密度应根据工作区环境地质条件复杂程度而定，以能控制工作区环境地质条件和环境地质问题与地质灾害为原则。观测点应采用 GPS 定位或半仪器法定位。

对环境地质问题分布范围与地质灾害体，凡能在图上表示出面积和形状的，应在野外实地勾绘或根据遥感解译验证结果勾绘，不能勾绘的，应用规定符号表示。

调查过程中应重视访问工作，详细询问环境地质问题与地质灾害发生的时间、过程、背景、前兆特征、形成原因、危害成灾状况、处理措施等。

10.3.3 地球物理勘查

主要用于对重要环境地质问题、重要地质灾害隐患点的调查。技术方法的选择应依据每类环境地质问题、地质灾害的特点和物性条件确定。技术要求应遵守各相应方法的技术规范。

主要用于探测地质灾害体的空间分布形态、结构及边界、结构面、软弱夹层分布等，岩溶与土洞分布、风化壳厚度等，圈定咸淡水分布范围等。

以剖面控制为主，局部面上控制为辅。测线长度、间距以能控制被探测对象为原则，并尽可能通过已有钻孔或地质勘探剖面。重点布置在环境地质测绘中难以判断而又需要解决问题的地段。

应根据工作目的、对象和工作区条件，选择适用有效的方法。对于物探工作前提、效果不确定的，应在布置物探之前，开展适量的试验工作，选择经济有效的探测方法或方法组合。

可参照城市地质调查物探工作指南要求执行。

10.3.4 钻探

根据每类环境地质问题、地质灾害的特点选择相应的钻探技术。

主要用于对重要环境地质问题、重要地质灾害隐患点的调查。以了解环境岩土体特征，查明探测对象的位置、规模、物质组成、形成条件，进行试验和测试。

钻探应在充分利用已有钻探资料、地质测绘和物探工作的基础上布设，以点上控制为主，剖面控制为辅。控制工作量应根据拟探明的环境地质问题及地质灾害复杂程度、调查精度确定。

以浅层控制为主，中深层控制为辅。一般要求如下：

(1) 崩塌、滑坡：一般应穿过其底界面 3～5m。

(2) 岩溶塌陷区：一般应穿过岩溶强发育带 3～5m。

(3) 地裂缝区：应大于地裂缝的推测深度，并穿过当地主要的地下水开采层位。

(4) 地面沉降：一般应穿过当地取水层位 3～5m，并进入非变形沉降层（或稳定构造沉降层）20～30m。

(5) 塌岸区：应穿过第四系土层 3～5m 或延伸至河道最枯水位线。

(6) 渗透变形区：一般应深入相对隔水层内 3～5m，在堤外滩地狭窄、地基受冲刷地段，孔深应深入堤外深泓河床以下 5～10m 或河段最大深度的 1.5～2 倍，当遇有较厚软土、松散砂层时，宜钻入抗冲层 2～5m，专门水文地质试验孔的孔深，应根据含水层埋深确定。

(7) 海水入侵区：应揭穿咸水层至淡水层或隔水层。

参照城市地质调查钻探工作细则要求执行。

10.3.5 槽井探

探槽、浅井主要用于重要的环境地质问题和重要地质灾害隐患点的调查。以查明探测对象的规模、边界、物质组成、形成条件，进行试验和测试。

探槽、浅井应在地质调查和物探工作的基础上布设，以点上控制为主。控制工作量应根据拟探明的环境地质问题及地质灾害复杂程度、调查精度确定。

具体要求可按山地工程的有关规范规程执行。

10.3.6 地下水样品采集与测试

地下水质量评价测试项目参照《地下水质量标准》(GB/T 14848—1993) 确定。

地下水污染评价测试项目（无机、有机）参照中国地质调查局《地下水污染地质调查评价规范》(DD 2008-01) 确定。

10.4 综合研究

10.4.1 城市地质环境条件评价

1) 专题评价

地下水质量及污染评价：具体参照《地下水污染地质调查评价规范》(DD 2008-01)。

地质灾害危险性评价：具体参照《城市环境地质调查评价规范》(DD 2008-03)。

垃圾处置场适宜性评价：具体参照《城市环境地质调查评价规范》(DD 2008-03)。

其他专题评价：根据城市地质环境特点有针对性地开展。

2) 综合评价

地质环境质量评价：在专题评价的基础上，综合各地质环境要素及问题，选择适用的评价方法和评价指标体系，进行地质环境质量综合评价。

评价内容：地质环境背景条件，区域环境地质问题与地质灾害的发育程度，人类工程活动强度。

评价方法：工作内容包括评价单元划定、评价项目（因子）选择及权重确定、评价指标等级划分及数据提取、评价计算、结果分析和输出。

评价结果：地质环境质量等级分区。划分地质环境质量好、较好、较差、差四级区。

具体参照《区域环境地质调查总则（试行)》(DD 2004-02)。

10.4.2 城市地质环境适宜性评价

综合评价地质环境与人类工程经济活动的适宜性。

综合评价人类工程经济活动对地质环境施加的影响。

综合评价地质环境容量。根据城市的地质环境条件（地壳稳定性、地面稳定性、地基稳定性）、资源条件（土地资源、水资源、矿产资源、地质景观资源、地下空间资源）、人类工程经济活动特点，确定地质环境容量的阈值。主要有地质条件变化阈值、地质资源阈值、有害物阈值、工程治理效益比等。在此基础上进行地质环境容量分区评价。

根据城市地质环境容量分区和城市功能分区，进行城市地质环境适宜性分区评价。

根据适宜性分区评价结果，从环境地质角度提出城市功能分区的调整意见和建议。

提出地质环境保护对策建议，为城市规划、建设和管理提供基础依据。

10.5 成果及表达

10.5.1 成果报告

1）专题调查评价报告

根据专题调查评价内容提交相应报告。

2）综合评价报告

城市环境地质调查评价报告。具体参照《城市环境地质调查评价规范》（DD 2008-03）。

10.5.2 图件编制

1）地质环境现状条件图

第四纪地质地貌图，水文地质图，岩土体类型图（含特殊类土分布），环境地质问题与地质灾害分布图，海岸带地质环境变迁图，污染源分布图，垃圾填埋场分布图，自然保护区分布图等。

2）地质环境综合评价图

地壳（地面、地基）稳定性分区评价图，地下水防污性评价图，地下水质量（污染）分区评价图，环境地质问题与地质灾害分区评价图等。

地下水资源合理利用及污染防治区划图，环境地质问题与地质灾害防治区划图，应急（后备）地下水水源地分布图，垃圾填埋场适宜性评价分区图，地质环境与城市用地适宜性评价图等。

10.5.3 环境地质与地质灾害数据库

按统一要求建立环境地质与地质灾害数据库。具体要求按城市地质调查数据库与信息系统建设指南执行。

11 地质资源调查与评价

11.1 原则

城市地质资源调查的目的是了解和掌握城市地质资源状况和开发利用现状，研究城市发展的地质资源承载力，为优化调整城市产业结构和布局，促进城市科学规划和可持续发展提供资料与技术支撑。

城市地质资源调查工作原则上以资料的收集与整理为主，但对于具城市区域特色，与所调查城市的经济、社会发展和人民生活密切相关的地质资源，如地下水资源、建筑材料资源、地下空间资源和地质景观资源等，应开展适当的野外调查和评价工作。

11.2 调查与评价内容

11.2.1 固体矿产资源与能源

调查固体矿产与能源的种类、成因类型、规模、分布状况、开发利用现状及引发的环境地质问题，评价其开发利用潜力和环境影响程度。

应特别注意对城市天然建材资源（如石灰岩、优质黏土、石英砂、卵砾石、花岗石和大理石等）、化工原料及其添加剂和能源（煤、石油、天然气、地热等）分布状况的全面调查，评价各种资源的数量、质量及开发利用条件，分析资源的利用现状与潜力，确定城市所需地质资源的自给能力或从外部调入的合理流向，预测资源开发可能带来的环境问题及治理的可行性。

11.2.2 地下水资源

应结合三维水文地质结构调查专题进行评价。

调查地下水资源量、水质和开采现状等，特别是地下水脆弱性的调查，开展地下水资源量和水质评价。对地下水资源依赖度较高的城市和地下水开采引发地面沉降、地裂缝及水质恶化等环境地质问题的城市，应加强地下水可持续开发的研究，合理确定地下水资源的允许开采量和开采强度，预测开采潜力和选择应急水源地的可行性，进行地下水资源的开发利用区划。

11.2.3 地下空间资源

地下空间资源的调查与评价总体上应在三维地质结构调查、工程地质结构调查、水文地质结构调查等专题调查的基础上进一步开展。调查工作主要包括三个方面的内容：

（1）对于显性地下空间资源，应调查其成因类型、埋藏位置（顶底板埋深）、大小与展布形态、所处地层层位、岩土性质与完整程度以及与地下水之间的联系等。

（2）对于隐性地下空间资源，主要在三维工程地质结构调查的基础上，对地下岩土体的类型、厚度、埋藏深度、物理力学性质、稳定性（空间上的连续性和变异性）等要素进行系统综合，为城市向地下不同深度层次的拓展提供依据。

(3) 对于已利用的地下空间，主要根据地面建筑物类型与其基础深度之间的关系，通过高精度遥感图像上地面建筑物分布面积的统计来进行估算。

在现状调查的基础上，开展城市地下空间资源的评价。城市地下空间资源的评价主要是科学评估城市所拥有的地下空间资源的种类、数量（容量）、质量、适用性、开发优势、开发的有利条件和制约因素等，从而获得宏观的城市地下空间资源可供合理开发的资源数量和质量分类及分布，为城市地下空间开发利用规划和发展战略研究提供宏观基础数据和科学依据。

11.2.4 地质景观资源

城市地质景观资源的调查应结合基础地质调查开展。

调查地质景观资源的类型、数量、规模与范围、级别、质量、特点、成因及开发利用情况和价值功能等，在此基础上开展地质景观资源的分级评价，提出合理的开发建议。

11.3 综合研究与编图

11.3.1 综合研究

在查明城市地质资源的现状、分布、变化及其相互制约规律的基础上，对城市地质资源质量进行分析、评价和预测，以保持城市-地质资源系统的动态平衡，保证城市地质资源的合理开发利用，避免城市地质资源浪费和地质环境恶化，进而使城市地质环境得到改善，为城市规划建设和人们生活生产服务。

在地下水资源、地下空间资源及固体矿产与能源资源调查成果基础上，研究城市的人口-资源-环境方面的承载力，为城市合理利用每一种资源及城市的科学规划提供依据。

在地质景观资源、地热资源调查成果基础上，进一步挖掘地质景观资源的科学意义和美学与欣赏价值，为城市的旅游业发展和经济结构调整、规划提供依据。

11.3.2 图件编制

1）城市地质资源分布图

主要包括：地质矿产图、地质景观资源分布图、地热资源分布图、地下可利用空间分布图等。

2）城市地质资源开发利用建议图

在城市地质资源分布图基础上，结合开发利用现状、相关管理规定和城市可持续科学发展的要求，编制城市主要地质资源开发利用建议系列图，从而为城市地质资源开发利用规划的编制提供依据。

11.3.3 专题数据库建设

具体要求按《城市地质调查数据库与信息系统建设指南》执行。

12 城市地质数据库与信息系统建设

12.1 原则

应遵循规范化、标准化、先进性与实用性相结合的原则，力求达到技术、管理、服务的协调与统一。

12.2 数据库建设要求

12.2.1 城市地质数据

城市地质数据应涵盖地质调查中所涉及的所有类型的数据源及其成果，包括基础地理、基础地质、工程地质、水文地质、环境地质、地质资源、地球物理与地球化学勘查以及遥感地质数据等。

12.2.2 数据库框架结构

城市地质数据库一般应包括基础数据层、成果数据层和必要的辅助信息。

城市地质数据库按照来源、操作方式、访问频度、依赖关系、可靠度等的不同，将数据划分为原始数据层、基础数据层、成果数据层和辅助信息。

原始数据是指搜集或采集到的第一手资料的数字化形式，这类数据可有选择性地纳入数据库中统一管理。

基础数据是指系统进行 GIS 查询统计、分析应用、三维建模等所使用的数据的集合，系统的运行直接依赖于基础数据层数据。

成果数据是指存储在系统中的项目各类成果资料的数据集合，包括二维形式分析评价成果和三维形式分析评价成果。

相关辅助信息泛指系统运行所需的其他所有信息，包括用于地质专题图可视化的子图库，用于三维模型贴图的纹理库，用于系统数据管理维护的数据字典、系统日志、系统配置信息等。

12.2.3 数据集内容

城市地质数据集内容包括城市基础地理数据集、城市地质基础数据集、城市地质二维成果数据集、城市地质三维模型数据集等。

有关数据集的具体分类、分层方式参照城市地质调查数据库与信息系统建设指南数据库建设部分。

12.2.4 命名及编码规则

在城市地质数据库建设和三维模型建立中，要求进行统一的编码和命名，包括图层命名、数据库与表的命名，索引编码以及分类编码等。

具体内容参照城市地质调查数据库与信息系统建设指南数据库部分。

12.2.5 空间坐标体系

城市地质调查空间数据库建设的空间坐标参照系，应与城市平面坐标系统和高程系统相一致。

具体内容参照城市地质调查数据库与信息系统建设指南数据库部分。

12.2.6 数据组织与数据库管理

城市地质数据库的管理应遵循先进性与实用性相结合、规范性与兼容性相结合、安全性与可维护性相结合、集中管理与分散管理相结合的原则。

对于城市基础地理数据集、城市地质基础数据集、城市地质二维成果数据集、城市地质三维模型数据集等空间数据可采用物理无缝和逻辑无缝的方法组织数据：

（1）采用物理无缝的数据库管理空间数据时，应按分类、分层的方法进行组织。

（2）采用逻辑无缝的数据库管理空间数据时，应按分类、分层、分幅（分块）的方法进行组织。

（3）对于数据量较小的矢量或栅格数据，宜按物理无缝的方法进行组织。

城市地质空间数据库中的属性数据宜采用关系数据库管理系统进行存储，以便于进行动态更新操作。

关于元数据的组织管理具体内容参照《城市地质调查数据库与信息系统建设指南》数据库建设部分和《地质信息元数据标准》（DD 2006-05）。

应处理好基本数据与派生数据的关系，通过系统功能产生的派生数据一般不保存在基础数据库中，但当派生数据经过较多的人工编辑和修改，或虽是系统功能可以派生但具有保存价值时，还应专门保存。

12.2.7 数据更新与维护

按照城市地质空间数据集成管理方式，数据更新模式可分为：

（1）集中建库管理、集中更新维护。

（2）集中建库管理、分工更新维护。

（3）分布式建库管理、分布式更新维护。

按照城市地质数据来源和存储结构不同，可将其更新方法分为地理底图更新、地质图件更新、地质钻孔及测试数据更新、三维地质模型数据更新与地质环境监测数据更新等。

具体内容参照城市地质调查数据库与信息系统建设指南信息系统部分。

12.2.8 数据质量检查与验收

应根据数据质量元素和城市地质数据特点，重点从数据完整性、逻辑一致性、空间定位准确度、专题数据准确性、图面整饰规范性五个方面对数据质量进行检查与评价。

具体内容参照城市地质调查数据库与信息系统建设指南数据库建设部分和《地质数据质量检查与评价》（DD 2006-05）要求。

对于三维模型数据目前尚没有统一检验标准，可参照相关二维空间数据质量检查与评价标准，重点考虑数据完整性、逻辑一致性、空间定位准确度、属性数据准确性、模型外观效果等检查项，运用模型剖切、叠加等具有三维可视化特点的查验方法进行检查与评价。

12.2.9 数据整理与建库流程

应在城市地质信息化框架基础上，按照有关国家标准、行业标准、地方标准及系统建设标准，并结合本地区城市地质数据特点，形成相应的数据采集、处理、建库流程。

具体内容参照城市地质调查数据库与信息系统建设指南数据库建设部分和《国土资源数据库整合技术要求》。

12.3 城市地质三维建模要求

12.3.1 城市三维地质建模方式

在基于系统进行城市三维地质建模时，应综合考虑数据来源、复杂程度以及对模型精度和效率的要求等多种因素选择不同的建模方式，系统应提供基于钻孔、剖面数据的自动或交互式三维地质结构建模方式，基于可视化方法的三维地质属性建模方式，基于三维 CAD 方法的地下建（构）筑物模型导入建模方式。

具体内容参照城市地质调查数据库与信息系统建设指南信息系统部分。

12.3.2 三维地质建模基本要求

在基于系统进行城市三维地质建模时，应在建模范围、建模精度、地质体划分、建模数据、模型成果等方面满足一定要求。

具体内容参照城市地质调查数据库与信息系统建设指南信息系统部分。

12.3.3 三维地质建模技术流程

城市三维地质建模是在相关工具软件支持下的复杂空间数据分析、处理过程，可将其工作流程分为资料收集整理、空间数据处理、模型构建、模型分析应用和模型质量检查五个阶段。

各阶段工作内容及方法参见城市地质调查数据库与信息系统建设指南信息系统建设部分。

12.4 城市地质信息系统建设技术要求

12.4.1 系统体系结构

系统应是一个面向城市地质工作的集成的三维数字化工作环境，以空间数据库、二维 GIS、三维 GIS、WebGIS 等软件技术为依托，可满足城市不同层次用户的地质信息服务需求。从软件的角度进行划分可将整个系统划分为三个层次体系，即基础数据获取体系、数据分析评价体系、信息共享与服务体系，宜包括城市地质分析应用子系统、城市地质三维建模及可视化子系统、城市地质信息网上发布子系统及系统管理与维护等软件构件。

具体内容参见城市地质调查数据库与信息系统建设指南信息系统部分。

12.4.2 系统功能要求

城市地质分析应用子系统应以城市地质数据有效利用为基础，通过提供查询显示、统计分析、专业图表生成等功能，辅助专业人员开展评价工作，以满足城市规划、建设、管理的需要。

城市地质三维建模及可视化子系统应是一个在三维 GIS 平台支持下面向城市地质领域的三维地质模拟软件，通过提供三维空间数据存储管理、三维模型显示、三维场景操作、三维地质建模、三维模型分析应用等功能，构建面向城市地质的三维可视化与空间分析平台。

城市地质信息网上发布子系统应是一个依托 WebGIS 技术构建的城市地质信息门户，提供 Internet 用户通过浏览器访问城市地质数据及服务的功能，包括数据查询、分析、图表制作、行业动态、科普知识等功能，实现面向政府有关部门、企事业单位、地质领域科研院所、社会公众的城市地质信息共享和服务。

系统管理与维护模块可提供建立用户角色权限管理、数据库配置管理、系统日志管理、数据定时备份管理等功能保障系统安全有效运转。

具体内容参见城市地质调查数据库与信息系统建设指南信息系统建设部分。

12.4.3 系统软硬件选型

系统涉及的软件可能有操作系统、GIS 基础软件、数据库管理系统、软件开发工具等；涉及的硬件可能有网络设备（如服务器、交换机等）、计算机、数据输入输出设备（如数字化仪、绘图仪等）、数据储存设备（如磁盘、光盘等）、服务器（数据服务器、应用服务器）、工作站、三维展示设备等。

其选型具体内容参见城市地质调查数据库与信息系统建设指南信息系统建设部分。

12.4.4 系统安全性

城市地质数据中心的安全设计应从全方位、多层次加以考虑，通过网络级、操作系统级、数据库级、应用系统级和管理级的安全设计措施来确保运行安全。

具体内容参见城市地质调查数据库与信息系统建设指南信息系统建设部分。

12.5 城市地质信息系统建设过程

12.5.1 概述

城市地质信息系统建设应按照现代软件工程有关原理、方法、技术，充分考虑项目实际需要，遵循“总体规划、分步实施、增量迭代、重点先行”的原则合理划分软件过程，安排项目工作，同时应注意数据搜集整理、数据库建设、三维建模、系统分析设计、软件开发、环境建设、项目管理等工作的协调统一，对项目进行有效管控。

具体内容参见《城市地质调查数据库与信息系统建设指南》信息系统建设部分。

12.5.2 核心过程工作流

城市地质数据库及信息系统建设过程中应包含系统需求分析、分析设计、开发实施、部署、测试及数据收集整理、数据中心建设、三维地质建模七个核心过程工作流。

各工作流的工作内容、目标、涉及的人员等参见城市地质调查数据库与信息系统建设指南信息系统建设部分。

12.5.3 核心支持工作流

城市地质数据库及信息系统建设过程中应包含软硬件环境建设、项目管理、人员培训三个核心支持工作流。

各工作流的工作内容、目标、涉及的人员等参见城市地质调查数据库与信息系统建设指南信息系统建设部分。

12.5.4 工作阶段划分

城市地质数据库与信息系统建设生命周期模型可划分为准备阶段、实施阶段、提交验收阶段、运行改进阶段共四个阶段。每个阶段又进一步细分为一次或多次迭代过程或袖珍过程（循环）。

准备阶段的工作集中于城市地质数据现状的分析，对城市建设、规划和管理部门进行调研，确定系统建设目标，进行可行性分析、系统选型、风险分析、经费预算等，并选择系统合作方。

实施阶段应具体落实系统实施方案，全面开展需求分析、数据收集整理、数据中心建设、三维地质建模、系统分析设计、开发实施、部署、测试等工作，应注意处理好各核心工作流之间的关系。

提交验收阶段应在完成城市地质数据库的建设、系统开发工作，并建立数据库更新保障机制，确保系统符合设计要求后开展第三方测试、人员培训、验收等工作。

完成验收后制定系统日常运行管理和系统升级维护规范，以保障城市地质数据有效更新和系统成果持续、有效应用。并可通过搜集整理运行过程中出现的问题，进一步与开发人员协同完善系统功能。

各工作阶段目标、主要工作内容等参见城市地质调查数据库与信息系统建设指南信息系统建设部分。

12.5.5　过程人员职责及活动

系统建设过程中应具有项目管理人员、专家咨询人员、分析设计人员、开发人员、测试人员、数据处理人员和项目支持人员等完善的人员角色安排，并明确每一阶段、每一工作流中参与人员的行为与职责。

各类人员的职责参见城市地质调查数据库与信息系统建设指南信息系统建设部分。

12.5.6　质量保证

系统建设过程质量保证可考虑引入全程质量监理。质量控制途径可从软件测试、日志管理、配置管理等方面开展。

质量控制应符合国家标准和行业标准：

GB/T 19001—2008　质量管理体系要求

SJ/T 11234—2001　软件过程能力评估模型

SJ/T 11235—2001　软件能力成熟度模型

13　城市地质综合研究与评价

13.1　城市地质综合研究

13.1.1　综合研究内容

针对影响城市规划、建设、可持续发展有关的关键地质问题，在专题调查成果的基础上，进行综合分析、研究，从一个更高的角度、更大的视野审视和解决制约城市可持续发展的城市地质问题，提出城市地质资源可持续利用和地质环境保护对策建议，保障城市安全和可持续发展。

主要任务包括城市选址、规划和建设所遇到的基础地质问题、工程地质环境问题、地质资源与地质环境承载力与容量问题，以及城市建设和发展过程中由于地质环境反馈作用而产生的地质问题等。

主要内容包括基础地质背景研究、断裂构造与地壳稳定性研究、地球化学地质背景研究、地下水资源与环境研究、城市工程地质环境研究、城市规划环境影响研究等方面。

13.1.2 综合研究方法

1）地质背景研究

通过三维基岩地质结构调查，开展基岩地质构造特征的研究，探讨基岩与岩溶水、裂隙水等水资源、深部地质构造与地热资源的关系。研究隐伏断裂对松散沉积层的控制作用。

在覆盖层三维地质调查成果的基础上，通过古地磁、孢粉、古生物等样品测试分析，研究城市的地质演化特征和规律。通过对第四纪沉积构造演化史的研究，分析地质演化进程。

2）断裂构造与地壳稳定性研究

在全面总结以往隐伏活动断裂的资料及本次调查所取得的数据基础上，重点对断裂的准确位置、规模和活动性进行研究。从多方面综合研究活动断裂与地壳稳定性及对城市建设、城市安全的影响，提出相应的应对措施。

3）地球化学地质背景研究

在土壤环境地球化学调查的基础上，重点研究地球化学异常区化学元素分布、地质背景与现实环境之间的关系；分析有害元素（重金属、放射性元素等）含量的分布与污染源分布强度及与市民居住区之间的空间对应关系；探索污染形成途径，评价其对人居环境的影响程度；预测土壤环境的发展趋势及对人体健康的潜在影响；提出保护土壤环境、治理土壤污染的建议。

4）地下水资源与环境研究

依据地下水资源开采利用现状，对不同含水层组的水质分别进行分析和研究，系统分析松散层地下水的质量状况。研究和分析地下水中各项指标之间的内在联系，明确地下水污染的特征指标。利用历史资料，分析和研究地下水污染特征指标的多年变化规律及发展趋势。依据地下水质量现状的空间分布特征，进行地下水质量区划，为今后调整地下水资源开采布局提供依据和建议。

5）城市工程地质环境研究

城市工程地质环境质量研究应在三维工程地质结构调查的基础上，对城市工程地质环境进行全面系统地分析与评价研究，编制环境工程地质图，提出最佳土地使用方案，指出不利的工程地质条件分布区，为城市规划和建设所需的地质环境质量提供预测评价的结果。

6）城市规划环境影响研究

城市规划环境影响研究是通过对地质条件、地质资源、地质环境的综合分析与评价，确定城市土地合理有效利用方案和建筑物的合理布局。针对规划可能对环境造成的负面影响而提出预防或减缓措施。研究的主要内容有：

（1）研究不同的地形地貌条件，对城市规划布局、平面结构和空间布置、道路的走向、线型，各种工程的建设，以及建筑物的组合布置、城市的轮廓、形态等的影响。

（2）研究城市所在地区的地质构造条件，断裂带的分布及活动情况，城市地震烈度区划。

（3）研究岩土地基的类型、出露和埋藏条件、工程地质性质，城市规划区不同地段的地基承载力。

（4）分析与评价斜坡稳定性，避免建设用地选择在不稳定的坡面上。

（5）在城市规划时，应详细研究地下水存在形式、地下水的流向、含水层厚度、矿化度、硬度、水温以及动态等条件。研究地下水对城市选址、确定工业建设项目和城市规模等的影响。

（6）研究城市地质资源与城市规划和城市建设关系。

（7）研究城市水资源量及水源地距城区的距离，对城市生产、生活及投资和常年运营费用影响和制约。

（8）查明城市之下埋藏的矿产资源，研究矿产资源的分布与开采对城市用地的选择和城市布局形态的影响。

（9）研究活断层、地震、崩塌、滑坡、泥石流、河流侵蚀与淤积、海岸冲刷等原生地质环境问题，研究地面沉降、水资源枯竭、水质污染与恶化、海水入侵等次生地质环境问题，提出城市建设和防灾减灾建议。

（10）研究甲状腺病、克山病、地方性氟病、大骨节病等地方病和心血管病、食道癌、肝癌、鼻咽癌等很难治愈的病症的地球化学环境。特别应重视新城市选址区地球化学环境研究。

13.1.3 综合研究成果类型

1）报告类

包括专题研究报告、综合研究报告和综合评价报告等。

2）图件类

在各专题编制的各类专业基础性图件、单要素评价图件的基础上编制综合类系列图件。综合图件应实用易懂，能充分反映城市地质结构、水文地质、工程地质、环境地质和矿产地质的特点，满足城市规划和建设和管理的需要。

包括基础性图件、综合研究类图件、评价类图件，如地质图、工程地质图、水资源潜力分区图、城市规划地质图等。

3）数据库与信息系统

数据库与信息系统应建立不同地质数据的专业模型，能实现对模型时空展布特征的三维可视化再现，并提供对模型的处理与分析，提供面向专业人员、政府和公众的基于三维地质数据的基础和增值信息服务。

4）其他

主要指用以满足社会公众需求的通俗易懂的表达方式。包括示例性的简明文字表达、各类图片表达、多媒体表达等方式。

13.2 综合评价

13.2.1 城市工程地质环境稳定性评价

1）评价内容

城市工程地质环境稳定性评价包括地壳稳定性评价、地面稳定性评价和地基稳定性评价三类。

2）地壳稳定性评价

在地震地质和现代构造活动调查研究的基础上，以基本烈度为主要指标，同时参照地震活动周期和断层活动速率、地形变速率以及地应力等测量资料进行评价。稳定性级别依次分为稳定、基本稳定、次不稳定与不稳定四级。

3）地面稳定性评价

城市地面稳定性涉及如岩溶、潜蚀、砂土液化、黄土湿陷、冻土融化、开采矿产和抽取地下水或石油、天然气等引起的地面塌陷或地面沉降现象，各种原因产生的地裂缝，河、湖、海岸水流的冲刷、堆积作用，以及斜坡、人工边坡的坍方、滑坡现象等都属与地面稳定性有关的环境工程地质问题，主要对这些内容进行评价。

主要通过研究、分析各不同城市存在的主要的地面变形、破坏作用或现象的规模、强度、发展速度来评价、预测地面稳定性。

地面相对稳定性划分为不稳定、次不稳定、基本稳定和稳定四个级别。

4）地基稳定性评价

地基稳定性，也包括围岩稳定性，指的是工程建筑物影响范围内岩土体的稳定性。影响因素主要为场地地形、岩土性质、地下水等地质条件。与地壳稳定性、地面稳定性评价相对应，地基稳定性划分为四级。地基稳定性的评价不是城市地质调查中重点评价内容，在重点解剖区可进行地基稳定性评价。

5）城市工程地质环境质量的综合评价及区划

在分别研究城市地区地壳、地面和地基稳定性基础上，综合评价城市工程地质环境质量，进行工程地质环境区划。

13.2.2 城市地下空间开发利用容量评估、适宜性评价与区划

1）评价内容

地下空间资源的评价，应在已开发地下空间资源基本信息和影响地下空间资源的基本要素调查的基础上，进行资源数量、质量分布和资源潜力的评价。

城市地下空间开发利用容量评价主要包括评价地下空间的天然蕴藏量、可供合理开发的潜在空间资源蕴藏量、可供有效利用的潜在资源容量。目前按以下层次进行评价：

(1) 浅层地下空间（－10～0m）；

(2) 次浅层地下空间（－30～－10m）；

(3) 次深层地下空间（－50～－30m）；

(4) 深层地下空间（－100～－50m）。

重点是分析城市地下空间开发的影响因素，选取符合城市特色的评价指标，建立地下空间开发容量评价数学模型，同时开发出评价系统，对地下空间开发进行适宜性分区评价。

2）影响因素评价

影响城市地下空间容量和开发利用的主要地质因素归纳为工程地质条件、水文地质条件、岩土体条件、地面及地下空间条件、地域位置条件等方面。

3）评价方法

地下空间资源质量的评价可综合采用地域对比评判法和多因素综合评判法，给出综合评判指数，用来衡量地下空间资源的可开发利用程度或潜在开发价值等级。

4）评价程序

评价程序一般包括：

(1) 建立评估指标体系，确定各指标之间的权重；

(2) 对指标进行量化和标准化；

(3) 建立评估的数学模型；

(4) 给出评估结果。

13.2.3 城市地质资源承载力评价

1）评价内容

资源承载力一般包括土地资源承载力、水资源承载力、环境资源承载力。

2）土地资源承载力

土地资源承载力是指在可以预见的时期内，利用当地的资源以及现代技术等，在保证与其社会文化准则相符的物质生活水平下，能够持续供养的人口数量。

土地承载力的研究方法主要有单因子分析法、农业生态区划法（AEZ），多目标规划法、系统动力学法。

3）水资源承载力

水资源承载力指在一定经济技术水平和社会生产条件下，水资源供给工农业生产、人民生活和生态环境保护等用水的最大能力，也即水资源的最大开发容量。

4）环境资源承载力

环境资源承载力根据承载介质的不同分为土壤环境、水环境和大气环境承载力三大类。

5）评价方法

资源承载力的评价方法大体上有以下六种：

（1）主导因素评判法；

（2）最低限制因素评判法；

（3）综合指标评判法；

（4）多因素综合评判法；

（5）地域对比评判法；

（6）标准值对照评判法。

应根据城市实际情况进行选择。

13.2.4 城市地质环境容量评价

1）评价内容

城市地质环境容量是衡量人类社会经济与地质环境协调程度与否的重要判据。从地质环境的角度出发，一方面表现城市的总承受力，另一方面表明城市允许发展的规模。

城市地质环境容量的评价内容包括地下水环境容量、土壤环境容量和地下空间开发容量。

对不同的环境容量评价内容应分别构建具体的评价指标体系，开展相应的评价。

2）评价程序

城市地质环境容量的评价程序包括筛选评价指标、确定指标体系、选择评价方法、建立评价模型和进行评价分级。

3）地下水环境容量评价

（1）评价内容。地下水环境容量是一定时期内一定经济条件许可下，以地面沉降等地质环境问题控制目标为约束条件下，可开采的地下水资源，即地下水可开采量。包括地下水的容许开采量和污染物质的可接纳量。容许开采量是指一个水文地质单元内在不产生区域地下水位的下降、水质恶化、水井报废、地面沉降及地面建筑物破坏等前提下，开采地下水的最大限量。

（2）评价程序。评价程序包括选取地质指标、确定计算方法、研究约束条件、计算与评价容量和成果应用。

4）土壤环境容量评价

（1）评价内容。土壤环境容量是在不使土壤生态系统的结构和功能受到损害的条件下，土壤环境单元所容许承纳污染物质的最大数量或负荷量，即土壤中有害物的阈限值。

（2）评价程序。土壤环境容量评价，首先确定土壤单元中污染物质的种类，选取能够真实全面反映土壤污染的八类典型元素评价指标，确定土壤中各类评价指标的最大允许含量，即土壤中典型元素的风险基准值。

划分不同的用地类型——农业用地、居住及公用场地、工业及仓储用地、绿化用地，确定各自的计算模型。

计算各类用地不同评价指标的土壤环境容量，并进行综合评价，划分等级，指出各类用地的具体容量大小及范围。

将评价结果应用于城市土地规划，从土壤环境容量的角度审视评定城市现行土地规划的合理性。

5）地下空间容量评价

按 13.2.2 节城市地下空间开发利用容量评估、适宜性评价与区划章节。

13.2.5 土地利用规划适宜性评价

1）评价内容

应选择城市建设用地（包括居住及公共设施用地、工业及仓储用地、城市配套功能用地和其他用地）、农业用地、生态绿化用地等面状功能用地进行土地适宜性评价，城市建设用地和农业用地主要进行地质环境质量评价，生态绿化用地进行地质环境优化利用评价。

2）城镇建设用地适宜性评价

城镇建设用地一般将地质环境条件、水文气象、自然生态、人为影响作为一级评价指标。进一步根据一级指标的主要影响因素，选择区域地壳稳定性、天然地基、软土地基、桩基、砂土液化、地下水腐蚀性、地面沉降、水系水域、地表水水质、植被多样性、生物景观多样性、景观价值、土地使用强度、工程设施强度等第二层次评价因子。

依据上述评价指标与方法对城镇用地进行适宜性评价，一般划分为五类：

（1）城镇建设用地适宜区；

（2）城镇建设用地较适宜区；

(3) 城镇建设用地中等适宜区；
(4) 城镇建设用地适宜性较差区；
(5) 城镇建设用地不适宜区。

3) 农业用地适宜性评价

农业生产主要受土壤环境条件影响，一般包括土壤质地、有机质、全氮、全磷、土壤盐碱化、耕层结构、水土条件、土地利用现状、土壤污染程度、农田设施等因子，经过专家咨询、协商，进行打分。

评价结果一般划分为：
(1) 农业用地较适宜区；
(2) 农业用地基本适宜区；
(3) 农业用地适宜性较差、不适宜区。

4) 自然生态用地适宜性评价

生态绿化用地包括公共绿地、生产防护绿地、专用绿地、园地和林地等类型，经过系统研究生态绿化用地与其地质环境条件之间的相互关系，综合考虑得出这种用地的评价要素及因子。

一般将地质环境条件、自然生态作为评价的一级评价指标；进一步根据一级指标的主要影响因素，选择区域地壳稳定性、天然地基、软土地基、桩基、砂土液化、地下水埋深、地面沉降、植被多样性、生物景观多样性、景观价值等作为第二层次评价因子。

评价结果一般划分为：
(1) 自然生态用地较适宜区；
(2) 自然生态用地基本适宜区；
(3) 自然生态用地适宜性较差、不适宜区。

13.2.6 城市环境地质灾害的评价与预测

在查明地震、滑坡、崩塌、泥石流、地面塌陷、地裂缝、地面沉降、各类特殊岩土的变形破坏、侵蚀等自然地质灾害，查明区域地球化学条件、地下水质对城市居民健康的影响，在研究人类经济活动引起的水质污染、地面沉降及塌陷、海水入侵、生态平衡失调等对城市的影响的基础上，进行城市环境地质灾害评价与预测。

13.3 对策建议

13.3.1 对城市规划建设的后评估建议

1) 地质环境容量评价结果应用

(1) 在城市规划中应用。所有评价成果最后都回归到城市规划中，服务于城市规划。分析各种要素、地质环境容量评价成果对城市主体功能区规划的影响；对各主体功能区规划是否满足地质环境容量要求作出分析评价，对超过容量阈限值的规划地区，进一步论证其在规划落地实施后可能遭受的地质灾害危险性，以及后期运营中可能诱发的一系列环境地质问题（或灾害），针对后期安全运营维护管理等过程提出相应对策措施的建议，为今后进一步修改、完善专项规划提供地质环境方面的科学依据。

（2）地下水环境容量评价应用。地下水环境容量主要应用于地下水资源管理和规划之中。依据地下水容量评价成果，对地下水资源进行管理，主要从地下水可开采总量控制和地下水开采布局规划这两方面着手。地下水环境容量评价还应用于地面沉降控制、应急水源地规划和建设中。

（3）土壤环境容量评价及应用。土壤环境容量是土壤单元中污染物质的“最大允许含量”和“现有含量”的差值，土壤环境容量的大小主要受土壤中污染物质的现有含量和最大允许含量这两类因素的影响。根据现有评价结果评估城市规划用地的适宜性，并提出规划调整建议。

2）应用于城市土地规划后评估

（1）针对现有城市规划的建设用地适宜性后评估。依据城市总体规划中的城市用地规划进行评估。将建设用地适宜性评价结果与城市用地规划进行对比，分析城市用地规划中存在的环境地质问题，提出规划调整建议，或必要的工程措施。

（2）针对现有城市规划的农业用地适宜性后评估。将农业用地适宜性评价结果与城市用地（耕地）现状和规划对比，分析存在的问题，提出保留农业用地优化方案，对土壤污染区域提出进行土壤污染修复治理建议。

（3）针对现有城市规划的自然生态用地适宜性后评估。将自然生态用地适宜性评价结果与城市用地规划对比，分析城市生态用地规划的合理性。城市自然生态用地主要以利用河流、湿地等自然生态条件，构筑网络状绿地及开敞空间系统，提出优化城市生态用地合理规划建议。

13.3.2 地质环境容量与城市可持续发展影响评估建议

1）地面沉降约束条件下的地下水环境容量后评估

在查明地下水开采历史与现状的基础上，依据地下水容量评价成果，进行地下水资源管理，进一步优化地下水可开采总量控制和地下水开采布局规划，保障地面沉降等地质灾害防治规划的目标的实现。

2）基于土壤环境容量的土地规划后评估研究

基于土壤环境容量的城市土地规划后评估，就是将不同类型用地土壤环境容量评价结果同现行的城市土地规划叠加比较，从土壤环境容量的角度审视、评定现行城市土地规划的合理性，找出可能存在的规划不合理之处，分析给出其可能面临的土壤环境风险，并给出相应的土地规划和管理建议，编制相应的评估结果图。

13.3.3 城市地下空间规划建议

通过定性和定量的调查与评估，获得城市地下空间资源宏观的可供合理开发的资源数量和质量，总体分布状态、动态变化规律和可合理有效开发利用程度及潜力，是准确认识地下空间地位和潜在作用的有力数据，研究制定地下空间整体战略性科学性总体规划，宏观控制城市地下空间资源并使之可持续有效使用的基础信息和重要依据。

13.3.4 垃圾场地选址规划建议

在调查的基础上进行现有典型垃圾场地地下水污染控制和恢复治理的对策研究，并利用数学模型分析评价各种治理方法的效果。依据国家有关法律、法规、标准和城市总体规划有关规定，在对城市地质、水文地质条件综合研究的基础上，结合水资源和环境保护要求，提出合理的垃圾场地选址规划建议。对适宜于生活和工业固体废物处置场地的地质条件进行评估。

13.3.5 合理利用地质资源潜力建议

自然资源评价是对一个城市所拥有的自然资源在数量、质量、种类、组合特征、资源优势、资源开发等有利条件和制约因素等方面进行科学的评估。资源评价是制定城市资源开发、利用、治理和保护规划的基础和采取合理的开发利用方式的依据。

主要包括地下水资源、矿产资源、地热资源、建材、旅游地质资源的勘察、开发利用和保护。

附录A　城市地质调查项目立项建议编制提纲

（资料性附录）

第一章　城市发展现状与趋势分析

分析城市经济发展现状、主导和优势产业，城市在国家、地区、城市群（带）中所处的地位，城市的近期和中长期发展规划，产业结构调整方向，城市存在的主要环境与资源问题，制约城市可持续发展的主要因素等。

第二章　城市地质背景分析

分析城市所处的大地构造位置，基岩出露区和松散层覆盖区的地质特征，工程、水文、环境地质特征，城市地质资源概况等。

第三章　以往地质工作和已有地质资料综合分析及编图

应全面了解城市以往不同时期、不同部门进行的区域地质、矿产地质、水文地质、工程地质、环境地质、农业地质、地球物理、地球化学、遥感地质等调查、勘查工作，特别是各类钻探和地球物理、地球化学的工作状况。初步分析和评估以往地质资料的可利用程度，获取资料的途径，编制调查区地质工作程度图。

第四章　立项依据阐述

在分析城市规划建设、可持续发展对地质信息需求的基础上，阐明开展城市地质调查的重要意义。分析在城市地质资源、地质环境和灾害防治方面存在的问题。

第五章　总体目标任务和主要工作内容论述

重点论述城市地质调查工作在城市可持续发展中的资源保障、环境容量和减灾防灾方面所达到的目标要求，论述城市三维综合地质信息管理与服务系统建设及信息服务等主要方面所要达到的目标和具体任务。

明确提出在基础地质、工程地质、水文地质、地质资源、环境与地质灾害、岩土体地球化学等方面的具体调查内容。

第六章　可行性分析

从政府态度、已有工作基础、施工条件、技术手段的成熟性、技术力量和资金保障等方面分析开展城市地质调查的可行性。

第七章　总体部署方案和工作阶段的划分

根据城市总体规划、主要目标任务和以往工作程度初步确定调查的范围、面积和工作精度，拟定总体部署方案。

依据总体部署和分阶段、分专题实施的原则，合理划分工作阶段、设置专题，明确各工作阶段和专题的目标任务、工作内容、技术方法和提交的成果。

第八章 主要实物工作量估算

根据目标任务、主要工作内容和技术方法、工作部署等，初步估算需要投入的调查面积、钻探、地球物理、地球化学、测试样品等主要实物工作量。

第九章 经费概算

根据总工作量和工作部署分别进行总经费初步概算和各年度经费初步概算。

附录B　城市地质调查项目可行性论证报告编写要点

（资料性附录）

城市地质调查项目可行性论证报告的内容应包含：

(1) 城市的类型、区位。

(2) 城市存在的主要资源与环境问题，影响城市可持续发展面临的地质、环境因素，城市规划和重大工程建设对地质信息的迫切需求。

(3) 在全面收集以往资料的基础上，认真分析已有资料已经达到和未达到相应比例尺工程控制精度的分布范围和面积，以便较准确地测算拟投入的实物工作量。编制城市地质工作程度图和不同类型的钻孔分布图。

(4) 初步确定城市地质调查的总体目标、任务。

(5) 进行总体工作部署，初步确定城市地质调查的范围、面积和精度及本次调查的内容，选择合适的技术路线和技术方法，并论述技术可行性。

(6) 已有工程分布图上部署本次工作投入的各类钻探、地球物理、地球化学工作，并论述完成各项实物工作量的可行性（投入、设备、人员、时限）。

(7) 明确项目工作方式、组织机构和技术质量保障措施。明确提交的各类工作成果类型和成果表达方式，分析项目工作成果所产生的社会经济效益。

(8) 进行项目经费概算和经济可行性分析。

(9) 附图。主要包括：城市总体规划图，城市主要地质灾害分布图，地质草图与地质钻孔分布图，水文地质图和水文钻孔分布图，工程地质调查分区图和工程钻孔分布图，地球物理勘查工作程度图（含剖面与面积工作），地球化学勘查工作程度图，地质资源分布图，工作部署图。

本指南起草单位：中国地质调查局南京地质调查中心。

本指南起草参加单位：中国地质科学院地质力学研究所、中国地质科学院地球物理地球化学勘查研究所、北京市地质调查研究院、上海市地质调查研究院、天津市地质调查研究院、浙江省地质调查院、广东省地质调查院。

本指南主要起草人：程光华、翟刚毅、刘士毅、胡健民、田树信、方正、王家兵、陈冰、杨忠芳、杨祝良、胡平、罗水余、向运川、尚建嘎、庄文明、刘建东、黄美谦。

城市地质调查遥感工作指南

1 范围

本指南适用于城市地质调查中的遥感地质工作。

2 规范性引用文件

下列文件对于本指南的应用是必不可少的。凡是注日期的引用文件，仅注日期的版本适用于本指南。凡是不注日期的引用指南，其最新版本（包括所有的修改单）适用于本指南。

GB/T 14950—2009 摄影测量与遥感术语

GB/T 15968—2008 遥感影像平面图制作规范

GB 21139—2007 基础地理信息标准数据基本规定

GB/T 13923—2006 基础地理信息要素分类与代码

GB/T 18317—2009 专题地图信息分类与代码

3 术语和定义

1）城市地质调查（urban geological survey）

城市地质调查是以为城市或城市群的规划、建设、管理和发展提供地学信息为目的的基础性地质调查工作。其任务是查明城市的资源与环境状况，评价城市可持续发展的资源保障能力和环境承载力，建立城市综合地学信息管理系统，为管理部门和社会公众提供地学及相关信息服务。

2）遥感（remote sensing）

不接触物体本身，用传感器收集目标物的电磁波信息，经处理、分析后，识别目标物，揭示其几何、物理特征和相互关系及其变化规律的科学技术。

[GB/T 14950—2009 定义 3.1]

3）多谱段遥感（multispectral remote sensing）

将物体反射或辐射的电磁波信息分成若干波谱段进行接收或记录的遥感。

[GB/T 14950—2009 定义 3.7]

4）高光谱遥感（hyperspectral remote sensing）

在电磁波谱的可见光、近红外、中红外和热红外波段范围内获取光谱分辨率高于百分之一波长达到纳米（nm）数量级，光谱通道数多达数十甚至数百个的遥感技术。

［GB/T 14950—2009 定义 3.14］

5）彩红外摄影（colour infrared photography）

获取被摄物体多个光谱信息，但至少有一个红外光谱信息，并能组合成彩色效果的摄影。

［GB/T 14950—2009 定义 4.18］

6）像元（pixel；picture element）

像素，数字影像的基本单元。

［GB/T 14950—2009 定义 4.67］

7）影像分辨率（image resolution）

影像再现物体细部能力的一种量度。

［GB/T 14950—2009 定义 4.76］

8）地面分辨率（ground resolution）

影像分辨率所对应的地面尺寸。

［GB/T 14950—2009 定义 4.77］

9）扫描分辨率（scan resolution）

影像输入、输出设备中扫描点的尺寸，以每毫米点数表示。

［GB/T 14950—2009 定义 4.107］

10）像片判读（photo interpretation）

像片解译。根据地物的光谱特性、空间特性、时间特征和成像规律，识别出与像片影像相应的地物类别、特性和某些要素或者测算某种数据指标的过程。

［GB/T 14950—2009 定义 4.143］

11）目视判读（visual interpretation）

判读者通过直接观察或借助判读仪以研究地物在遥感影像或其他像片上反映的各种影像特征，并通过地物间的相互关系来推理分析，识别所需地物信息的过程。

［GB/T 14950—2009 定义 4.144］

12）合成孔径雷达（synthetic aperture radar，SAR）

以多普勒频移理论和雷达相干为基础，综合处理雷达回波振幅和相位数据的遥感系统。

[GB/T 14950—2009 定义 4.151]

13）合成孔径雷达干涉测量（synthetic aperture radar interferometry，InSAR）

使用合成孔径雷达测量地面高程的一种微波遥感技术，应用于生成数字高程模型（DEM）和制图。

14）差分合成孔径雷达干涉测量（differential InSAR，D-InSAR）

使用差分技术的合成孔径雷达干涉测量，具有探测精度高（亚厘米级）、近连续性和远程探测的特点，可测量微小的地表形变，应用于研究城市地面沉降、地震、火山、冰川、滑坡等。

15）像片纠正（photo rectification，rectification of photograph）

通过投影转换，将倾斜像片变换成规定比例尺水平像片的作业过程。

[GB/T 14950—2009 定义 5.11]

16）正射投影技术（orthophotography，orthophoto technique）

采用航摄像片或其他遥感影像的微小面积为纠正单元，逐单元进行纠正，以获得地面正射投影影像的技术。

[GB/T 14950—2009 定义 5.35]

17）粗处理（bulk processing，rude processing）

将遥感影像个谱段的数据进行辐射校正、飞行器姿态几何校正、分幅注记等复原处理和辅助处理，获得粗制胶片和数字影像的过程。

[GB/T 14950—2009 定义 5.170]

18）精处理（precision processing，refined processing）

利用地面控制点测量数据对粗处理后的影像进行的几何校正。

[GB/T 14950—2009 定义 5.171]

19）几何配准（geometric registration）

将不同时间、不同波段、不同传感器系统所获得的同一地区的影像（数据），经几何变换使同名像点在位置上和方位上完全叠合的操作。

[GB/T 14950—2009 定义 5.194]

20）图像增强（image enhancement）

将原来不清晰的图像变得清晰或强调某些感兴趣的特征，抑制不感兴趣的特征，使之改善图像质量、丰富信息量，加强图像判读和识别效果的图像处理方法。

[GB/T 14950—2009 定义 5.198]

21）多时相分析（multi-temporal analysis）

将不同时间所获取的同一景物影像进行几何配准，提取目标特征及动态信息的处理方法。

[GB/T 14950—2009 定义 5.231]

22）图像分类（image classification）

根据图像特征区别不同类型目标的图像处理方法。

[GB/T 14950—2009 定义 5.233]

23）热红外影像（thermal infrared image）

以扫描方式获得波长为 3～14μm 热红外波段的地物热辐射所形成的影像。

[GB/T 14950—2009 定义 6.45]

24）雷达影像（radar image）

雷达向目标物发射无线电波，然后接收散射回波所形成的影像。

[GB/T 14950—2009 定义 6.47]

25）TIFF 图像文件格式（tagged image file format，TIFF）

一种图像数据交换文件格式，文件扩展名为 TIF 或 TIFF。支持 256 色、24 位真彩色、32 位色、48 位色等多种色彩位，支持 RGB、CMYK 以及 YCbCr 等多种色彩模式，支持多种平台。TIFF 文件可以是不压缩的，文件体积较大；也可以是压缩的，支持 RAW、RLE、LZW、JPEG、CCITT3 组和 CCITT4 组等多种压缩方式。

4　总则

4.1　工作目的

城市地质调查遥感工作的目的是为地形地貌、基础地质、水文地质、工程地质、环境地质、地质灾害、城市变迁等各项专题调查工作提供信息，指导地面地质调查，减少野外工作量，提高工作效率。

4.2 基本要求

遥感是城市地质调查的重要手段之一，遥感工作应贯穿于城市地质调查工作的全过程，成为工作设计、野外调查、资料整理及报告编制等各个环节的组成部分。

城市地质调查遥感工作区范围应覆盖城市地质调查工作区。

根据城市地质调查工作所要求的精度和图面复杂程度，确定遥感工作的比例尺。原则上，遥感工作的比例尺不小于城市地质调查工作要求的比例尺，主城区一般不小于1∶50 000，非主城区一般不小于1∶250 000。可针对不同的调查内容采用不同的比例尺布置遥感工作。工程地质、环境地质、地质灾害等专题调查的遥感工作宜采用1∶10 000或更大比例尺；地貌、基础地质、水文地质、城市变迁等专题调查的遥感工作宜采用1∶50 000或更大比例尺；地面沉降专题调查的遥感工作宜采用1∶100 000或更大比例尺。

应充分搜集利用不同时相、不同数据源的遥感资料，提取城市地质调查所需的信息。尽可能采用最新遥感资料。充分搜集其他相关资料。加强资料的二次开发和综合研究。

遥感影像图的解译应做到目视判读与图像处理相结合、室内判读与野外验证相结合、遥感数据与地面实况数据相结合。

遥感工作成果应符合各项专题调查工作的专业要求，体现科学性、针对性、实用性。

应充分利用地理信息系统（GIS）技术进行分析、制图和信息的可视化表达。

4.3 工作程序

城市地质调查遥感工作程序如下：

（1）资料收集和整理。包括资料收集、数据质量评定等。

（2）遥感影像的处理和遥感影像图制作。

（3）初步解译。

（4）野外踏勘。确定解译标志。

（5）室内详细解译。针对各项专题调查工作的不同特点，采用不同的解译方法，提取出所需要的信息，编制相应的遥感解译图件的草图。

（6）野外验证。按路线控制和抽样检查的方式进行，对室内解译的结果进行补充和修正。

（7）编制成果图件和报告。

5 资料收集和整理

5.1 资料收集

应收集以下资料和数据：

（1）航空遥感数据。常见的航空遥感数据主要有可见光黑白全色照片、彩色照片、黑白红外照片、彩红外照片、航空高光谱遥感影像和航空雷达影像等。

(2) 卫星遥感影像数据和地物波谱特征数据。常用的卫星遥感影像数据有 SPOT 数据，ASTER 数据，Landsat MSS、TM、ETM 数据，QuickBird 数据等。

附录 A 给出了供参考的常见遥感卫星的参数和传感器光谱特征。

(3) 地形图、基础地理信息数据。

(4) 基础地质、水文地质、工程地质、环境地质和其他地质资料和图件。

(5) 地球物理、地球化学的资料和数据。

(6) 地貌、气象、水文、土壤、植被等方面的资料。

(7) 城市规划、环境污染、地质灾害、自然保护区等方面的资料。

(8) 其他与城市地质调查有关的资料。

5.2 资料编录

对收集到的资料应进行编录，建立资料卡片。卡片的内容应包括资料名称、比例尺、资料形成的日期、收集资料的日期、资料来源、数据载体、文档格式、数据量、内容摘要等信息。

5.3 航空照片的数字化

航空照片经过扫描、配准后录入数据库。扫描精度应满足设计要求。

附录 B 给出了供参考的不同比例尺的航空照片在使用不同的扫描分辨率时获得的地面分辨率。

对于未经像片纠正的航空照片，扫描数字化后，应利用地面控制点和数字高程模型进行像片纠正，变换成正射投影影像，在此基础上制作正射航空影像镶嵌图。

像片纠正和像片镶嵌的操作执行 GB/T 15968—2008 的规定。

5.4 其他资料的整理

纸质图像、图形资料经过扫描、配准后录入数据库。纸质图像扫描精度可参考附录 B。纸质图形资料扫描精度不低于 300dpi。

统一采用高斯 克吕格投影。

根据研究的需要，可以对部分专题图件进行矢量化，并采集专题要素的属性数据。

对于没有投影参数的卫星遥感数据，应采集地面控制点进行几何配准和图像变换，转换为高斯-克吕格投影。

纸质图像、图形应采用逐网格结点配准。

6 遥感影像图的制作

6.1 数学基础

统一采用 1980 西安坐标系，1985 国家高程基准。

比例尺为 1∶25 000～1∶500 000 的影像图，采用高斯-克吕格投影，6°分带。

比例尺大于或等于 1∶10 000 的影像图，采用高斯-克吕格投影，3°分带。

6.2 数据源

应根据城市地质调查实际工作的需要和解译对象的特点选择遥感数据源，注意：

（1）遥感数据的空间分辨率、时间分辨率、时相和波段应能满足解译的需要。当比例尺为 1∶50 000 时，宜采用地面分辨率好于 10m 的数据源。当比例尺为 1∶10 000 时，宜采用地面分辨率好于 2m 的数据源。

（2）解译面状地物时，遥感影像的像元边长所对应的地面宽度应小于或等于面状地物最小单元的宽度的一半。解译线状地物时，像元边长所对应的地面宽度应等于（可以略大于）线状地物的宽度。

（3）多时相影像的选择应注意从各种渠道搜集尽可能多的早期遥感资料。应根据解译对象和期望目标，综合考虑时间分辨率、空间分辨率和波谱分辨率三项指标。应保证在各时相的影像中目标地物的特征明显。当目标地物发生变化时，在所选择的多时相影像上应有反映。对于水土流失、河口三角洲伸展、城市变迁等动态对象，多采用资源卫星系列的图像（如 TM、ETM、SPOT），有时还需要较大比例尺的航空照片作补充。有些动态对象，尤其涉及水体、植被者，需从不同波段的图像上获得不同内容的动态变化（如水陆界线和泥沙扩散），此时波谱分辨率是必须考虑的选择因素。

（4）遥感影像的波段的选择，应保证在该波段的影像中目标地物的光谱特征和影像特征明显，且有别于其他地物。实际工作中可参考地物的光谱反射曲线和传感器的成像波段进行选择或根据经验进行选择。

（5）在解译植被、水体等目标时，宜选择彩红外像片或真彩色像片。

（6）解译城市垃圾填埋场宜选择热红外遥感影像。

（7）解译城市地面沉降宜选择 In-SAR 数据或 D-InSAR 数据。

（8）在遥感影像图中，云层覆盖率应小于 5%，重点目标区域应完全没有云层覆盖。

（9）目前，一般情况下，可首先选择 SPOT5 或 ASTER 作为遥感数据源。

6.3 图像预处理

购买的遥感影像应已经过粗处理。

精处理应采用多项式拟合法，校正控制点可在基准图像中均匀选取，每景应不少于9个点，与地面控制点间的拟合精度在平原区应在1个像元以内，在山区应在3个像元以内。

6.4 制图

遥感影像平面图的制作执行GB/T 15968—2008的规定。

宜采用经过挑选的在本区自然环境条件下信息最丰富的波段的影像直接合成，必要时也可采用经过图像处理的影像合成。

使用多景影像镶嵌制图时，影像的成像时间应比较接近。各波段影像之间的配准精度和相邻影像重叠区域之间的配准精度都应控制在一个像元以内。相邻影像应进行无缝镶嵌。不同时相的影像应进行色彩匹配处理。镶嵌过程中应尽可能减少非接边区图像光谱的非线性变化。

图像数据文件应采用“GeoTIFF”格式。

7 初步解译

以遥感影像为主要依据，根据任务要求，参考现有资料进行概略解译，根据影像特征初步建立解译标志。

通过对收集的最新时相遥感图像的解译，对前期收集的水域、道路、居民点等地理资料进行更新。通过对不同解译要素的初步分析，为调查工作选择合适的踏勘路线。踏勘路线应部署在通行条件好、穿越的解译要素多、露头较好的地段。

在消化吸收已有的资料、初步掌握工作区遥感影像特征的基础上，以遥感影像图为主信息源，以影像单元为单位，编制解译草图。

8 野外踏勘

8.1 踏勘实况调查

踏勘实况调查的目的是在室内详细解译之前查明调查区可解译程度并加以分区，建立地貌、岩石、地质构造、植被、水体、环境污染、地质灾害等的解译标志。

踏勘实况调查应针对具体工作内容和解译目标选择野外观测点，应包括图幅中所有不同类型的单元或分区。

8.2 专题研究性实况调查

专题研究性实况调查的目的是研究重要的解译对象的影像特征，确立尽可能多的直接与间接解译标志，确定解译对象的直接、间接定位方法和可能达到的定位精度。

9 室内详细解译的内容

9.1 解译要素分类

遥感影像室内解译的要素按专题地图信息分类的三级子类划分类别。

专题地图信息分类执行 GB/T 18317—2009 的规定。其中基础地理信息要素分类执行 GB/T 13923—2006 的规定。

9.2 地貌类型解译

划分山区、平原、河流、湖泊、海岸、人类活动等不同地貌单元。解译地貌单元的类型、分布、形态等特征，解译水系特征。分析地貌、水系的成因及其与地质构造、岩性的关系。

9.3 构造地质解译

在基岩出露区，结合地面路线地质调查，对岩性和地质构造进行解译，提高路线之间地质界线连接精度。

在松散沉积物覆盖区，根据地貌、水系和植被与岩性和地质构造的关系，解译不同类型松散沉积物的组成、分布范围和厚度，推测隐伏断裂的位置、规模和展布特征，确定新构造活动形迹。

9.4 水文地质解译

解译各种水文地质现象，圈定河床、湖泊的泥沙淤积地段，圈定古河道、古溃口、洪水淹没区域等。圈定海水与淡水水域，分析地下海水入侵的分布范围和地质背景。利用多时相遥感资料解译河流、湖泊和海岸的变迁。

9.5 工程地质解译

解译工程地质岩组类型，划分硬质岩体、软质岩体、淤泥质土体、砂质土体、黏土质土体，圈定各类岩组的分布范围。圈定构造软弱带。

利用地面建筑的特征，结合基础地质和水文地质特征，解译地下空间利用状况。

为确定不同类型的桩基持力层的空间分布范围提供遥感信息。

9.6 环境地质解译

利用遥感资料解译城市周边地区的生态环境。解译城市绿地的类型、分布和面积。

解译城市周边垃圾填埋场的分布状况，包括垃圾场的位置、面积、数量、性质等。利用多时相遥感影像解译历史上的垃圾填埋场。分析垃圾填埋场与地质环境的关系，为垃圾填埋场的选址提供遥感信息。

对重要的环境地质问题的动态变化，如江湖库海岸带变迁、河流改道、泥沙冲淤、水土流失、土地沙漠化、石漠化、盐渍化、覆被变化、水土污染、矿山开采和复垦等，应进行多时相分析。

9.7 地质灾害解译

解译地质灾害和人类工程活动引起的地质环境破坏，包括崩塌、滑坡、泥石流、岩溶塌陷、地面沉降、地裂缝、黄土湿陷、海岸侵蚀与淤积、边坡失稳、水库塌岸等。

9.8 城市变迁解译

城市变迁涉及城乡规划、土地利用变化等范畴。城市变迁的解译内容是利用多时相遥感影像资料解译城市变迁的历史和现状，包括城市位置和范围的变化、卫星城和郊区的变化、城市各类功能区的变化、地面建筑和道路的变化、城市土地利用的类型和利用状况的变化、城市绿地的类型和分布特征，城市绿化覆盖率变化、城区河流湖泊水库等水面的变化等。

10 解译方法

10.1 目视判读

10.1.1 直判法

根据解译标志直接判断地物的性质并勾绘出地物的形态和分布范围的目视判读方法。对于侵入岩体、火山锥、断层、地貌类型、植被、地面建筑、垃圾填埋场等可以采用直判法。

附录 C、D、E、F、G 给出供参考的各类解译标志。

10.1.2 对比法

将地物的影像特征与地区性解译标志或标准样片进行对比从而确定地物性质的目视判读方法。对于沉积岩、变质岩、火山碎屑岩的岩性解译常需要采用对比法。对难以解译的地物，应扩大视野，与解译程度较高的邻区对比，将已知标志或已被注意到的细微特征引申到本区进行分析。

10.1.3 推理法

将地物在影像上的各种特征，尤其是容易被忽视的细微特征，汇总起来，运用有关的理论知识进行综合分析和逻辑推理，进而确定或推断地物性质的目视判读方法。对于那些解译难度较大，用对比法仍不能判断其性质的地物，可以采用推理法。

10.2 计算机辅助判读

10.2.1 目的

在解译过程中，有针对性地利用计算机对遥感影像进行数字图像增强、数字图像分类等处理，可以增强影像中的边缘、界线等特征，可以扩大不同地物类型之间在波谱或结构特征上的差别，提取代表这些差别的信息以便于目视判读，改善解译效果。

10.2.2 数字图像增强

数字图像增强的方法包括对比度变换、空间滤波、彩色变换、图像运算、多光谱变换、多重影像增强等。应根据研究的对象和目的选择有效的方法。

10.2.3 数字图像分类

数字图像分类的方法包括监督分类、非监督分类、模糊分类、最小距离分类、最大似然分类、等混合距离法分类、集群分析、人工神经网络分类、联合分类、多重判据分类、树分类等，应根据遥感影像特点及解译对象选择有效的方法。

常用的遥感图像处理系统，如 ERDAS、ENVI 及 PCI 等，具有进行数字图像分类的功能。

10.3 多时相分析

10.3.1 分析的内容

提取动态信息或变化迹象。这是实现多时相分析的前提。

计算出变化的量值，包括每个时段的变化量。通过具体的数据和图件，提供定量化的概念。

表示出变化轨迹，总结变化规律。

10.3.2 历史分析法提取动态信息

利用地质过程的形迹提取动态信息。利用废弃河床、牛轭湖、迂回扇、决口扇等古河道的形迹，分析河道变迁的动态过程。利用海蚀崖、波切台、贝壳堤、滨海扇、滨海湖沼洼地等古海岸的形迹，分析海岸变迁的动态过程。其他可利用的形迹有古湖泊、古冰川、古滑坡、古洪积扇、洪水淹没痕迹等。在遥感影像上根据色调、阴影、几何形态、纹理结构、地貌等标志识别这些形迹，通过多时相影像的目视判读编图，提取出动态信息。

10.3.3　影像差值法提取动态信息

采用某种图像处理方法获得差值图像，提取单因素（专题）的动态信息。适用于背景条件简单、短-中时间尺度、有具体变化量值的动态对象，如洪水淹没损失、水土流失程度、城市变迁等。有三种获得差值图像的方法。第一种方法是将两个时相的原图像（数据）直接相减，对零值、正值、负值分别进行编码，进而作变化信息的显示和提取。第二种方法是先对两个时相的图像作分类处理，然后再相减。由于此时的检测误差是两个分类图像误差之和，所以要求分类图像本身有较高的分类精度。第三种方法是分别对检测对象作专题提取图，然后相减。由于背景被简化归并，目标突出，故可明显改善检测精度。

10.3.4　主成分分析法提取动态信息

主成分分析法包括两个时相的影像经差值分析后的主成分分析、两个时相的影像经各自主成分变换后的差值分析、多时相多波段数据直接主成分分析以及选择性主成分分析（仅选择两个时相的两个波段的影像参与主成分变换，变化区域主要反映在变换后的第二主成分上）。

10.3.5　假彩色合成法提取动态信息

利用两个甚至三个时相的同一波段的影像进行假彩色合成，进而发现目标的变化迹象。

10.3.6　波段替换法提取动态信息

用某时相的某一波段的影像替换另外一个时相的某一波段的影像进行图像合成，进而发现目标的变化迹象。

11　野外验证

11.1　检查性实况调查

应着重研究属性不明和多解的影像的确切含义，完善各种解译对象的解译标志，检验、修改、补充室内解译成果，提高解译成果的质量和可信度。应与地面调查密切配合，采用路线观测、观测点控制的方式进行。

11.2 验证性实况调查

主要验证调查区内解译对象属性的正确性及其边界定位的准确程度。根据地质、环境、地形的复杂程度确定验证工作量，一般情况下按影像解译单元的5%～40%抽样验证。

12 成果图件和报告

12.1 成果图件

成果图件包括遥感影像平面图、地貌解译图、地质解译图、水文地质解译图、工程地质解译图、环境地质解译图、地质灾害解译图、城市变迁解译图、城市绿地解译图、城市垃圾填埋场解译图等。

遥感影像平面图的编制执行GB/T 15968—2008的规定。

遥感解译图和根据遥感信息编制的专题图的信息分类与代码执行GB/T 18317—2009的规定。

遥感成果图件应符合《城市地质调查数据库与信息系统建设指南》的要求。

12.2 成果报告

城市地质调查遥感工作的成果报告包括以下内容：

(1) 工作的目的和任务，前人的研究程度，完成的主要工作量及其质量评述。

(2) 研究区自然地理与地质概况，城市发展概况。

(3) 遥感工作的方法和程序，选择方法的依据。

(4) 数据源的选择及依据，遥感影像的质量评述。

(5) 图像处理方法及影像图编制说明。

(6) 解译标志和影像特征。

(7) 各专题解译内容、解译成果的说明和总结。

(8) 质量检查的结果。

(9) 结论与建议。

附录A　常见遥感卫星的参数和传感器光谱特征

（资料性附录）

A.1　中巴资源卫星（CBERS-1）

中巴资源卫星（CBERS-1）由中国与巴西于1999年10月14日合作发射，是我国第一颗数字传输型资源卫星。卫星参数如下。

太阳同步轨道，轨道高度778km，倾角98.5°。

重复周期26天，平均降交点地方时上午10：30，相邻轨道间隔时间4天。

扫描带宽度185km。

携带IRMSS红外多光谱扫描仪、CCD相机和广角成像仪三种传感器，传感器光谱特征见表A-1。

可提供从20～256m分辨率的11个波段不同幅宽的遥感影像，为资源卫星系列中有特色的一员。

表A-1　CBERS-1中巴资源卫星传感器光谱特征

红外多光谱扫描仪	CCD相机	广角成像仪
波段数：4 波谱范围/μm： B6：0.50～1.10 B7：1.55～1.75 B8：2.08～2.35 B9：10.4～12.5 覆盖宽度：119.50km 空间分辨率： B6、B7、B8：77.8m B9：156m	波段数：5 波谱范围/μm： B1：0.45～0.52 B2：0.52～0.59 B3：0.63～0.69 B4：0.77～0.89 B5：0.51～0.73 覆盖宽度：113km 空间分辨率：19.5m（天底点） 侧视能力：－32±32	波段数：2 波谱范围/μm： B10：0.63～ 0.69 B11：0.77～0.89 覆盖宽度：890km 空间分辨率：256m

A.2　美国陆地卫星五号（LANDSAT 5）

卫星参数如下。

近极近环形太阳同步轨道，轨道高度705km，倾角98.22°。

运行周期98.9分钟，24小时绕地球15圈。

穿越赤道时间为上午9：45（±15分钟）。

重复周期16天。

扫描带宽度 185km。

携带主题成像传感器（TM），传感器光谱特征见表 A-2。

表 A-2 美国陆地卫星五号（LANDSAT 5）传感器光谱特征

波段号	波段	波谱范围/μm	分辨率/m
B1	Blue～Green	0.45～0.52	30
B2	Green	0.52～0.60	30
B3	Red	0.63～0.69	30
B4	Near IR	0.76～0.90	30
B5	SWIR	1.55～1.75	30
B6	LWIR	10.40～12.5	120
B7	SWIR	2.08～2.35	30

A.3 美国陆地卫星七号（LANDSAT 7）

陆地卫星七号于 1999 年 4 月 15 日由美国航空航天局发射。卫星参数如下。

近极近环形太阳同步轨道。轨道高度 705km，倾角 98.22°。

运行周期 98.9 分钟，24 小时绕地球 15 圈。

穿越赤道时间为上午 10：00。

重复周期 16 天。

扫描带宽度 185km。

携带增强型主题成像传感器（ETM+），传感器光谱特征见表 A-3。

表 A-3 美国陆地卫星七号（LANDSAT 7）传感器光谱特征

波段号	类型	波谱范围/μm	分辨率/m
1	Blue～Green	0.450～0.515	30
2	Green	0.525～0.605	30
3	Red	0.630～0.69	30
4	Near IR	0.775～0.90	30
5	SWIR	1.550～1.75	30
6	LWIR	10.40～12.5	60
7	SWIR	2.090～2.35	30
8	Pan	0.520～0.90	15

A.4 法国 SPOT 卫星

SPOT 卫星的总体特征见表 A-4。

SPOT 卫星携带的高分辨率成像装置的特征见表 A-5。

SPOT 卫星携带的立体成像装置的特征见表 A-6。

SPOT 卫星携带的植被成像装置的特征见表 A-7。

表 A-4　SPOT 卫星总体特征

	SPOT 5	SPOT 4	SPOT 1，2，3
发射日期	2002 年 5 月	1998 年 3 月	1：1986 年 2 月 2：1990 年 1 月 3：1993 年 2 月
设计寿命	5 年	5 年	3 年
轨道	太阳同步	太阳同步	太阳同步
降交点过赤道当地时间	上午 10：30	上午 10：30	上午 10：30
轨道高度	822km	822km	822km
倾角	98.7°	98.7°	98.7°
速度	7.4 kps	7.4 kps	7.4 kps
轨道循环周期	26 天	26 天	26 天

表 A-5　SPOT 高分辨率成像装置特征

	SPOT 5	SPOT 4	SPOT 1，2，3
装置	2 个高分辨率几何成像装置（HRGs）	2 个高分辨率可见光及短波红外成像装置（HR-VIRs）	2 个高分辨率可见光成像装置（HRVs）
波段及分辨率	2 景全色波段（5m），可生成 1 景影像（2.5m） 3 个多光谱波段（10m） 1 个短波红外波段（20m）	1 个全色波段（10m） 3 个多光谱波段（20m） 1 个短波红外波段（20m）	1 个全色波段（10m） 3 个多光谱波段（20m）
波谱范围/μm	P：0.48～0.71 B1：0.50～0.59 B2：0.61～0.68 B3：0.78～0.89 B4：1.58～1.75	M：0.61～0.68 B1：0.50～0.59 B2：0.61～0.68 B3：0.78～0.89 B4：1.58～1.75	P：0.50～0.73 B1：0.50～0.59 B2：0.61～0.68 B3：0.78～0.89
影像视场范围	60km×（60～80）km	60km×（60～80）km	60km×（60～80）km
像元长度	8bits	8bits	8bits
绝对定位精度（无控制点，水平地面）	<50m (rms)	<350m (rms)	<350m (rms)
内部相对距离精度 (level 1B)	0.5×10^{-3} (rms)	0.5×10^{-3} (rms)	0.5×10^{-3} (rms)
能否编程接收	能	能	能
重访间隔（取决于纬度）	1～4 天	1～4 天	1～4 天

表 A-6 SPOT 立体成像装置特征

	SPOT 5		SPOT 4	SPOT 1，2，3
装置	HRS 沿轨道方向形成像对	HRG 的像对成像能力：轨道交叉方向形成	HRVIR 的像对成像能力：轨道交叉方向形成	HRV 的像对成像能力：轨道交叉方向形成
波段及分辨率	沿轨道方向 1 个全色波段（10m），通过重采样方式形成 5m 分辨率。垂直于轨道方向 5m 分辨率	2 景全色影像（5m），可生成 1 景影像（2.5m） 3 个多光谱波段（10m） 1 个短波红外波段（20m）	1 个全色波段（10m） 3 个多光谱波段（20m） 1 个短波红外波段（20m）	1 个全色波段（10m） 3 个多光谱波段（20m）
波谱范围/μm	P：0.49～0.69	P：0.48～0.71 B1：0.50～0.59 B2：0.61～0.68 B3：0.78～0.89 B4：1.58～1.75	M：0.61～0.68 B1：0.50～0.59 B2：0.61～0.68 B3：0.78～0.89 B4：0.58～1.75	P：0.50～0.73 B1：0.50～0.59 B2：0.61～0.68 B3：0.78～0.89
影像视场范围	60km×120km	60km×（60～80）km	60km×（60～80）km	60km×（60～80）km
像元长度	8bits	8bits	8bits	8bits
基线高度比（B/H）	约 0.84	0.5～1.1	0.5～1.1	0.5～1.1
绝对定位精度	<15m（rms）	<50m（rms）	<350m（rms）	<350m（rms）
两景影像的时间差	90 秒（几乎同时）	不定	不定	不定

表 A-7 SPOT 植被成像装置特征

	SPOT 5	SPOT 4	SPOT 1，2，3
装置	植被成像装置 2	植被成像装置 1	—
波段数	4	4	—
波谱范围/μm	B0：0.45～0.52 B2：0.61～0.68 B3：0.78～0.89 B4：1.58～1.75	B0：0.45～0.52 B2：0.61～0.68 B3：0.78～0.89 B4：1.58～1.75	—
分辨率	1km	1km	—
影像视场	2250km	2250km	—
像元长度	10bits	10bits	—
绝对定位精度	<50m（rms）	<350m（rms）	—
重访时间间隔	1 天	1 天	—

A.5 加拿大 RADARSAT-1 卫星

RADARSAT 卫星是加拿大于 1995 年 11 月 4 日发射的，具有 7 种模式、25 种波束，不同入射角，因而具有多种分辨率、不同幅宽和多种信息特征。适用于全球环境、土地、自然资源监测等。卫星参数如下。

太阳同步轨道（晨昏），轨道高度 796km，倾角 98.6°。

运行周期 100.7 分钟，每天轨道数 14。

卫星过境的当地时间约为早 6 点和晚 6 点。重复周期 24 天。

RADARSAT-1 工作模式见表 A-8 和图 A-1。

表 A-8 RADARSAT-1 工作模式

工作模式	波束位置	入射角/(°)	标称分辨率/m	标称轴宽/km
精细模式（5 个波束位置）	F1～F5	37～48	10	50×50
标准模式（7 个波束位置）	S1～S7	20～49	30	100×100
宽模式（3 个波束位置）	W1～W3	20～45	30	150×150
窄幅 ScanSAR（2 个波束位置）	SN1	20～40	30	300×300
	SN2	31～46	30	300×300
宽幅 ScanSAR	SW1	20～49	100	500×500
超高入射角模式（6 个波束位置）	H1～H6	49～59	25	75×75
超低入射角模式	L1	10～23	35	170×170

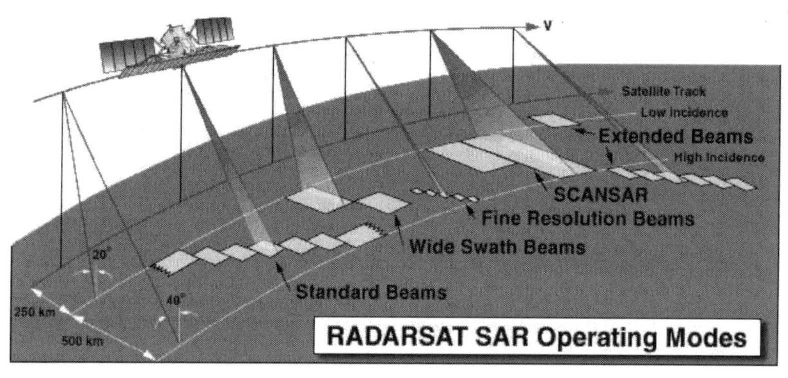

图 A-1 RADARSAT-1 工作模式

A.6 欧洲空间局 ERS 卫星

ERS-1 卫星和 ERS-2 卫星由欧洲空间局分别于 1991 年和 1995 年发射。卫星携带多种有效载荷，包括侧视合成孔径雷达（SAR）和风向散射计等装置。由于 ERS 卫星采用了先进的微波遥感技术来获取全天候与全天时的图像，与光学遥感图像相比具有独特的优点。卫星参数如下。

椭圆形太阳同步轨道。轨道高度 780km，轨道倾角 98.52°。

每天运行轨道数 14。降交点的当地太阳时为 10：30。

空间分辨率：方位方向<30m，距离方向<26.3m。幅宽 100km。

A.7 美国 IKONOS 卫星

IKONOS 卫星由美国洛克希德·马丁（Lockheed Martin）公司设计制造，雷神（Raytheon）公司建立地面接收系统和影像处理系统。卫星离地面平均高度 681km，回访周期 3 天。由于传感器有一定偏转角度，因此某一地区的影像最快可以当天采集完成（此情况下无法保证 1m 分辨率）。卫星特征见表 A-9。

表 A-9 IKONOS 卫星总体特征

发射日期	1999 年 9 月 24 日
分辨率	全色：1m 多光谱：4m
成像波段/μm	全色波段：0.45～0.90 彩色波段 1（蓝色）：0.45～0.53 彩色波段 2（绿色）：0.52～0.61 彩色波段 3（红色）：0.64～0.72 彩色波段 4（近红外）：0.77～0.88
制图精度	无地面控制点：水平精度 12m，垂直精度 10m 有地面控制点：水平精度 2m，垂直精度 3m
轨道高	681km
轨道倾角	98.1°
速度	6.5～11.2km/s
影像采集时间	每日上午 10：30
重访频率	1m 分辨率：2.9 天 1.5m 分辨率：1.5 天
轨道周期	98 分钟
轨道类型	太阳同步
质量	817kg（1600 磅）

A.8 Terra 卫星

Terra 卫星于 1999 年 12 月发射。近极地太阳同步圆形轨道，轨道高度 705km。过顶时间 10：30。回访周期 16 天。携带高级星载热辐射反射辐射仪（advanced spaceborne thermal emission and reflection radiometer，ASTER），可获取从可见光到热红外 14 个波段的图像。近红外后视成像（3N 波段图像）与天底成像（3B 波段图像）可获得近红外波段的立体像对。

ASTER 传感器的特征见表 A-10。ASTER 与 TM 图像波段对比见图 A-2。

表 A-10　ASTER 传感器的特征

	波段号	波谱范围/μm	空间分辨率/m	图像量化级别
可见光近红外（VNIR）	1	0.52～0.60	15	8 位
	2	0.63～0.69		
	3N	0.78～0.86		
	3B	0.78～0.86		
短波红外（SWIR）	4	1.60～1.70	30	8 位
	5	2.145～2.185		
	6	2.185～2.225		
	7	2.235～2.285		
	8	2.295～2.365		
	9	2.360～2.430		
热红外（TIR）	10	8.125～8.475	90	12 位
	11	8.475～8.825		
	12	8.925～9.275		
	13	10.25～10.95		
	14	10.95～11.65		

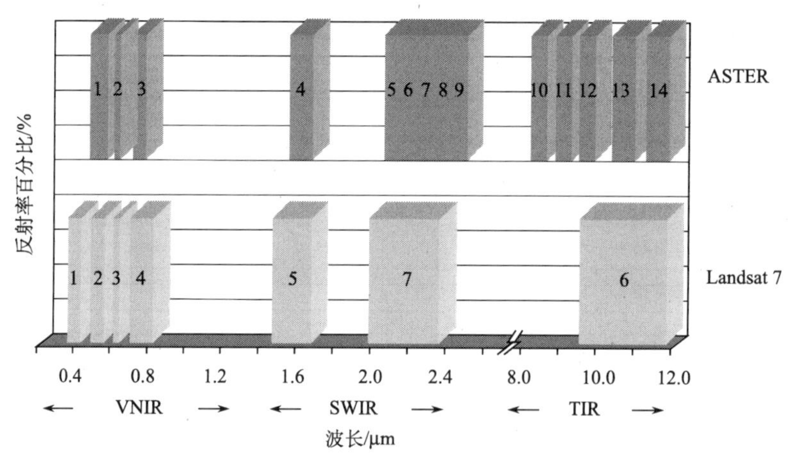

图 A-2　ASTER 与 TM 图像波段对比图

A.9　美国 QuickBird 卫星

QuickBird（快鸟）卫星于 2001 年 10 月 18 日发射，经过近 4 个月的在轨测试，美国 DigitalGlobe 公司从 2002 年 2 月 13 日开始少量分发该卫星数据，2002 年 5 月 21 日宣布全面、正式地商业运行。

QuickBird（快鸟）卫星是目前世界上商业卫星中分辨率最高的一颗卫星。其全色波段分辨率为 0.61m，彩色多光谱分辨率为 2.44m，幅宽为 16.5km。卫星总体特征见表 A-11。

表 A-11 QuickBird 卫星总体特征

成像方式	推扫式成像	
传感器	全色波段	多光谱
分辨率	0.61m（星下点）	2.44m（星下点）
波长	450～900nm	蓝：450～520nm
		绿：520～600nm
		红：630～690nm
		近红外：760～900nm
量化值	11 位	
星下点成像	沿轨/横轨迹方向（+25°/−25°）	
立体成像	沿轨/横轨迹方向	
辐照宽度	以星下点轨迹为中心，左右各 272km	
成像模式	单景 16.5km×16.5km	
	条带 16.5km×165km	
轨道高度	450km	
倾角	98°（太阳同步）	
重访周期	1～6 天（0.70m 分辨率，取决于纬度高低）	

A.10 福卫二号卫星

福卫二号（全称福尔摩沙卫星二号，Formosat-2）卫星由中国台湾与合约商法国阿斯特里姆（Astrium）公司共同研发。阿斯特里姆公司负责卫星制造，台湾方面负责卫星的组装、整体测试等工作。福卫二号于 2004 年 5 月在美国范登堡（Vandenberg）发射场升空，进入倾角 99.1°、高度 728km 的暂驻轨道。卫星参数见表 A-12。

表 A-12 福卫二号卫星总体特征

轨道	太阳同步轨道，高度 891km
全色（PAN）波谱	0.45～0.9μm
多光谱（MS）波谱	0.45～0.52μm（蓝） 0.52～0.60μm（绿） 0.63～0.69μm（红） 0.76～0.90μm（近红外）
分辨率	全色（黑白）：2m 多光谱（红、绿、蓝、近红外）：8m
幅宽	24km×24km
设计寿命	5 年

A.11 欧洲空间局 ENVISAT-1 卫星

ENVISAT-1 卫星的 ASAR 传感器有 Image、Alternating Polarisation、Wide Swath、Global Monitoring 和 Wave 五种工作模式，各种工作模式的参数见表 A-13。

表 A-13 ASAR 传感器的工作模式的参数

模式	Image	Alternating Polarisation	Wide Swath	Global Monitoring	Wave
成像宽度	最大 100km	最大 100km	约 400km	约 400km	5km
下行数据率	100Mb/s	100Mb/s	100Mb/s	0.9Mb/s	0.9Mb/s
极化方式	VV 或 HH	VV/HH 或 VV/VH 或 HH/HV	VV 或 HH	VV 或 HH	VV 或 HH
分辨率	30m	30m	150m	1000m	10m

在上述五种工作模式中，高数据率的三种，即 Image 模式、Alternating Polarisation 模式和 Wide Swath 模式供国际地面站接收，而低数据率的 Global Monitoring 模式和 Wave 模式仅供欧洲空间局的地面站接收。

与 ERS 卫星的 SAR 传感器相比，ENVISAT-1 卫星的 ASAR 传感器具有三个优点：①Image 模式可以提供 7 种不同入射角的成像；②Alternating Polarisation 模式提供同一地区的两种不同极化方式的图像，用户可根据需要选择 VV 和 HH、HH 和 HV、VV 和 VH 三种极化方式组合中的一种；③Wide Swath 模式采用 ScanSAR 技术，可以提供更宽的成像条带，但图像的空间分辨率有所降低。

中国科学院遥感卫星地面站可以提供 Image 模式、Alternating Polarisation 模式和 Wide Swath 模式的 Level 0 和 Level 1B 产品。

附录B　航空照片扫描精度参考表

（资料性附录）

表B-1是根据ERDAS Field Guide的数据编制的，供确定航空照片扫描精度时参考。

表B-1　航空照片扫描精度参考表

航空照片比例尺	分辨率2117dpi 像元边长12μm 对应地面长度/m	分辨率1588dpi 像元边长16μm 对应地面长度/m	分辨率1016dpi 像元边长25μm 对应地面长度/m	分辨率508dpi 像元边长50μm 对应地面长度/m	分辨率300dpi 像元边长85μm 对应地面长度/m
1∶1800	0.0216	0.0288	0.045	0.09	0.153
1∶2400	0.0188	0.0384	0.06	0.12	0.204
1∶3000	0.036	0.048	0.075	0.15	0.255
1∶3600	0.0432	0.0576	0.09	0.18	0.306
1∶4200	0.0504	0.0672	0.105	0.21	0.357
1∶4800	0.0576	0.0768	0.12	0.24	0.408
1∶5400	0.0648	0.0864	0.135	0.27	0.459
1∶6000	0.072	0.096	0.15	0.3	0.51
1∶6600	0.0792	0.1056	0.165	0.33	0.561
1∶7200	0.0864	0.1152	0.18	0.36	0.612
1∶7800	0.0936	0.1248	0.195	0.39	0.663
1∶8400	0.1008	0.1344	0.21	0.42	0.714
1∶9000	0.108	0.144	0.225	0.45	0.765
1∶9600	0.1152	0.1536	0.24	0.48	0.816
1∶10 800	0.1296	0.1728	0.27	0.54	0.918
1∶12 000	0.144	0.192	0.3	0.6	1.02
1∶15 000	0.18	0.24	0.375	0.75	1.275
1∶18 000	0.216	0.288	0.45	0.9	1.53
1∶24 000	0.288	0.384	0.6	1.2	2.04
1∶30 000	0.36	0.48	0.75	1.5	2.55
1∶40 000	0.48	0.64	1	2	3.4
1∶50 000	0.6	0.8	1.25	2.5	4.25
1∶60 000	0.72	0.96	1.5	3	5.1
一景黑白图像文件大小	363MB	204MB	84MB	21MB	7MB
一景彩色图像文件大小	1089MB	612MB	252MB	63MB	21MB

附录C　地貌解译方法与影像特征

（资料性附录）

C.1　地貌解译的要点

要从区域地貌入手，了解区域地貌形成条件与成因，以及区域主要地貌形态特征。通过地貌形态的分析，全面系统地了解地貌演化动态。

注意各种解译对象的相互关系，包括剥蚀地貌和堆积地貌的相互关系、地貌单体和组合形态的相互关系、宏观与微观地貌的相互关系、图像影纹特征与地貌类型的关系、地貌形态与地质体之间的相互关系。

注意不同比例尺及不同类型图像上同一地貌的解译标志的差异性等。

注意识别异常地貌，例如支流与干流成钝角相交的倒钩状水系地貌。异常地貌常与岩性或构造密切相关。

对各种解译标志进行综合分析。

将航空照片与卫星影像进行对比分析，有助于解译。

C.2　构造地貌

1）构造地貌的定义

构造地貌是指主要与构造作用有关的地貌。

2）山体构造地貌

小尺度的单个山体构造地貌最常见的是方山、单面山、猪背岭。当抗风化剥蚀能力不同的软硬岩层互层水平产出时，坚硬岩层常残留山顶，形成方山构造地貌，其特征是近水平产状，阶梯状坡面，山周边陡立。如果坚硬岩层缓倾斜产出时，风化剥蚀后形成单面山、猪背岭及鬣岗。

规模较大的群山或山脉显示的构造地貌有褶皱山、穹状山、断块山。

褶皱山的特征是山体走向、主要水系与区域构造线（断裂、褶皱）的走向相同。

穹状山是大型穹状构造隆起形成的山脉，放射状水系及穹隆构造的存在是其特征。

断块山是断裂切割抬升造成的山脉，平行羽状水系，深谷陡坡，断层崖发育是其特征。

3）坡面构造地貌

山体由多个坡面组成。坡面类型除正常的以外，还有受地质构造控制发育而成的，包括倾向坡、断层崖和断层三角面等。

断层崖是沿断层展布的陡坡，是断层的露头。断层三角面是断层崖受河流侵蚀所形成的地貌，在遥感图像上表现为沿一直线排列的锯齿状陡坡。

4）构造盆地

与构造有关的盆地主要有褶皱盆地、断陷盆地、火山盆地等。

褶皱盆地是向斜构造上的盆地。

断陷盆地包括地堑内断块下降形成的盆地和断层一侧下降形成的箕状盆地。

火山盆地是火山喷发形成的盆地。

这些盆地在遥感图像上都有一个共同的特点，就是盆地的边缘受地质构造控制。

C.3 流水地貌

1）流水地貌的定义

流水地貌是指主要与地面流水的剥蚀作用和沉积作用有关的地貌。

2）冲沟

冲沟显示为线状影像。不向方向的冲沟组合在一起，形成不同类型的水系网。冲沟的形态特征和发育强度与岩性和构造及大气降水等特点有关。在岩性坚硬、胶结物致密、新构造运动上升区，冲沟呈“V”形，发育程度好。冲沟的大小取决于季节流水量。水量大，沟形切割深，沟壁陡而窄；水量小，沟形切割浅，沟短而窄。在岩性较软、钙质或泥质胶结、风化强烈、透水性较好的地区，冲沟呈开阔型。冲沟的形态特征受岩性、节理和断层控制。砾岩地区冲沟呈树干状，砂岩地区冲沟呈树枝状，页岩或黄土地区冲沟呈密集树枝状。

利用冲沟的形态、密度、方向等特征可以解译岩性和构造。

3）洪积扇

洪积扇是常见的地貌形态，在干旱气候区的山麓地带尤为常见。洪积扇位于冲沟沟口，呈锥形或扇形，其规模大小取决于洪水的大小和物质来源。在航空照片上，可以清楚地看到，从洪积扇的顶部到扇缘，由不均匀斑状影纹逐渐变成均匀深色的影纹，表明洪积扇的沉积物从粗颗粒逐渐过渡为细粒。在扇的边缘有沼泽或泉出现。

利用洪积扇的形态和叠置关系可以分析隐伏构造和活动构造。山体发生间歇性上升时，洪积扇呈串珠状。山体发生不均匀的倾斜时，洪积扇沿构造掀起方向发生迁移。洪积扇的分流点呈线形时，表明洪积扇受活动断裂所控制。

4）河谷

在航空照片上，山区的河谷的河床平直，河谷深切，冲积物不发育，在立体镜下观察时其形态多呈“V”形谷。平原区或山间盆地的河谷的河床弯曲，可形成牛轭湖。常用牛轭湖等标志恢复古河道的位置。在小比例尺图像上，构造上升区河谷呈线状弯曲。

在下降区河谷的弯曲呈辫状或游荡型。

5）河漫滩

山区河漫滩不发育，呈较窄的带状。平原区河漫滩呈带状，色浅，形态上呈心形、方形、弧形、鬃岗状、堰堤式等，常见心滩，植被发育，有沼泽、积水洼地或牛轭湖的残迹。

6）河流阶地

河流阶地在大比例尺遥感图像上比较清晰。呈阶梯状条带，断续分布。在阶地上，耕田、城镇、交通干线密集，植被发育。较老阶地表面常遭受破坏，年轻阶地保留完整。侵蚀阶地色调较深。堆积阶地色调深浅不一，植被发育，居民点多。基座阶地与堆积阶地相似，不易区别，有时能见到陡坎，呈深色窄条，不稳定。阶地是新构造运动的标志，解译时应注意阶地的级数、宽度、高度和同一阶地的延伸长度。

7）三角洲

三角洲一般呈扇形或三角形、鸟爪形和尖头形等。在多时相和彩色合成图像上能够清晰观察其形态特征和演变的痕迹。三角洲由陆地向海可分为三部分：海上三角洲、海下三角洲和三角洲前缘。它们的色调深浅不一，近河床地段色调较浅，河汊较为发育，组成稀疏网状水系。在多波段图像上，可通过色调和植被生长的差异研究三角洲上河道变迁和三角洲增长情况，对研究三角洲的消长和发展趋势有较好的效果。

C.4 喀斯特地貌

1）喀斯特地貌的定义

喀斯特地貌又称岩溶地貌，是指地下水和地面流水对石灰岩等可溶性岩石的溶蚀作用和沉积作用形成的地貌。包括喀斯特峰林、喀斯特盆地、溶蚀洼地、溶沟、漏斗、溶洞、暗河、泉华等。

2）溶沟和漏斗

喀斯特地区的溶沟常以线状和网状呈现，它受节理和断层控制，在厚层灰岩地区节理发育差，溶沟稀疏，在薄层灰岩地区节理发育好，溶沟密集。在两组节理或断层的交汇处常发育漏斗或落水洞，其形态有圆形、椭圆形或不规则蝶形。在岩层坡度较缓，裂隙发育部位，漏斗较密集。在褶皱轴部和断层破碎带上，漏斗呈线状分布。溶沟和漏斗的分布规律是解译岩溶地区地质构造的重要标志。

3）溶蚀洼地

溶蚀洼地是漏斗不断扩大或合并而成的。它的直径可达数千米。洼地再扩展形成坡立谷，面积可达几十或几百平方千米，其形状不规则。它们常被河流贯穿形成喀斯特湖，湖中常残留一些孤山或残山。

4）喀斯特峰林

在遥感图像上，喀斯特峰林显示为深色调的似圆形的成片出现的山峰。峰林在舒缓的褶皱构造区，呈星点状分布，在紧密褶皱构造区呈脊状分布。峰林之间常发育着漏斗和溶蚀洼地。在喀斯特作用的晚期，峰林变为孤峰，其形态似圆锥形。峰林或孤峰若为单面山，则可作为判别岩层产状的标志。

5）溶洞和暗河

溶洞和暗河在普通航片上难以识别，可根据热红外图像或其他间接标志识别。

C.5 风沙地貌

风沙地貌是指主要与风的剥蚀和沉积作用有关的地貌。包括沙丘、戈壁、风城、雅丹地貌等。常见的沙丘有新月形沙丘、沙丘链、沙梁、金字塔形沙丘等。新月形沙丘，形态似新月，一般高几米到十几米，宽约几百米，两翼指示顺风方向，迎风坡凸而平缓，坡度在10°～20°；背风坡凹而陡，坡度在28°～36°。在新月形沙丘密集区，沙丘相互连接，形成沙丘链。当沙丘被植被固定或半固定时，形成弧形的沙梁。在风的作用下沙丘层层叠盖，形成复合形沙丘。在沙丘走向与主导风向近于平行时形成沙垄，呈长条钩状、直线状或条带状的垄状地形。金字塔形沙丘是在多向风的作用下形成的，其形状似金字塔或锥形，没有明显的定向性，在强对流风向作用下可形成蜂窝状沙丘。

用不同时相的图像对比，可推算沙丘移动速度。

C.6 黄土地貌

黄土地貌是指风成黄土受地面流水剥蚀作用形成的地貌。包括塬、墚、峁、沟、涧、谷等。

塬地势平坦、开阔，冲沟稀疏，耕田发育。墚呈条带状。峁是塬被流水切割形成的不连续的孤丘，其上的冲沟呈放射状分布。涧是黄土掩盖古河床后形成的宽而浅的带状凹地，延伸长，植被茂盛。黄土阶地是阶梯状的黄土地形，阶地上耕田发育，冲沟发育。黄土地区的冲沟纵横交错，在平面上组成树枝状、梳状、格状、羽毛状和环状等水系。黄土地区在遥感图像上出现异常水系或影纹时，应该注意有可能在黄土下存在隐伏构造或隐伏地质体。

C.7 海岸地貌

1）海岸地貌的定义

海岸地貌是指海岸带主要与海蚀作用和海岸沉积作用有关的地貌。包括海蚀崖、波切台、水下沙坝、潟湖、沙滩、滩涂、贝壳滩、海成阶地等。海岸可分为基岩海岸、沙质海岸、泥质海岸、红树林海岸、珊瑚礁海岸等。

研究海岸地貌时应充分利用多波段图像和假彩色合成图像。在蓝-绿光波段范围内，有利于观察海滨和水下的地形，一般可观察到水下20m左右。在红光波段范围内，有利于观察海岸的泥沙流。在红外波段范围内，有利于研究海水的分布范围和海岸线的轮廓。假彩色合成图像能提供更丰富的信息。

2）*基岩海岸*

基岩海岸的地形起伏小，山坡冲沟发育，水系呈树枝状或网状，海岸台地平坦，台面微微倾向海面，色调较深而均一，有时有斑点状纹影。当岩性软硬相间时，形成锯齿状基岩海岸。基岩海岸的海蚀崖呈线状分布时，是断层的标志。

3）*沙质海岸和泥质海岸*

沙质海岸和泥质海岸的地形起伏较小，冲沟发育，植被茂盛，色调较均一。沙质海岸色调浅，泥质海岸色调深。

沙嘴呈狭长的浅色条带，头部弯曲呈钩状。

沙堤是平行海岸的带状地形，色调较浅。在数条沙堤之间发育着沼泽和潟湖，呈深色不均匀的斑块。可以利用新老沙堤的分布范围、条数等特征研究海岸演化。

4）*海成阶地*

海成阶地在大比例尺图像上表现为平行海岸的阶梯状条带，连续性较好。其中，海积阶地和基座阶地色调深、均匀，有植被生长。海蚀阶地的色调比基岩浅。

C.8 冰川地貌

冰川地貌是指主要与冰川的剥蚀和沉积作用有关的地貌。包括角峰、冰斗、U形谷、冰碛垅、冰川堰塞湖、指状湖等。我国的冰川主要分布在高山区。

冰斗的外形近似卵形或三角形，周围高，中间低，形成一个圈椅状洼地。两个冰斗之间的山脊是刃脊，呈锯齿状。角峰是由两个以上刃脊交汇的山峰，形状似金字塔形，放射状山脊，山顶崎岖不平。冰川谷的谷底开阔，谷坡陡峭，称为U形谷。在冰川谷中有垅状地形，分为侧碛垅、中碛垅和终碛垅。侧碛垅和中碛垅不易保存，在冰川谷中以平行冰谷断续分布的垅状地形显示。终碛垅呈弧状或垅状地形垂直于冰川谷，色调深，在垅内侧有沼泽，垅外侧有扇形地形（冰水扇）。终碛垅可受后期流水切割。终碛垅是判断冰川进退的重要依据。

C.9 冻土地貌

冻土地貌是指寒冷气候区主要与冻融作用有关的地貌。包括石海、石河、多边形土等。

在遥感图像上，石海呈现斑状影纹，石河呈长条状斑状影纹，两侧有河流侵蚀，色调紊乱，有粗糙感。多边形土在大比例尺遥感图像上呈多边形或蜂巢状影像。在远红外图像上，冻土呈深色调，非冻土呈浅色调，多边形土的中央呈浅色，其周围的裂缝呈深色。

附录 D　岩性解译方法与影像特征

（资料性附录）

D.1　岩性解译的要点

目视解译是岩性解译的基本方法。要正确应用解译标志。要循序渐进，先区分基岩与松散沉积物，再区分三大岩类，接着从典型样区出发，进行岩性细分。图像增强方法的选择，应当在目视解译的基础上设定方案。

航空照片和像元小于 5m 的高分辨率卫星影像是岩性解译的基本资料。同时，应注意利用多波段、多平台遥感资料识别岩性，特别是高光谱遥感数据。

岩性解译标志主要有色调或色彩、地形地貌、冲沟和水系的类型与密度、影纹图案特点、植被、土壤、地层的层理等。

充分利用对比来提高解译能力。对比的内容包括：与典型样区对比；与不同类型的遥感图像上同名地物影像特征的对比；与同类岩性在不同地段的影像特征对比；与不同岩性的影像特征对比。

正确选择岩性解译的典型样区。岩性解译应当从易到难，从已知到未知，从典型地区开始，通过对比解译，选出样区来。选择典型样区的目的是：把每一种岩性解译单位的典型影像特征展示出来；为图像处理的训练区的挑选作参考；为岩性的地物波谱测试选择地点。有综合标志典型样区和单项标志典型样区两类。样区选择的原则是：岩性影像特征应有代表性；样区所在的自然地理环境应有代表性。

充分利用地物波谱资料。地物波谱曲线资料可以用于：分析各种因素对波谱特征的影响，判别解译区各种岩性可解译程度；为正确解译波谱特征提供依据；同时对比不同岩性的曲线上的吸收谷、反射峰所在的波长与反射强度等特点，供图像处理方案的设计作参考。

D.2　基岩

出露地表的各类基岩岩石的遥感解译标志见表 D-1。

由于岩性的复杂多变和外界因素的干扰，岩性解译标志的规律性有时可能不明显，解译者切忌轻易下结论。

D.3　松散沉积物

1）松散沉积物分类

根据成因将松散沉积物分为残积物、坡积物、冲积物、洪积物、冰川堆积物和风积物。

2）残积物

残积物的解译主要根据地貌、空间分布特征、冲沟及冲沟断面的变化。一般残积层易产生冲沟，V字形冲沟的边坡从缓变陡的变坡点往往是残积物和基岩界线。大部分情况下，残积层和基岩之间是逐步过渡的。有时，耕地可成为残积物存在的标志。

残积物多发育在起伏平缓的分水岭剥蚀面上，但在潮湿地区的岩浆岩的山坡上也经常有残积物分布。

残积物的色调与母岩有密切的关系。残积物有使母岩退色的趋势。母岩风化成残积物后，色带趋向模糊，色调变浅（由于含水条件改变，有时可能变深）。由软硬相间岩层形成的残积层则有以下特点：因风化能力不同而造成波状起伏的地形。软岩层成壤条件好，所造成的残积层较厚，且为低洼地，易聚集地表水，植物生长也较茂盛，残积物色调比较均一；硬岩层抗风化能力强，残积层较薄，构成高地，植物生长较稀，残积物色调不均一，呈斑点状。

3）坡积物

坡积物是基岩风化，经重力作用和面流洗刷搬运后的堆积物。它与基岩形成一个具有明显差别的两层结构。在影像色调方面，坡积物上方的基岩颜色的深浅也能影响坡积物的色调，但不像残积物与基岩那样具有明显的依存关系。坡积物的色调取决于颗粒组成、含水程度以及植被生长情况。在地表形态上，掩盖了坡面原来的起伏细部，使地形趋于平缓。

坡积物的主要解译标志有：分布于山麓部位。坡积物的物质供给区的地形一般较缓，使雨水只能形成片状细流，而不能形成线状切割。斜坡经坡积物堆积后，形成一种平缓而微凸的形态，与上方山坡间有变坡点存在。若无含水量或植被分布差异的影响，色调一般是均匀的。坡积物往往辟为耕地。

干旱地区坡积物色调往往较淡；潮湿地区植被发育，坡积物具有较深的影像色调。坡积物颗粒的粗细与供给区岩性有关，基岩坚硬则坡积物颗粒一般较粗，基岩软弱则坡积物较细。

坡积物的厚度可根据山坡形态以及切穿坡积物的沟谷边坡的坡度变化加以判断。直线形山坡，坡积物厚度从上而下逐渐增厚；凸形山坡，坡积物厚度较小；凹形山坡上的堆积物厚度较大。

4）冲积物

冲积物的分布与河谷地貌有密切的关系。利用航片解译冲积物的分布，一般效果良好，但要确定冲积物的成分，则只有对河谷地貌进行详细研究后才能判断。

冲积物的主要物质组成为砾石、砂、粉砂、黏土等。河床、边滩和心滩上主要为砾石和砂，河漫滩和沉积阶地上主要为黏土和粉砂。

5）洪积物

洪积物分布在沟谷的出口处及山前开阔地带，往往形成洪积扇、洪积裙以及山前洪积平原等地貌景观。它们均具有平整凸起的表面，水流从沟口向下方呈辐射状递降，在航片上呈均匀的淡灰-灰色色调。

洪积扇特有的扇形轮廓容易识别，其表面较平整，可见临时性水流切割的沟槽以及植被耕地和居民点等，参见附录 C.3。

洪积平原实际上是由大面积的平缓的洪积扇所组成，其上有许多山前漫流呈辐射状展布。

6）冰川堆积物

冰川堆积物的解译应首先从冰川侵蚀形态分析着手，确认冰川活动的存在后，根据它的堆积形态识别冰川堆积物。

7）风积物

风积物表现为各种沙丘。应识别出流动沙丘、半固定沙丘和固定沙丘。流动沙丘上无植被，色调浅，脊线尖锐、清晰、平面形状比较规则。半固定或固定沙丘上有一定密度的植被，色调较暗，顶部浑圆。

表 D-1　不同岩石类型的解译标志

岩石类型	色调	地貌	水系	植被和耕地	其他
砾岩	斑点状、斑块状不均匀的深色调	形成陡崖、垄岗，山脊陡峭，地形崎岖	地面水系不发育	基岩出露区植被不发育，耕地少	层理不明显，影像纹理粗糙
砂岩	浅灰色调，植物丛生的砂岩或铁质砂岩呈深色调	常形成陡崖、垄岗，单面山或猪背岭，山脊走向稳定	中等密度的树枝状、格状、角状水系，冲沟短、陡、深	树木、耕地少，仅集中于河道、沟边	岩层稳定、延伸远
泥岩	暗灰色调	低矮圆滑、馒头状山丘，平缓盆地、坡地、开阔洼地	树枝状、平行状水系，密度大，冲沟短、密、圆滑	土壤层厚，耕地多，村落、道路密集，边坡有树林	易风化，多残积坡积物，呈浅色斑块
干旱地区碳酸盐岩	浅色调	山峰陡峻，岩溶地貌少见	水系不发育，冲沟细小	植被稀疏，耕地和村落少	基岩裸露，残积坡积物少
潮湿地区碳酸盐岩	浅色调，杂斑状，有植被时多呈深色斑点状	岩溶地貌发育	内向水系，干流曲折，支流稀疏狭窄，冲沟短、浅	植被茂盛、耕地、村落、道路集中在河谷内	裂隙均匀分布，并成组出现

续表

岩石类型	色调	地貌	水系	植被和耕地	其他
侵入岩	色调均匀，从酸性岩到基性岩，色调从浅到深	穹形、浑圆形、低缓、圆滑丘陵或较高山地	稀疏树枝状、环状、放射状水系，明显受裂隙控制	植被沿裂隙呈带状分布，耕地、村落、道路较集中	无层理，有岩相带、围岩蚀变带
喷出岩	暗深色调、具斑纹状	火山地貌，舌状熔岩流，桌状山，垄岗或台地	树枝状、环状、平行状水系，偶见蠕虫状水系	植被稀少、土壤层不发育	玄武岩柱状节理
板岩 千枚岩	色调变化大，较均匀	低缓丘陵或垄岗，定向性、连续性好	梳状、格状水系较发育	植被和土壤层发育，残坡积物发育	平行片理的密集线状影纹
片岩 片麻岩	色调浅，间夹暗色条带	浑圆的丘陵或山地，分水岭杂乱无章	树枝状或“丰”字形水系	土壤层厚，植被、耕地、村落集中	不连续的细的波状影纹

注：据张樵英、闻立峰的资料修改。

附录E　构造地质解译方法与影像特征

（资料性附录）

E.1　褶皱构造

由于地层的岩性差异和风化后产生的地形地貌、含水性、植被类型和疏密等的差异，褶皱构造表现为不同色调（色彩）的对称重复分布的条带状影像。

岩层三角面、单面山等构造地貌对称重复出现。

岩层呈带状弯曲，岩层三角面有规律地偏转，构成一面坡陡、一面坡缓的弧形山脊，是褶皱转折端的影像特征。缓坡向外的可能为背斜的外倾折端；缓坡向内的可能为向斜的内倾转折。

向斜盆地中可有向心状水系，穹隆上可有放射状水系，正常褶皱的两翼往往有对称或相似的水系，转折端部位则常发育收敛状的或撒开状的水系。这些特殊的水系一般只能作为分析褶皱存在的线索，而不能作为确定褶皱的依据。对于大型褶皱、隐伏褶皱以及新构造穹状隆起的解译，水系具有重要意义。

E.2　线形构造

1）线状形迹和线形构造

线状形迹是指在遥感图像上由色调或地形地物所显示的沿着空间某一方向有规律地展布的直线状或微弯曲的影像特征。它是一个只考虑几何形态而不具成因意义的术语。能够构成线状形迹的地表因素有断层、节理、层理、片理、不整合面、岩脉、山脊、河流、海岸线、运河、铁路、公路、堤坝等。

线形构造是指被认为与地质作用有关的直线、弧线、折线状的影像特征。强调的是其成因与地质作用有关，而不是专指地质构造。线形构造包括：地层界线、岩相界线、不整合界线、侵入体接触界线、层理、片理、岩脉、断层、节理、隐伏断裂等。

2）线形构造的解译标志

地层影像被切割和错开，地层影像重复或缺失。

断裂、褶皱沿走向被错移，褶皱核部沿走向突然变宽或变窄。

线形构造两侧的地质构造发育程度、构造格局明显不同。

断层破碎带在图像上表现为忽宽忽窄、时隐时现、断续延伸的线状影像特征。

线形构造具有特殊的波谱特征时，表现为与背景色调有显著差异的色调异常带。

线形构造两侧地质体的波谱特征存在差异时，表现为色调异常分界。

断层崖或断层三角面。

两种不同类型的地貌单元呈直线状或折线状截然相接。

山脊线、阶地、夷平面、洪积扇等地貌单元错动。

延伸较远的线状沟谷或深切沟谷，线状分布的溶蚀洼地、落水洞、坡立谷、长条形洼地、断陷盆地等。与线形构造有关的负地形不同于一般的侵蚀负地形，它们有明显的方向性，延伸较远，有时成组出现、互相平行，其展布方向与当地水系格局不一定协调。

断裂带的岩石被硅化，或者有酸性岩脉侵入时，由于抗侵蚀风化能力较强，常形成垄岗状地形。

山间洼地和山前冲积锥、洪积扇呈直线状排列，常是活动断裂的影像标志。

对口河、倒沟状水系等特殊水系类型是断裂存在的水系标志。而格子状、角状水系等则是水系发育受区域断裂、线形构造控制的标志。

直线、折线河段和直角状急转弯河段，长而直的峡谷，河道突然加宽或变窄等。

水系整体被错动。

线状排列的河流异常点。

河、湖、海岸线局部出现的直线或折线延伸的陡崖，海蚀崖定向延伸的岬角、石岛等。

断裂带上的土壤与周围土壤具有不同的色调和影纹结构。由于断裂带内地下水比较丰富，有利于植物生长，在干旱地区若植被沿直线状生长或带状分布（非人工林），或若干绿洲排布在一条直线上都指示可能有断裂存在。

呈线状展布的多个火山口、火山锥，侵入岩体及矿化带、蚀变带等。这是解译基底断裂和隐伏断裂的重要标志。

大型断裂带两侧的地貌形态、水系类型、构造线方向、构造发育程度、土壤成分、植被密度和种类、土地利用情况等有较大的差异，在遥感图像上表现为不同的色调和影纹结构。

E.3 环形构造

遥感图像上与地质作用有关的环状影像称为环形构造。环状影像包括色调环、地貌环、水系环、植被环、影纹环或它们的复合类型。

构造作用形成的环形构造包括短轴褶皱、弯窿、构造盆地、弧形断裂组合、盐丘底辟、古潜山、隐伏礁体。

岩浆作用形成的环形构造包括火山锥、火山口、隐爆角砾岩筒、岩株、岩枝等中小型岩浆岩体、岩浆杂岩体及变质岩区由混合岩化作用或古老侵入体形成的环形构造。

物质或热扩散形成的环形构造包括热液蚀变形成的晕圈状色调异常、油气藏上方的烃类微渗漏形成的“雾状异常”或“晕圈状异常”、地热扩散在热红外图像上形成的“雾状异常”或“晕圈状异常”。热液蚀变形成的异常的边界模糊不清，常出现在两组或多组线形构造的相交处，规模一般不大。

其他环形构造包括陨石撞击形成的环形构造、成因不明的环形构造。

E.4 隐伏构造

1) 隐伏构造

隐伏构造是指被松散沉积物所掩盖的，或位于地表基岩之下的地质构造。

2) 隐伏构造解译的要领

与邻区构造进行对比分析。尤其是被松散沉积物掩盖的隐伏断裂，可以利用相邻基岩区的解译成果进行对比分析。

充分利用多源信息进行综合分析。

对区域构造展布规律及构造形式作研究，从中发现一些与盖层基岩区构造格局不相协调的构造特征异常。

3) 松散沉积物覆盖区的隐伏构造

隐伏的断裂、断块、褶皱和岩体，主要是通过色调、色彩的差异、异常的水系和微地貌等标志显示出来。隐伏构造的影像清晰度取决于新构造运动的强裂程度、上覆沉积物的厚度等因素。

隐伏断裂以色调、地形、植物等标志的面状或线状影像特征显示。

隐伏褶皱在图像上常以色调、水系和微地貌显示，在色调上以不同的色、形显示，如具有同心圆状的环状、半环状的色带，或不规则的条带状褶曲等。一般情况下背斜色带较窄，向斜色带较宽。

隐伏构造还可以通过植被的生长状态间接地显示，如隐伏储油构造区，油气经过构造裂隙向地表渗透，喜烃的植物生长茂盛，在遥感图像上植被生长的轮廓与储油构造的形状基本一致。

隐伏断块和岩块常为多边形影像，以色调的差异显示。在地貌形态上呈凹地、轻微凸起、沼泽、盐碱地等。水系呈角状、直线状和弧形水系。在活动强烈的构造上升区，这些标志更为明显。当隐伏断块和岩块埋藏较深、地表影像比较隐晦时，借助图像增强或多种图像对比分析，结合航磁等地球物理资料进行信息复合与综合分析，可以取得较好的效果。

4) 基岩区的隐伏构造

基岩区的隐伏构造发生在山区，以线形和环形影像反映，它与基岩区本身的影像往往叠加在一起。它的主要解译标志是水系、微地貌和影纹特征等。

火山锥、岩株、湖盆呈直线形展布，山脊突然中断，山麓或洪积扇呈折线或直线展布，大型平行状水系等都是隐伏断裂的表现。

复杂的隐伏构造往往以不同花纹的影纹叠加呈现，不同花纹的斜交或切割，显示出隐伏构造与表层构造的相互关系。

E.5　活动构造

活动构造是指现今仍在活动的地质构造。

活动构造往往出现在不同地貌景观的分界线上，或以特定的几何形态沿某一方向延伸。

活动断裂的标志与一般断裂构造标志相似。在活动断裂上常有断层崖、洪积扇、热泉、火山口等。在第四纪沉降区，活动断裂常以湖泊、沼泽、盐碱地和植被的定向排列而显示。活动断裂往往控制着水系的异常点，如水系的交叉点、分流点、汇集点、拐点等呈直线状排列。河流由宽变窄、由窄变宽等也是活动断裂的标志。活动断裂还以明显的色调差异显示。一般情况下，埋藏浅或活动性强的活动断裂，色调差异明显，反之则不明显。地震活动带，近代火山喷发区也是活动断裂的标志。

附录F　地下水解译方法与影像特征

（资料性附录）

F.1　概述

利用遥感信息寻找地下水大致有两种方法。一是从遥感图像中提取岩性、构造等水文地质信息，运用水文地质理论进行分析，确定有利的储水构造，进而推断地下水富集区，这种方法可称为水文地质遥感信息分析法；二是从遥感图像中提取与地下水有关的植被、湖泊、水系等水文环境信息，根据这些水文环境因子与地下水的关系，推断地下水的富集状况，这种方法可称为水文环境遥感信息分析法。

在湿润地带，水文环境因子受大气降水、人工灌溉等因素影响大，与地下水相关性差，在遥感图像上常成为水文地质信息的“噪声”。在干旱地带，大气降水、人工灌溉少，水文环境因子与地下水相关性好，根据水文环境遥感信息分析地下水的赋存状况是可行的。

用于地下水解译的航空照片最好是在旱季拍摄的，尤其是干旱地区，此时地下水露头或植被可反映地下水的状况。雨季拍摄的航空照片，容易得出错误的结论。

F.2　与地下水有关的地貌

地貌不仅反映了地下水的补给与排泄条件，而且还反映着地下水的埋藏和分布规律。

在河谷平原地区，重点解译阶地分布范围、阶地性质、阶地级数、岩性成分。

在山前平原地区，重点解译冲、洪积扇的分布范围，组成物质的粒度。

在冲积平原地区，可能分布有不同河流交互沉积、内陆湖相沉积以及由河道变迁形成的古河道堆积，某些地区还有海相沉积和冰水沉积等。应着重研究不同河流沉积物的特点及其分布，湖泊沉积物的埋深及其分布，古河道的分布、埋深及岩性结构特征等。

F.3　与地下水有关的岩性

在岩性解译中，重点是区分隔水层、透水层、含水层。可先进行现场调查，掌握岩石透水与隔水情况及其影像特征，再进行解译。如果能选择代表性地段，实测水文地质剖面，把不同岩石在航片上的影像特征划分出来，用以指导该区的水文地质岩性解译，则更为理想。

不同岩层的含水性不同，在航片上解译出岩石类型，结合地貌、构造等因素，可大致确定其含水性。

可溶性岩层多发育岩溶水，以石灰岩、白云岩最为典型。砂岩往往形成良好的含水层。在砂岩中有时含有可溶性盐类，当其溶蚀后，也可成为地下水的储存场所。泥岩的透水性差，常构成隔水层。

在岩浆岩地区主要是各种裂隙水。花岗岩地区主要是寻找风化裂隙水、破碎带裂隙水和岩脉附近的裂隙水。喷出岩的成岩裂隙较发育，常成层分布，故多形成成岩裂隙潜水含水层。

变质岩地区应注意对大理岩、硅质白云岩、硅质页岩、片麻岩的解译和调查。

第四纪地层的解译主要根据地貌解译确定沉积物类型，进而确定地下水的类型、埋藏、水质等。

F.4 与地下水有关的地质构造

褶皱构造与地下水的关系：

(1) 背斜谷和向斜谷有利于地下水补给和储存。

(2) 规模较大的宽缓向斜盆地、单斜构造可能形成自流水，注意解译地层的产状、厚度、坡向等。

(3) 背斜轴部、倾伏端的张性断裂带常含水。

断裂构造与地下水的关系：

(1) 导水的断裂和接触带经常是地下水强径流地段，它们不仅可以破坏地层的封闭性使各个含水层发生水力联系，而且有时甚至成为自流水含水层的补给地带或排泄地带。阻水的断裂和接触带，使地下径流受阻，隔绝了含水层间的水力联系。

(2) 沿断裂构造分布的泉或漏斗的特征，可帮助推断断裂的导水性或阻水性。

(3) 张性、张扭性断裂发育地区含水性较好。

F.5 与地下水有关的植被

在干旱区，植被与浅层地下水关系密切。植被种群、植被覆盖程度的差异反映地下水的排泄、埋深、矿化度和化学类型等信息。

应先进行野外调查，了解地下水露头和地表水体附近的植物生长情况及其影像特征。调查中应注意其他因素对植被的影响。

植被在近红外波段的光谱特征与其他地物的光谱特征差异最大，故近红外是探测植被的最佳波段。

F.6 与地下水有关的地表水体

地下水与地表水之间有紧密的联系，二者可以互相补给，解译地下水时必须注意与地表水体的关系。与地下水有关的地表水体包括河、湖、海、泉、湿地等。

在光谱反射特征上地表水体与陆地相差较大，易于解译。对于航空照片，可采用目视解译方法直接解译地表水体的空间分布。对于对光谱卫星遥感影像，除目视解译方法外，可进行图像增强或自动提取，常用的方法有假彩色合成和比值法。相对于可见光来说，在红外波段水体具有较强的吸收特征，因此，比值法常采用红外波段图像与蓝光或绿光波段图像进行比值运算。所获得的比值图像进密度分割后，即可获得地表水体的空间分布范围。

利用航空照片确定泉的位置、周围的地形和岩石。利用不同季节的航空照片判断泉的涌水量。

使用热红外影像、彩红外影像解译地下水露头的效果较好。

干旱地区自然景观和地表背景色调较单一，均匀而浅淡，易于突出泉水的解译标志。

斜坡湿地自上而下扩散，其上方尖端处往往是泉水出露处。

岩溶地区经常可以看到河流上溯至山坡坡脚处中断，该处往往是岩溶水出露处。

附录G　地质灾害解译方法与影像特征

（资料性附录）

G.1　滑坡

1）滑坡的解译标志

滑坡在航片或高分辨率卫星影像上的一般特征包括簸箕形、舌形的平面形态、滑坡壁、滑坡台阶、滑坡舌、滑坡裂缝、滑坡鼓丘、封闭洼地等。泉、醉汉林或马刀树等，也是滑坡的良好解译标志。

除上述对滑坡体本身影像进行解译外，还应从大范围的地貌形态进行判断，如滑坡多在峡谷中的缓坡、分水岭地段的阴坡、侵蚀基准面急剧变化的主支沟交会地段及其源头等处发育。河谷中形成的许多重力堆积的缓坡地貌，大部分系多期古滑坡堆积地貌。

在峡谷中见到垄丘、坑洼、阶地错断或不衔接、阶地级数变化突然、或被掩埋成平缓山坡、或成起伏丘体、谷坡显著不对称、山坡沟谷出现沟槽改道、沟谷断头、横断面显著变窄变浅、沟底纵坡陡缓显著变化或沟底整个上升等，这些现象都可能是滑坡存在的标志。

2）活动性滑坡

活动滑坡的特征如下：

（1）滑坡体地形破碎，起伏不平，斜坡表面有不均匀陷落的局部平台。

（2）斜坡陡且长，虽有滑坡平台，但面积不大，有向下缓倾的现象。

（3）有时可见到滑坡体上的裂缝，特别是黏土和黄土滑坡，地表裂缝明显，裂口大。

（4）滑坡地表泉发育。

（5）滑坡体上无巨大直立树木，可见小树木或醉汉林。

（6）滑坡体上土石松散，有小型崩塌，有新生冲沟。

3）古滑坡

古滑坡的特征如下：

（1）滑坡后壁一般较高，坡体纵坡较缓，有时生长树木。

（2）滑坡体规模一般较大，外表平整，土体密实，无明显的沉陷不均现象，无明显裂缝，滑坡台阶宽大且已夷平。

（3）滑坡体上冲沟发育，这些冲沟是沿古滑坡的裂缝或洼地发育起来的。

（4）滑坡两侧的自然沟切割很深，有时出现双沟同源。

（5）滑坡前缘斜坡较缓，长满树木，有的形成“马刀树”，滑坡体无松散坍塌现象，前缘迎河部分有时出现大的孤石。

(6) 滑坡舌已远离河道，有些舌部外侧已有不大的漫滩阶地。

(7) 泉在滑坡体边缘呈点状或串珠状分布，水体较清晰，在航片或高分辨率卫星影像上呈黑色。

(8) 滑坡体上有耕地，甚至有居民点。

G.2 崩塌

1) 崩塌的解译标志

崩塌一般发生在裂隙发育的坚硬岩石组成的陡峻山坡，在航片或高空间分辨率卫星影像上显示得较清楚。其主要解译标志如下：

(1) 位于陡峻的山坡地段，一般在55°～75°的陡坡易发生，上陡下缓，崩塌体堆积在谷底或斜坡平缓地段，表面坎坷不平，具粗糙感，有时可出现巨大块石影像。

(2) 崩塌轮廓线明显，崩塌壁颜色与岩性有关，但多呈浅色调或接近灰白，不长植物。

(3) 崩塌体上部外围有时可见到张节理形成的裂缝影像。

(4) 有时巨大的崩塌堵塞了河谷，在上游形成堰塞湖，在崩塌处形成瀑布。

2) 崩塌稳定性

尚在发展的崩塌在岩块脱落山体的槽状凹陷部分色调较浅，且无植被生长，其上部较陡峻，有时呈突出的参差状，有时崩塌壁呈深色调，是崩塌壁岩石色调本身较深所致。

趋向于稳定的崩塌，其崩塌壁色调呈灰-暗灰色调，或在浅色调中具深色斑点，生长少量植物，其上方陡坡仍明显存在，崩塌体以粗颗粒碎石土为主。

稳定的崩塌，其崩塌壁色调较深，植被生长较密，其上方陡坡已明显变缓，崩塌体岩层主要为细颗粒土组成，植被生长较密，有时开辟为耕地。

G.3 泥石流

1) 泥石流的解译标志

泥石流的形成区一般呈瓢形，山坡陡峻，岩石风化严重，松散固体物质丰富，常有滑坡、崩塌产生；通过区沟床较直，纵坡较形成地段缓，但较沉积地段陡，沟谷一般较窄，两侧山坡较稳定；沉积区位于沟谷出口处，纵坡平缓，常形成洪积扇或冲出锥，洪积扇轮廓明显，呈浅色调，扇面无固定沟槽，多呈漫流状态。

2) 活动泥石流

形成区地表裸露，有丰富的松散固体物质，有滑坡、崩塌等现象。

通过区沟床较顺直陡峻，有跌水坎。

沟口洪积扇轮廓明显，但不固定，可见新的泥石流覆盖，呈浅色色调，扇面见有漫流现象，无明显的固定沟槽，无植被生长，或生长较少。

3）间歇泥石流

形成区覆盖植被，松散固体物质较少，只有零散的小规模不良地质现象。

泥石流沟具河谷性质，河槽较宽阔多湾，纵坡较缓。

沟口洪积扇轮廓线不明显，但较固定，呈较深色调扇面，未见漫流，但有固定的沟槽，洪积扇上有植被生长或辟为耕地，有时可见居民点，扇前缘有河流冲刷形成的陡坎。

G.4 软土

软土是指淤泥或淤泥质土，是全新世以来的沉积物，埋藏浅，含水量高，上覆“硬壳层”薄，一般只有 0.5～3.0m，地下水可以通过土壤毛细管作用到达地表。

解译软土时，注意沉积环境与软土的关系，有助于查明软土的分布。例如，在河道多次摆动、河曲发育的地区，牛轭湖和古河道是软土分布的地区。

G.5 盐渍土和盐沼

含有大量易溶于水的无机盐类的土壤称为盐渍土。盐渍土主要分布于地形平坦的低洼地段。干旱季节拍摄的航片或高空间分辨率卫星影像上的盐渍土呈灰白色。潮湿季节拍摄的航片或高空间分辨率卫星影像上呈深灰色，容易误认为软土。因此最好用干旱季节拍摄的航片或高空间分辨率卫星影像。当盐渍土中长有耐碱的植物时，在航片或高空间分辨率卫星影像上呈现深色色调或呈斑点状深色调。盐渍土地区经常可见到分布薄层的风积沙，色调较盐渍土深些。

G.6 坍岸

河流、湖泊、水库的岸受到侵蚀而崩坍，使岸线后退，这种现象称为坍岸，也称为岸线再造。

河流的凹岸遭受水流的侧蚀作用，当岸坡由风化严重的软质岩石或松散地层所组成时，易引起河岸坍塌，致使岸坡不断后退，并向下游移动。河岸冲刷在航片或高空间分辨率卫星影像上呈现得很清楚，受冲刷的岸坡往往呈弧形内凹状，岸肩有明显棱角。当平坦河流阶地受水流冲刷时，如沿岸有道路，往往可见到道路随之弯曲。

当河流凹岸发育有新生的冲沟且河岸坡脚有大量堆积体存在时，往往意味着河流岸坡近期不再受冲刷。

水库蓄水后改变了原来的平衡条件，易发生库岸再造。

水库、湖泊迎着主导风向的岸易发生坍岸。伸入库内的凸岸易发生坍岸。

在水深相同的情况下，低岸坍岸的速度快，高岸坍岸的速度慢。

当高陡岸岸前水较深时，坍岸速度与最终坍岸宽度均较大。当缓岸坡度接近浅滩磨蚀角时，则不发生坍岸或很少坍岸。当缓岸坡度大于浅滩磨角时，初期坍岸速度比陡岸快。

黄土、粉砂质土岸坡的坍岸宽度较大，卵石土岸坡的坍岸宽度较小。

若在浪击范围内有易受冲刷的软岩层，整个岩体又较破碎，或有倾向水体的软弱结构面，则坍岸速度和宽度较大。

岸坡为疏松、均一的细颗粒土层时，坍岸速度和最终坍岸宽度都较大；岸坡为粗颗粒土或粗颗粒土和细颗粒土互层时，坍岸速度也较大，但坍岸的宽度较小。

覆盖层与下伏岩层之间的接触面的倾向、倾角影响坍岸的宽度，还可能导致覆盖层沿接触面发生整体坍塌。

利用多时相遥感数据可解译河流、湖泊岸线变迁的历史。

G.7 地面沉降

1) 利用 InSAR 监测地面沉降的步骤

利用 InSAR 监测地面沉降大致分以下几个步骤进行：

(1) 选择合适的卫星 SAR 系统，进而选取研究的时间，获得相应的 SAR 数据。应尽量选择干燥气候条件下的数据，对于基线的选择必须慎重。现有的卫星 SAR 系统的参数见表 G-1。

(2) 对 SAR 数据进行精确的配准，而后计算出同一点上的相位差，生成干涉条纹图。

(3) 干涉图生成之后需要进行滤波处理，因为实际的干涉图并非理想状态下的干涉图，真实的干涉图常常有噪声干扰，周期性不太明显，连续性受到影响，干涉条纹显得不清晰。目前主要有简单滤波和基于坡度估计的自适应滤波两种方法。

(4) 通过相位解缠得到相位的绝对变化即变形。

为了提高监测水平，应将 InSAR 与 GPS 测量方法结合使用，合理利用各技术之间的互补性。GPS-InSAR 合成是通过双内插双估计（DIDP）方法来实现的。

表 G-1 卫星 SAR 系统的参数

卫星 SAR 系统	运行时间	轨道高度/km	波段波长/cm	极化方式	侧视角/(°)	重复周期/d	分辨率/m	影像幅宽/km	其他
ALMAZ-1（俄罗斯）	1988～1989	300	S 波段 10	HH	21～65	5～7	15～30	30～45	
ERS-1（欧空局）	1992～2000	790	C 波段 5.7	VV	23	3.35	25	100	
ERS-2（欧空局）	1995～	790	C 波段 5.7	VV	23	3.35	25	100	
JERS-1（日本）	1992～1998	568	L 波段 23.5	HH	38	44	25	80	

续表

卫星 SAR 系统	运行时间	轨道高度/km	波段波长/cm	极化方式	侧视角/(°)	重复周期/d	分辨率/m	影像幅宽/km	其他
RADARSAT（加拿大）	1995～	790	C 波段 5.6	HH	23～65	24	8～30	50～500	多侧视角
ENVISAT（欧空局）	2002～	800	C 波段 5.6	HH/VV	15～45	35	25～100	100～405	多侧式多极化

2）InSAR 数据处理软件

InSAR 数据处理的核心算法包括 SAR 图像配准、干涉相位图的生成和滤波、相位解缠、干涉基线参数确定或估计等。为适应 InSAR 应用的需要，国际上一些研究机构或公司已开发出了几种商业软件包。数据源主要是卫星 SAR 数据，包括 ERS-1、ERS-2、JERS-1、RADARSAT 和 ENVISAT 等卫星获取的数据。可选择的商业软件包有：

（1）加拿大 Atlands Scientific 公司发布的 EvInSAR 软件包。

（2）斯图加特导航研究所发布的 PCI 软件包中的 InSAR 模块。EvInSAR 软件商于 1998 年宣布与 PCI 软件商联合，并将各自有优势的 InSAR 模块融入到 PCI 软件包中。

（3）瑞士苏黎世遥感研究所和美国 JPL 联合发布的 Gamma 软件包。

（4）奥地利格拉茨的 Joauneum 研究所开发的 InSAR 模块，已融合到遥感应用软件 ERDAS IMAGE 中。

本指南负责单位：中国地质调查局南京地质调查中心。

本指南起草单位：合肥工业大学、中国地质调查局南京地质调查中心。

本指南主要起草人：刘因、喻根、程光华、黄美谦。

城市地质调查钻探工作细则

1 范围

本细则规定了城市地质调查中钻探工作的目的、任务、工作内容、方法技术、编录、样品采集、综合整理等内容。

本细则适用于在城市地区开展地质调查的各类钻探工作。

2 规范性引用文件

GB 958—1989 区域地质图图例（1∶50 000）

GB/T 9649—1988 地质矿产术语分类代码

GB/T 14157—1993 水文地质术语

GB/T 14158—1993 区域水文地质工程地质环境地质综合勘查规范（1∶50 000）

GB/T 14498—1993 工程地质术语

GB 50021—2001 岩土工程勘察规范

DZ/T 0001—1991 区域地质调查总则（1∶50 000）

DZ/T 0017—1991 工程地质钻探规程

DZ/T 0148—1994 水文地质钻探规程

DZ/T 0181—1997 水文测井工作规范

DZ/T 0158—1995 浅覆盖区区域地质调查细则（1∶50 000）

DZ/T 0170—1997 浅层地震勘查技术规范

DZ/T 0221—2006 崩塌、滑坡、泥石流监测规范

DD 2004-02 区域环境地质调查总则（试行）

DD 2006-01 固体矿产勘查原始地质编录规程

JGJ 87—1992 建筑工程地质钻探技术规程

3 术语和定义

1）*覆盖区*（covered region）

基岩被松散堆积物、风化物覆盖的地区。

2）*松散层*（loose bed）

新生代未固结的沉积物，主要有坡积、冲积、洪积、冰碛、湖积、海积、风积

物等。

3）风化层（weathered layer）

在风化营力作用下，其结构、成分和性质已产生不同程度变异的岩层，包括全风化层、强风化层、中风化层和微风化层。

4）结构面（structural plane）

结构面为地壳表层物理特征或物质组成不连续的界面，可分为分划性结构面和标志性结构面两大类，主要指岩石遭受破坏所形成的不连续界面。

5）软弱结构面（plane of weakness）

一般指由相对软弱物质组成或充填的各类结构面，力学强度明显低于围岩。

6）特殊土体（special soil）

指具有特殊物质成分、结构、构造和物理性质的土。如淤泥、软土、黄土、红黏土、膨胀土、人工填土、冻土、盐渍土等。

7）钻孔（drill hole）

为追索和圈定较深部地质体，了解和评价地质体，用机械岩（土）心钻探设备向深部钻进而获取岩心的勘探工程。

8）标准孔（standard bore）

用以进行地层、岩（土）层、水文单元层等划分、对比、地质时代研究的钻孔。可以在已有钻孔中选取，也可以新施工。

9）控制孔和一般孔（manipulative bore and common bore）

新施工钻孔中起主要控制作用的钻孔为控制孔，控制孔之间的其他钻孔为一般孔。

10）原始地质编录（initial geological logging）

观察研究地质现象的现场记录和观察研究手段的记录。

4　总则

4.1　目的

钻探是城市地质调查中的主要勘查技术手段，用于调查城市松散层地质结构、基岩地质结构、工程地质结构、水文地质结构以及城市地质资源、地质环境和地质灾害状况等。

4.2 任务

(1) 进行松散沉积层分层，调查沉积层厚度及空间变化特征，查明基岩面起伏变化特征。

(2) 调查基岩风化带（层）特征及空间变化。

(3) 调查基岩地质结构。

(4) 划分工程地质层（组），调查其埋藏深度、分布及空间变化特征。

(5) 划分地下含水层（组），调查其埋藏深度、分布及空间变化特征。

(6) 验证隐伏断裂和活动断裂。

(7) 调查地下洞穴、地下岩溶的发育状况，调查滑坡、泥石流等地质灾害特征。

(8) 进行地下水动态监测和地质灾害监测。

(9) 用于井中地球物理勘探以及水文地质、工程地质试验。

(10) 采集各类分析、测试样品。

4.3 钻探工程布置原则

(1) 钻探工程应在地质调查和地球物理勘探基础上进行。

(2) 钻孔部署应在充分收集、整理已有钻孔资料的基础上进行。

(3) 钻孔应综合利用，一孔多用。

(4) 控制孔和一般孔间隔布置，控制孔数量不少于钻孔总数的20%。

(5) 所有钻孔应尽可能构成一定方向的勘探线，勘探线应垂直或平行于地貌、地质构造、地质灾害体长轴方向或最大变化方向布置。

(6) 勘探线应与主干地质调查路线、地质剖面及地球物理勘探线一致。

(7) 不同地貌单元、地质单元应有钻孔控制。

4.4 钻探分类

城市地质调查中的钻探分为基岩与松散层地质钻探、水文地质钻探、工程地质钻探和环境（灾害）地质钻探四类。

5 钻探一般要求

5.1 基本要求

(1) 不同类型钻探工程对钻机类型、孔径、编录、取样等应有不同的要求。

(2) 总体设计书中应明确钻孔目的、钻孔类型、位置、设计坐标、设计深度及技术要求，并附钻孔布置图及设计钻孔一览表。

(3) 施工前编录人员应熟悉设计及其他相关规定。

(4) 开孔前应按设计要求核对实地位置，需改变孔位时应书面说明变更原因，重大调整要经设计审批部门批准。

(5) 回次进尺不得超过钻具长度，一般不超过 2m，并以能满足分层与描述要求为准。

(6) 各类新增的标准孔和控制性钻孔必须做综合测井（包括普通视电阻率、自然伽马、自然电位、波速等）工作，应根据地质条件选择相应的测井内容。

(7) 所有钻孔都应全孔取心。

(8) 野外岩（土）心必须进行彩色拍照或录像，建立岩（土）心图片库（需注明孔号、位置等内容）；新增的标准孔和控制孔岩（土）心均按要求保存备查；不入库岩（土）心按规定程序处理，并记录存档备查。

(9) 单个钻孔完工后，由项目承担单位组织验收。验收不合格的钻孔必须返工。

5.2 六项质量指标

(1) 岩（土）心采取率与岩（土）心整理。岩（土）心采取率按不同钻孔类型确定（见各类型钻孔基本要求）。岩（土）心按顺序摆放并编号。

(2) 钻孔弯曲度。钻孔斜度偏差每 50m 应小于 1°，有特殊要求者另定。

(3) 简易水文地质观测。每孔施工要观测初见水位与静止水位，并记录施工过程中冲洗液消耗量，遇涌水、漏水时应进行专门记录与描述。地下水位深度的量测允许误差为±50mm。

(4) 孔深误差测量与校正。孔深误差不超过 1‰，每钻进 50m 及钻孔终孔时各校正孔深一次，发现误差及时纠正。孔深误差较小时，在最后回次一次校正为校测深度；误差较大时，可在该校测间隔区段，按每回次校正±10mm，将最后回次校正为校测深度，向上配完为止；如误差过大，应找出原因并及时处理。

(5) 原始报表填写。指定专人填写原始报表，做到真实、齐全、准确、整洁。验收后应整理成册，统一存档。

(6) 钻孔封闭与检验。编写封孔设计，填写封孔记录表，提交钻孔验收，封孔和建立孔口标志。

5.3 施工程序

(1) 钻孔坐标定位（包括地面高程、地理坐标、地下水位等勘测数据）。

(2) 施工安全检查。

(3) 项目技术负责进行技术交底。

(4) 核查孔口坐标、主轴方位、斜度（天顶角）及岩心收集装置等。

(5) 钻探施工并同步进行编录。

(6) 钻进过程中见重要标志层、断裂、重要地质现象，处理重大孔内事故后和终孔时进行孔深校测。

(7) 随时检查核对岩（土）心摆放顺序及采取率、孔斜、简易水文观测等质量指标。

(8) 完成综合测井（包括普通视电阻率、自然伽马、自然电位等方法）。

(9) 钻孔验收，封孔和建立孔口标志。

(10) 完成岩（土）心处理、保管工作。

5.4 应提交的资料

单个钻孔应提交如下地质资料：

(1) 钻孔单孔设计书，钻孔定位及机械安装通知书，设计变更通知书，开孔通知书，开孔安全检查验收书。

(2) 钻孔结构、孔深校正、弯曲度测量登记表。

(3) 钻孔地质记录表、专业记录表。

(4) 钻孔综合柱状图。

(5) 简易水文地质观测资料。

(6) 综合测井资料（控制孔）。

(7) 钻孔采样登记表，送样单，样品鉴定、试验、分析报告。

(8) 钻孔地质小结。

(9) 封孔设计及封孔记录表。

(10) 钻孔终孔通知书。

(11) 岩心、标本等实物和影像资料。

(12) 钻孔质量验收报告。

6 各类型钻探技术要求

6.1 基岩和松散层地质钻探技术要求

(1) 孔径。终孔孔径不能小于 110mm。

(2) 岩心采取率，黏性土层、完整和较完整基岩不应低于 85%，砂层不小于 70%，较破碎和破碎基岩不低于 65%，卵（砾）石层不低于 40%。

(3) 孔深。穿透松散层的钻孔，需进入中（微）风化基岩 3～5m。

(4) 封孔。用 325 号以上普通硅酸盐水泥封孔。封孔后，必须在孔口中心处设立水泥标志桩。

6.2 工程地质钻探技术要求

6.2.1 钻孔口径

钻孔口径以满足取样和原位测试为原则，钻孔终孔口径应不小于 110mm，基岩终孔直径不应小于91mm，评价岩石质量指标时应采用75mm口径（N型）双层岩心管和金刚石钻头。

6.2.2 岩（土）心采取率

完整和较完整岩体不应低于80%，较破碎和破碎岩体不应低于65%。

黏性土平均不低于85%；砂性土平均不低于70%；砂砾石平均不低于50%；风化岩平均不低于55%。

无岩心间隔一般不得超过2m，持力层顶底板不得超过1m。

6.2.3 封孔

钻到砂或砾石层的钻孔，应用黏土封孔，无含水层的钻孔可用一般的黏性土或砂性土封孔。

6.2.4 原位测试

1）一般要求

原位测试方法应根据岩土条件、设计对参数的要求、地区经验和测试方法的适用性等因素选用。

原位测试的仪器设备应定期检验和标定（静力触探必须提供探头率定书、按时间或一定深度后进行重新率定，并基本规定采用1～2个探头）。

2）静力触探试验

（1）静力触探试验适用范围。软土、一般黏性土、粉土、砂土和含少量碎石的土，可测定比贯入阻力（p_s）、锥尖阻力（q_c）、侧壁摩阻力（f_s）。

（2）静力触探试验的技术要求。① 探头圆锥锥底截面积应采用10cm²或15cm²，探头侧壁面积应采用150～300cm²，锥尖锥角应为60°。② 探头应匀速垂直压入土中，贯入速率为1.2m/min。③ 探头测力传感器应连同仪器、电缆进行定期标定，室内探头标定测力传感器的非线性误差、重复性误差、滞后误差、温度漂移、归零误差均应小于1%f_s，现场试验归零误差应小于3%，绝缘电阻不小于500MΩ。④ 深度记录的误差不应大于触探深度的±1%。⑤ 当贯入深度超过30m，或穿过厚层软土后再贯入硬土层时，应采取措施防止孔斜或断杆，也可配置测斜探头，量测触探孔的偏斜角，校正土层界线的深度。⑥孔压探头在贯入前，应在室内保证探头应变腔为已排除气泡的液体所饱和，并在现场采取措施保持探头的饱和状态，直至探头进入地下水位以下的土层为止；在孔压静探试验过程中不得上提探头。⑦ 当在预定深度进行孔压消散试验时，应测量停止贯入后不同时间的孔压值，其计时间隔由密而疏合理控制；试验过程不得松动探杆。

3）圆锥动力触探试验

（1）类型。可分为轻型、重型和超重型三种，应根据工程地质条件选择。

(2) 技术要求。① 采用自动落锤装置。② 触探杆最大偏斜度不应超过 2%，锤击贯入应连续进行；同时防止锤击偏心、探杆倾斜和侧向晃动，保持探杆垂直度；锤击速率每分钟宜为 15～30 击。③ 每贯入 1m，宜将探杆转动一圈半；当贯入深度超过 10m，每贯入 20cm 宜转动探杆一次。④ 对轻型动力触探，当 $N_{10}>100$，或贯入 15cm，当锤击数超过 50 时，可停止试验；对重型动力触探，当连续三次 $N_{63.5}>50$ 时，可停止试验或改用超重型动力触探。

4) 标准贯入试验

(1) 适用范围。适用于砂土、粉土和一般黏性土。

(2) 技术要求。① 标准贯入试验孔采用回转钻进，并保持孔内水位略高于地下水位。当孔壁不稳定时，可用泥浆护壁，钻至试验标高以上 15cm 处，清除孔底残土后再进行试验。② 采用自动脱钩的自由落锤法进行锤击，并减小导向杆与锤间的摩擦阻力，避免锤击时的偏心和侧向晃动，保持贯入器、探杆、导向杆连接后的垂直度，锤击速率应小于 30 击/min。③ 贯入器打入土中 150mm 后，开始记录每打入 100mm 的锤击数，累计打入 300mm 的锤击数为标准贯入试验锤击数 N。当锤击数已达 50 击，而贯入深度未达 300mm 时，可记录 50 击的实际贯入深度，换算成相当于 300mm 的标准贯入试验锤击数 N，并终止试验。

5) 波速测试

(1) 适用范围。适用于测定各类岩土体的剪切波波速，可根据任务要求，采用单孔法、跨孔法。

(2) 单孔法波速测试的技术要求。① 测试孔应垂直。② 将三分量检波器固定在孔内预定深度处，并紧贴孔壁。③ 可采用地面激振或孔内激振。④ 应结合土层布置测点，测点的垂直间距宜取 1m，层位变化处加密，并宜自下而上逐点测试。

(3) 跨孔法。勘探需要采用跨孔法进行波速测量时，参照《浅层地震勘查技术规范》(DZ/T 0170—1997) 第 6.7.2 条。

6.3 水文地质钻探技术要求

6.3.1 基本要求

1) 方法

应使用清水钻进，或采用自然造浆作为保护孔壁的方法（水压钻进），以取得可靠的水文地质资料。

2) 钻孔口径

钻孔口径以满足滤水管为原则。第四纪松散地层中，钻孔终孔口径不应小于 130mm，在基岩中一般不应小于 110mm。

3）岩心采取率要求

（1）黏性土、完整基岩平均不低于80%；砂、砾石、风化基岩与破碎带平均不低于40%。

（2）无岩心间隔：一般地层无岩心间隔不得超过3m，含水层顶底板或主要构造带上下5m范围内无岩心间隔不得超过1m。在无岩心间隔超过要求，以致严重影响编录质量时，应进行补样。一般地层、砂层3～5m补一个，5～8m补2个。

（3）对于含水层及顶底板、主要构造带回次进尺应控制在1～2m左右；对于松散的砂、砾石、构造破碎带或岩溶充填物等取心困难的钻孔，应采取专用取心工具，并应详细记录换层、溶洞、破碎带顶底板深度。

4）孔深校正

在每钻进50m、终孔以前、下滤水管前、抽水试验结束等情况时必须进行孔深校正。孔深校正最大允许误差5‰，超过误差要求时应查找原因，及时更正。

5）孔斜测量

孔斜要求以不影响抽水设备的正常工作为原则，钻孔最大允许弯曲为每100m间距不超过2°。

6）简易水文观测要求

（1）钻进发现涌水、漏水、透气、流沙、坍塌掉块、钻具陷落以及冲洗液颜色变化等异常现象，应立即停钻，丈量机上余尺，详细观测记录。遇到自流水时，应测量水头高度及自流量。

（2）处理事故和因故停钻时，要观测和记录孔内水位。

（3）钻进中，应观测地下水初见水位。但当地下水位埋深较大或采取泥浆钻进时，可在终孔洗孔后测定静止水位以及抽水试验后按要求观测恢复水位。

（4）在钻进到地下水位后，每个回次下钻前、提钻后各测一次水位。如停钻时间较长，在24h内每4h观测一次，超过24h每8h观测一次。采用泥浆钻进的钻孔可不观测孔内水位变化。

（5）测定冲洗液消耗量及其漏水（<50%的消耗量）、严重漏水（50%～75%的消耗量）及全漏水的位置。

7）止水、洗孔、封孔要求

（1）分层抽水时，要严格进行止水，止水要选择隔水性好、地层稳定、孔壁完整的地段，止水位置一定要准确。

（2）止水管下入孔内前，应先探孔内障碍物和孔底杂物，以保证止水效果。下管时，严禁上下窜动，若中途遇阻，应提出孔口，查明原因和排除后再下入孔内。

（3）止水质量应予以认真检查。检查的主要内容为：抽水前，采用注水法或提水法检查水管内外水位及变化；抽水试验后，观测出水管内外水位及其变化；抽水试验后，观测氯离子、水量、水温等变化；与上下相邻含水层的水位、水质进行对比；与周围钻孔（井）的水位、水质、水量进行对比。

(4) 应用专门工具洗孔，洗孔应达到水清砂尽，以保证在抽水过程中水量无连续增大现象。

(5) 为隔绝含水层之间水力联系，特别是防止咸淡水的混合，保护地下水资源，勘探钻孔应做封孔工作，含水层段可用砂砾回填，含水层之间应用黏土球封闭，孔口必须填平捣实。

6.3.2 水文测井要求

(1) 应测视电阻率、自然电位、放射性、声波、井温五种以上的参数曲线。

(2) 测定钻孔孔径、井斜、套管完好情况等技术状况。

(3) 测井钻孔应提交测井数据、参数与综合曲线、解释成果。

(4) 应采用数字测井技术进行水文地球物理勘探测井。

(5) 具体施工按《水文测井工作规范》(DZ/T 0181—1997) 执行。

6.3.3 抽水试验要求

1) 一般要求

(1) 水文地质钻孔均应进行抽水试验。双层或多层结构含水层系统应分层进行抽水试验；水质垂向分带的厚层含水层，应按水质分段进行抽水试验。

(2) 一般以单孔抽水试验为主，结合带观测孔的抽水试验。单孔抽水试验采用稳定流抽水试验方法，带观测孔的抽水试验一般采用非稳定流抽水试验方法。

(3) 视实际情况选用抽水试验设备；出水量测量需采用标准堰箱或孔口流量计，水位测量应精确到毫米；水温测量应采用经标定的温度计。

(4) 抽水孔须下入测水管；动水位测量可采用自计水位仪或电测水位仪。

(5) 分层采集地下水水质分析与同位素测试样品。

2) 稳定流及非稳定流抽水试验要求

(1) 稳定流抽水试验一般进行 2～3 次水位降深，其中最大降深值应视抽水设备能力确定。含水层厚度不大且水量很小时，最大水位降深，承压水不得大于承压水头，潜水不应大于含水层厚度的一半。不同降深的间距应均匀分布。

(2) 抽水试验在稳定时间内应达到涌水量和水位稳定或在一定范围内波动，不得有持续下降或上升的趋势；水位波动范围的误差一般不能超过平均降深值的 1%，涌水量波动值不能超过平均流量 3%。

(3) 非稳定流抽水试验钻孔内出水量应保持常量，其变化幅度不大于 3%。

6.4 环境（灾害）地质调查钻探要求

（1）滑坡与崩塌。一般应穿过其底界面 3～5m。具体要求参照 6.2 节相关规定执行。

（2）覆盖型岩溶与岩溶塌陷区。一般应穿过岩溶强发育带 3～5m。具体要求参照 6.2 节相关规定执行。

（3）地裂缝区。应大于地裂缝的推测深度，并穿过当地主要的地下水开采层位。具体要求参照 6.2 节相关规定执行。

（4）塌岸区。应穿过第四系土层 3～5m 或延伸至河道最枯水位线。具体要求参照 6.2 节与 6.3 节相关规定执行。

（5）海水入侵区。应以揭穿咸水层至淡水层或隔水层为准。具体要求参照 6.3 节相关规定执行。

（6）特殊岩土地质灾害。参照本细则第 6.2 节相关规定。

7 钻孔编录

7.1 编录要求

（1）所有钻孔均应进行地质编录，有条件可进行现场数字编录。

（2）编录应在施工现场跟班按回次进行。

（3）编录应根据本细则要求，使用统一格式。

（4）现场记录应包括：原始班报表、钻孔地质记录表、岩土分层表、影像记录等。

（5）现场记录必须客观、准确、详细、完整、字迹工整，严禁事后追记。

（6）钻进过程中的空洞、掉钻等异常情况应详细记录。

（7）厚度大于或等于 0.5m 的岩性层应进行分层描述。

（8）钻孔柱状图宜采用 1∶100～1∶500 比例尺。包括：回次进尺、岩心采取率、层位、分层孔深、分层厚度、标志面与岩心轴的夹角、地层（岩性）代号、岩性柱、岩性描述、取样情况、化验结果、钻孔弯曲度、孔深测量结果、简易水文观测结果、测井曲线等内容。

（9）编录应突出重点，特殊地质现象要详细描述并作放大素描，或用照片、录像等记录并编号。

（10）取样要及时记录，应标明样品类型及编号、采集位置（深度）及采集人等。

（11）岩土分类参照本细则附录 A 执行。

7.2 编录前准备

编录前应准备小刀、铅笔（2H）、橡皮、钢卷尺、量角器及分层标志等记录和测量工具，计算器、数码相机、10 倍以上放大镜等现场观测仪器，采（剖）样工具、样品标签及样品包装材料，简易水文观测工具及各种需要的表格，岩心箱或其他保管材料、岩心牌、毛笔、记号笔、油漆，岩心保管场地等。

7.3 岩（土）心操作

(1) 岩（土）心取出后，必须原序摆放，不能颠倒；松软岩心，要保持原状。

(2) 经过整理后的岩（土）心，应立即按顺序自左至右排放到岩心箱中。

(3) 两回次岩（土）心之间放置填好数据的岩心牌。

(4) 岩（土）心必须编号，其格式如下：8 1/2，分式的整数表示提取岩（土）心的回次数，分母表示该次采出岩心的总块数，分子表示该岩心在总块数中自上而下的顺序号码。

(5) 岩（土）心应及时进行照相或录像。

(6) 岩心箱必须标注调查区名称、钻孔编号、起止孔深、起止岩（土）心编号以及岩心箱顺序编号。

(7) 现场应采取简易保管措施，避免岩（土）心日晒、雨淋。

(8) 所有岩（土）心、标本、试验样品的保管和处理均按有关规定执行。

(9) 岩（土）心采取率达不到规定标准时，编录人员应及时要求施工方采取有效措施，确保达到设计要求。

7.4 编录描述内容

7.4.1 基岩

(1) 岩石名称、岩性、颜色、结构、构造、成分、风化特征、完整程度等。

(2) 古生物及遗迹化石。

(3) 岩（矿）脉的岩矿石名称、岩性、穿插关系及产状、宽度、蚀变及矿化现象。

(4) 地质体及地质构造的轴夹角、接触关系、垂直方向上的变化等。

(5) 各种地质界线，特别是标志层、构造、断裂界线等。

7.4.2 松散层

(1) 基本描述内容：名称、颜色、状态、结构、构造、成分等。对不同类型松散沉积层还应增加以下内容：①土层，同生变形构造、古土壤、包含物（泥炭、有机物含量、矿物结核和古生物化石等）、生物活动遗迹等。②砂层，矿物成分、粒度、分选性、磨圆度、特殊沉积构造、包含物（矿物结核和古生物化石等）等。③砾石层，砾石成分、粒度、分选性、磨圆度，胶结物成分、类型与胶结程度，特殊沉积构造、包含物（矿物结核和古生物化石等）、砾石风化程度等。

（2）分层接触关系。

（3）注意记录特殊事件沉积层，如硬土层、泥炭层、贝壳层、古土壤层、松散团块结构层等。

（4）次生变化（如矿化、裂隙、变形等）。

7.4.3 工程地质

1）土体

（1）碎石土，描述颗粒级配、颗粒形状、颗粒排列、母岩成分、风化程度、充填物的性质和充填程度、密实度等。

（2）砂土，描述颜色、矿物组成、颗粒级配、颗粒形状、黏粒含量、湿度、密实度等。

（3）粉土，描述颜色、包含物、湿度、密实度、摇震反应、光泽反应、干强度、韧性等。

（4）黏性土，描述颜色、状态、包含物、光泽反应、摇震反应、干强度、韧性、土层结构等。

（5）特殊性土，除描述上述相应土类规定的内容外，尚需描述其特殊成分和特殊性质（如对淤泥描述气味，对填土描述物质成分、堆积年代、密实度和厚度的均匀程度等）。

（6）对具有互层、夹层、夹薄层特征的土，尚应描述各层的厚度和层理特征。

2）岩体

（1）工程岩体的描述应包括结构面、结构体、岩层厚度和结构类型，并宜符合下列规定：①结构面的描述包括类型、性质、产状、组合形式、发育程度、延展情况、闭合程度、粗糙程度、充填情况和充填物性质以及充水性质等；②结构体的描述包括类型、形状、大小和结构体在围岩中的受力情况等；③岩层厚度分类应按表1执行。

表1 岩层厚度分类

层厚分类	单层厚度 h/m	层厚分类	单层厚度 h/m
巨厚层	$h>1.0$	中厚层	$0.5\geqslant h>0.1$
厚层	$1.0\geqslant h>0.5$	薄层	$h\leqslant 0.1$

（2）对岩体基本质量等级为Ⅳ级和Ⅴ级的岩体，鉴定和描述尚应符合下列规定：①对软岩和极软岩，应注意是否具有可软化性、膨胀性、崩解性等特殊性质；②对极破碎岩体，应说明破碎的原因，如断层、全风化等；③开挖后是否有进一步风化的特性。

（3）对岩石的描述还应包括岩石质量指标RQD。对沉积岩应着重描述沉积物的颗粒大小、形状、胶结物成分和胶结程度；对岩浆岩和变质岩应着重描述矿物结晶大小和结晶程度。根据岩石质量指标 RQD，可分为好的（RQD>90）、较好的（RQD=75～90）、较差的（RQD=50～75）、差的（RQD=25～50）和极差的（RQD<25）。

7.4.4 水文地质

（1）基岩岩心描述的内容，应包括岩石名称、颜色、层厚、矿物成分、结构和构造、构造裂隙发育状况、孔隙度、胶结物、风化程度、岩层接触关系等。

（2）松散层岩心描述参照本细则第 7.4.2 条相关内容执行。

（3）岩溶发育区，对岩性特征的描述，主要是与岩溶现象相关的基础资料及与岩溶发育的内在联系。区分岩石层厚，确定与岩层的可溶性及岩溶发育程度；详细描述鸟眼状、竹叶状、鲕状、网纹状等与沉积环境和成岩改造作用有关的构造；描述岩溶形态的产状、性质、切割情况、充填物、张开程度、岩溶发育深度和层位，并对岩溶裂隙率进行统计，记录岩溶发育段的起止深度，初步划分含水段（带）。

7.4.5 环境（灾害）地质

除要满足本细则第 7.4.3 条要求外，还应注意以下几点：

（1）斜坡、滑坡。注意软弱层不利结构面的描述，注意记录岩（土）的成分颜色和含水的变化情况，记录地质体的松密程度，有无揉皱或斜层理等，对角砾条块片块碎石观察记录有无新鲜断口，详细记录钻进中的缩径、掉块、漏水等现象。

（2）岩溶塌陷。结合水文地质编录方法，注意记录钻进过程中钻具自然下落和自然减压的起止深度，塌陷洞内的充填程度、堆积物性状、岩溶洞底深度等。

（3）采空区。上覆岩层岩性构造特征、采空的层数、单个采空的顶底高度、采空内堆积物特征等。

（4）泥石流。对堆积物的性质、结构、层次、粒径大小等应作重点描述。

（5）地面沉降。对软弱压缩层的特征、厚度、位置等应作重点描述。

7.5 编录流程

7.5.1 野外编录

（1）尽可能对较长孔段的岩心进行综合观察分析，如一次摊开适当长度的岩心按顺序系统观察，便于掌握岩性变化，建立宏观认识，区分和发现特殊标志层和含有物，使分层更加合理。除肉眼和放大镜观察外，对松散沉积物还要利用手搓泥条、刀具划、切等手段鉴别黏性土的级别，对粗颗粒沉积物如卵石等需要洗净、敲开仔细观察，进而根据设计规定的分层标准要求做出分层的判断。

（2）记录描述：①按编录表内容顺序记录表头、表尾内容（孔号、孔位、坐标、日期、页码、编录人、检查人等）；②记录回次号、回次进尺、孔深、岩心长度、残留岩心长度等数据；③根据观察所定的分层位置记录于表内，回次内分层的应分别记录上、下层的岩心长度，分层间划出分隔线。岩性描述内容参照本细则第7.4节要求执行。

7.5.2 室内计算处理

1）回次采取率

回次采取率＝本回次岩心长/本回次进尺。

2）分层采取率

分层采取率＝分层岩心长/分层进尺（分层底板孔深—分层顶板孔深）。

3）换层孔深计算

从一个分层变换为下一个分层时称为“换层”，换层时所处钻孔深度称为换层孔深。根据换层所处位置不同，分为回次内换层、回次间换层及空回次换层三种情况计算换层深度。

回次内换层：某一回次内换层时，换层孔深＝上回次终止孔深＋本回次上层岩心长/本回次采取率。

回次间换层时，换层孔深＝上回次终止孔深。

空回次换层时，换层孔深＝上回次终止孔深＋空回次进尺的二分之一，也可根据上、下层岩石的相对密实度和强度及破碎情况确定合适比例。

4）残留岩心处理

松散沉积物地层钻进时，常常遇到岩心长度大于进尺的情况，尤其是黏性土地层，易出现残留，残留岩心可按下面方法由编录人员进行处理：

（1）在岩心完整时以本回次岩心采取率为100％计，将超出部分推到上回次计算，如继续超出可继续上推，最多只能上推三个回次。

（2）上推过程中，如遇岩性变化需分层时，则以上推后的回次孔深位置为准进行分层和换层深度的计算。

（3）如岩心破碎、干扰严重，所采岩心一般不准上推。

8 样品的采集与测试

8.1 各类钻孔应采集的样品种类

各类钻孔均应采集、测试相关研究、分析样品（表2）。所有样品都要求新鲜无污染、无杂质，尤其要剔除表面、裂隙面的铁质污染物。

表 2 各类钻孔应采集的样品种类

钻孔类型		样品种类
地质孔	基岩	岩石薄片、光片、古地磁、岩石地球化学、同位素测年、古生物化石样
	松散沉积层	古地磁样品、微古样、孢粉样、年龄样品等。根据项目研究需要，可适当增加粒度分析、重矿物、黏土矿物等样品
工程孔		岩样：物理力学实验；碳酸盐岩等可溶岩化学分析；软质岩测化学成分和胀缩性指标
		土样：物理力学实验；黏土增测塑性指标、无侧限抗压强度和灵敏度；砂土增测最大干密度和最小干密度、颗粒不均匀系数、相对密度等，并判别液化的可能性；黄土增测相对湿陷系数、相对湿陷量和湿陷起始压力等；冻土增测胀缩性指标和判别性指标；胀缩土增测胀缩性指标
		水样
水文孔		简分析水样、全分析水样、同位素样
环境（灾害）地质孔		岩样、土样、水样

8.2 样品采样方法和测试内容

8.2.1 岩石学、岩石化学等常规样品

一般包括岩石薄片、光片、古地磁、岩石地球化学、同位素测年、古生物化石样等，采样和测试内容按有关规范要求执行。

8.2.2 古地磁样品

利用古地磁方法确定岩心方向取样方法：

(1) 对待测定岩心按岩心段摆放好（能够完全对接的可作为一段岩心），用防水笔在每一段岩心侧面任意描画一直线作为标志线，然后于标志线一侧标志出向上的箭头方向。

(2) 用古地磁取样机（采取标本的直径为 25mm）在岩心上以标志线为中心垂直于标志线方向钻入岩心，直至要求的深度（一般要求达到 50mm），钻取岩心时应保证岩心连根不断，严禁将岩心上下颠倒。

(3) 在钻取的标本对应原岩心标志线箭头方向一侧竖直向下平行于表面原岩心标志线过上表面圆心画一新标志线，并标出向上的箭头方向。

(4) 对每段待测岩心依次沿岩心标志线钻取标本 5 块，并按 (3) 画出每一标本上标志线，标明标本编号，最后将全部标本切为 20mm 长标准古地磁样品，保证编号清楚，送实验室测试。

8.2.3 微古样

原则上要求逐层系统采集有孔虫、介形虫等样品，应在同一深度取样，取样长度一般为 50～100mm。

在同一层位上尚需采集相关的工程地质样品。同位素测年样品可单独取样，取样长度一般为 100～150mm。

8.2.4　孢粉样

（1）采样间隔原则上要密，一般每层至少一个，如层厚大于 2m 则采 2 个，大于 5m 者采 3 个，以此类推。

（2）注重富含有机质的灰黑等暗色地层。如遇较厚的泥炭层，则应适当加密，必要时可每 100mm 采一个。反之，如为红色地层，也可根据具体情况，适当减少，如 3～5m 采一个。

（3）黏砂、砂黏常为水陆交互相过渡环境，比水环境的黏土所含孢粉可能要多，采样时应区别对待。同时，对砂岩层中的夹层（土）、古土壤和淋淀层也应予以重视。

（4）每个样重为 400～500g，严禁串染，在岩心湿软时就剥净泥皮。

8.2.5　年代学样

（1）对重要标志层（如硬土层、泥炭层、贝壳层等）的顶、底面以及地层分界处的上、下层位，均需采集^{14}C、热释光（TL）或电子自旋共振（ESR）等年龄样（50m 内浅的炭化层、贝壳层均宜采^{14}C 样品，50m 以下可考虑采热释光或 ESR）。

（2）^{14}C 测年样需 500～1000g。应利用一些简单的工具（如小刀）在野外将黏附于样品表面的污物清除掉。^{14}C 测年样品宜采集泥炭、贝壳、钙质结核以及木头、木炭、骨头、植物果实、种子等，应装入塑料袋中（不要直接装入布袋或用纸包装），不可将纸做的标签放入样品袋中，其最佳测量年龄范围为距今 300 年至 3 万年（全新世或晚更新世晚期）。

（3）热释光、光释光（OSL）测年样需 300～500g，采样必须绝对避光，用黑雨伞或黑布遮光取样。建议用不透光容器如铁或钢管、铝管（长约 200mm，内径约 50mm）打进采样层位，使样品充满容器，两端口用锡纸等不透光材料封住后用宽胶带封存。尽可能避开岩心管的顶、底部扰动强烈部分，采集岩性均匀、分选好、微层理发育的厚度大于 50～600mm 的风积层、湖积物、冲积层和海积层中的粉-细砂、黏土质粉-细砂或黏土。可采集长 100～150mm 的整块圆岩心，在野外用锡纸等不透光材料包装后用塑封袋密封以防水分丢失，同时应标明钻进方式和地下水埋深情况。OSL 和 TL 测定年龄范围可为距今几十年至十几万年，最适宜测年时限为距今 500 年至 10 万年（全新世早中期或晚更新世中晚期）。

（4）电子自旋共振（ESR）测年样应尽量避免采集直接暴露于地表的样品。样品采集后不需要晒干或烘干，可装入塑料袋内送交实验室。沉积物不宜太细，也不宜太粗，尽量选取石英含量较高的砂性碎屑物。对样品含水量（天然）应进行估计，在饱和带或水下采集的样品应在标签上注明。采样量需 500～1000g。一般可以测几百年到几百万年时段的年龄（晚更新世早期或中更新世）。

8.2.6　岩样

（1）在基岩中钻进的工程地质钻孔均应采取岩样，并测试其物理力学性质指标。

(2) 试验用样品的大小由其强度决定。极限抗压强度大于75MPa时，磨光后的立方体样品尺寸为50mm×50mm×50mm；抗压强度为25～75MPa时，立方体样品尺寸为70mm×70mm×70mm；抗压强度小于25MPa时，立方体样品尺寸为100mm×100mm×100mm。在决定样品的大小时，应当考虑到岩石的非均匀性。越不均匀的岩石，试样应越大。对钻孔岩心样允许采用岩心直径样进行采样。

(3) 用于抗压试验的样品一般应每点不小于3个，对于不均匀岩石，样品数量还应增多。

(4) 采取立方体样品时，必须标明它们的产状和层面，以决定试验方向。

8.2.7 土试样

1) 试验项目

不同质量等级的土试样试验项目如表3所示。

表3 不同质量等级的土试样试验项目

等级	扰动程度	试验项目
Ⅰ	不扰动	土类定名、含水量、密度、强度参数、变形参数、固结压密参数
Ⅱ	轻微扰动	土类定名、含水量、密度
Ⅲ	显著扰动	土类定名、含水量
Ⅳ	完全扰动	土类定名

2) 取样要求

在钻孔采取Ⅰ～Ⅲ级土试样，操作方法应符合以下要求：

(1) 必须采用相适应的取土器采取土试样，不应出现“包样”现象。

(2) 在地下水位以上钻进遇水易于浸湿而影响土试样质量的土层，不允许向孔内注水或使用冲洗液。

(3) 如采用冲击、振动等方法钻进，至少应在预计取样位置以上1m开始改用回转方式钻至取样位置。

(4) 下放取土器之前应仔细清孔，孔底残浮土厚度不得大于取土器上端废土段长度，下放取土器时禁止冲击孔底。

(5) 采取土试样宜用快速连续压入法。

(6) 对黏性较强的土层，上提取土器之前可回转3圈，使土试样从底端断开。

3) 试样采取的工具和方法

试样采取的工具和方法如表4所示。

4) 土试样封装、保存及运输

Ⅰ～Ⅲ级土试样的封装、保存及运输应符合下列要求：

（1）取土试样应及时妥善密封，以防止湿度变化，并避免曝晒或冰冻。

（2）土试样运输前应妥善装箱、填塞缓冲材料，运输途中避免颠簸。对易于振动液化、水分离析的土试样宜就近进行试验。

（3）土试样原则上应在采取的当天进行试验，特殊情况存放时间不宜超过 3 天。

表 4　试样采取的工具和方法

土试样质量等级	取样工具和方法		适用土类										
			黏性土					粉土	砂土				砾砂、碎石土、软岩
			流塑	软塑	可塑	硬塑	坚硬		粉砂	细砂	中砂	粗砂	
Ⅰ	薄壁取土器	固定活塞水压	++	++	+	−	−	+	+	−	−	−	−
		固定活塞	++	++	+	−	−	+	+	−	−	−	−
		自由活塞敞口	−	+	++	−	−	+	+	−	−	−	−
			+	+	+	−	−	+	+	−	−	−	−
	回转取土器	单动三重管	−	+	++	++	+	++	++	++	−	−	−
		双动三重管	−	−	−	+	++	−	−	−	++	++	+
	探井（槽）中刻取块状土样		++	++	++	++	++	++	++	++	++	++	++
Ⅱ	薄壁取土器	水压固定活塞	++	++	+	−	−	+	+	−	−	−	−
		自由活塞敞口	+	++	++	−	−	+	+	−	−	−	−
			++	++	++	−	−	+	+	−	−	−	−
	回转取土器	单动三重管	−	+	++	++	+	++	++	++	−	−	−
		双动三重管	−	−	−	+	++	−	−	−	++	++	+
Ⅲ	厚壁敞口取土器		++	++	++	++	++	++	++	++	++	++	−
	标准贯入器		++	++	++	++	++	++	++	++	++	++	−
	螺纹钻头		++	++	++	++	++	+	−	−	−	−	−
	岩心钻头		++	++	++	++	++	++	++	++	++	++	++
Ⅳ	标准贯入器		++	++	++	++	++	++	++	++	++	++	−
	螺纹钻头		++	++	++	++	++	+	−	−	−	−	−
	岩心钻头		++	++	++	++	++	++	++	++	++	++	++

注：++表示适用；+表示部分适用；−表示不适用；采取砂土试样应有防止试样失落的补充措施；有经验时，可用束节式取土器代替薄壁取土器。

8.2.8　水试样

（1）盛水容器一般应采用带磨口玻璃塞的玻璃瓶或塑料瓶（桶）。取样前容器必须洗净，并经蒸馏水清洗。取样时先用所取的水冲洗瓶塞和容器三次以上，然后缓缓地将取得的水注入容器。容器顶应留出 10～20mm 空间。及时用石蜡或火漆封口，并做好采样记录，贴好标签，填写水试样送样单，尽快送化验室。

（2）取不稳定成分的水试样时，应及时加入稳定剂，并严防杂物混入。具体方法可参阅表 5。

(3) 水试样送验过程中，要防止冻裂或阳光照射，并规定采取存放措施，并不得超过水试样最大保存期限。

(4) 水试样采集数量：简分析（0.5～1L）；全分析（2～3L）。通常还应考虑所需水量的体积超过各项水试样体积（规定数量）的 20%～30%。

(5) 样品必须在 1～3 天内送达实验室。

表 5 含某些不稳定成分的水试样采集方法

需专门测定的不稳定成分	取样数量/L	处置方法及加入稳定剂数量	注意事项
侵蚀性 CO_2	0.5～0.30	加 2～3g 大理石粉	同时取简、全分析样
总硫化物	0.30～0.50	加 10mL 1∶3 醋酸镉溶液	称水样（带瓶子）的重量
铜、铅、锌	1.0	加 5mL 1∶1 盐酸溶液	所用盐酸不应含有欲测的金属离子，严防砂土颗粒混入
镁	0.5	淡水加 15～25mL 醋酸-醋酸盐缓冲液（pH 为 4）	如水样混浊，需迅速过滤，之后按左列进行
溶解氧	0.3	加 1～3mL 碱性碘化钾溶液，然后加 3mL 氯化锰，摇匀密封。当水样含有大量有机物及还原物时，首先加入 0.5mL 溴水，摇匀放置 24h，然后放入 0.5mL 水杨酸，再按上述手续进行	事先称取瓶的容量，取样时注意瓶内不应有空气，并记录加入试剂体积和水温
氰化物	0.5	1L 水中加入 2g 氢氧化钠固体	保持冷凉，尽快运送分析
酚化物	0.5	1L 水中加入 2g 氢氧化钠固体	保持冷凉，尽快运送分析
氮	1.0	加入 0.7mL 浓硫酸酸化	保持冷凉，尽快运送分析
镭	2～3	加入 4～6mL 浓盐酸酸化	
铀	0.5～1.0（荧光法）	盐酸酸化	比色法需取 2～3L
氡	0.1	用预先抽成真空的玻璃扩散器取样，无扩散器时，可用干净的带磨口玻璃塞的玻璃瓶	样瓶内不应有空气，详细记录取样时间，避免搅动水样

8.3 采样注意事项

(1) 在对岩（土）心进行详细肉眼观察和记录的基础上，应及时采样化验和做岩矿鉴定。

(2) 岩（土）心经过岩矿鉴定（或颗粒分析）和劈样后，需对地质记录进行必要的补充、修正。随后，在岩（土）心的各分层处插入分层牌。

(3) 岩（土）心被采取做样品或标本时，应在钻孔地质记录表及岩心牌背面注明已取去的岩（土）心号码和长度、采取人和日期。

(4) 劈样时，岩心号码往往遭到破坏，为此，劈样后应将保留的那一半岩心重新用红油漆写上原来的号码。

9 综合资料整理

1) 文、图、实物资料整理

对野外记录的数据、素描图上墨。

检查校对野外编录内容。

核实并计算处理各种数据。

整理样品、标本，包括编号、登记、包装、填写送样单等。

2) 编制钻孔柱状图

根据编录的地质资料，包括岩性、分层、断层、轴夹角、钻孔方位及倾角等，绘制钻孔柱状图。

钻孔柱状图按附录 C 中表 C-8 格式及内容制作。

3) 编制钻孔地质小结

地质小结主要内容包括施工日期、钻孔设计概况、成孔过程、主要地质成果、存在问题等。

4) 编制相关电子文档，录入钻孔数据库

根据中国地质调查局颁布的《城市地质调查数据库与信息系统建设工作指南》要求编制相关电子文档、录入钻孔数据库。

附录A 岩土的分类

（资料性附录）

A.1 岩石的分类原则

岩石作为工程地基和环境可按下列原则分类：

岩石按成因分为岩浆岩、沉积岩和变质岩。

岩石根据强度分类见表A-1。

表A-1 岩石坚硬程度分类

坚硬程度	坚硬岩	较硬岩	较软岩	软岩	极软岩
饱和单轴抗压强度/MPa	$f_r>60$	$60\geqslant f_r>30$	$30\geqslant f_r>15$	$15\geqslant f_r>5$	$f_r\leqslant 5$

岩石根据风化程度分为未风化、微风化、中等风化、强风化、全风化岩石，见表A-2。

表A-2 岩石按风化程度分类

风化程度	野外特征	风化程度参考指标		
		压缩波速 V_p /(m/s)	波速比 kv	风化系数 kf
未风化	岩质新鲜，未见风化痕迹	＞5000	0.9～1.0	0.9～1.0
微风化	结构基本未变，仅节理面有渲染或略有变色，有少量风化裂隙	4000～5000	0.8～0.9	0.8～0.9
中等风化	结构部分破坏，沿节理面有次生矿物，风化裂隙发育，岩体被切割成块，用镐难挖，岩心钻方可钻进	2000～4000	0.6～0.8	0.4～0.8
强风化	结构大部分破坏，矿物成分显著变化，风化裂隙很发育，岩体破碎，用镐可挖，干钻不易进	1000～2000	0.4～0.6	＜0.4
全风化	结构基本破坏，但尚可辨认，有残余结构强度，可用镐挖，干钻可钻进	500～1000	0.2～0.4	
残积土	组织结构全部破坏，已风化成土状，锹镐易挖掘，干钻易进，具可塑性	＜500	＜0.2	

岩石按软化系数（KR）分为软化岩石（KR≤0.75）和不软化岩石（KR＞0.75）。

A.2 岩体的分类

岩体可按以下原则分类：

岩体根据结构类型分为整体状、块状、层状、碎裂状、散体状结构。

岩层厚度分类见表A-3。

表 A-3　岩层厚度

层厚分类	单层厚度/m
巨厚层	$h>1.0$
厚层	$1.0\geqslant h>0.5$
中厚层	$0.5\geqslant h>0.1$
薄层	$h\leqslant 0.1$

A.3　岩石和岩体的描述

1）*岩石描述*

岩石的描述包括：成因、年代、名称、颜色、主要矿物含量结构、构造和风化程度。对沉积岩尚要描述沉积物的颗粒大小、形状、胶结成分和胶结程度；对岩浆岩和变质岩尚要描述矿物结晶大小和结晶程度。

2）*岩体描述*

岩体的描述应包括成因、年代、岩石名称、颜色、结构面、结构体和岩层厚度等。

结构面的描述应包括：类型、性质、产状组合形式、发育程度、延展程度、闭合程度、粗糙程度、充填情况和充填物性质及充水性质等。

结构体的描述应包括：类型、形状、大小、结构体在围岩中的受力情况等。

A.4　土的工程分类

1）*土的工程分类基本类型*

将地基土划分为碎石土、砂土、粉土、黏性土、特殊土等。

2）*碎石土*

粒径大于 2mm 的颗粒含量超过全重 50%的土称为碎石土。碎石土分类见表 A-4。

表 A-4　碎石土分类

土的名称*	颗粒形状	颗粒级配
漂石	圆形及亚圆形为主	粒径大于 200mm 的颗粒质量超过总质量 50%
块石	棱角形为主	
卵石	圆形及亚圆形为主	粒径大于 20mm 的颗粒质量超过总质量 50%
碎石	棱角形为主	
圆砾	圆形及亚圆形为主	粒径大于 2mm 的颗粒质量超过总质量 50%
角砾	棱角形为主	

* 定名时应根据粒组级配由大到小以最先符合者确定。

3）砂土

粒径大于 2mm 的颗粒含量不超过总质量的 50%，且粒径大于 0.075mm 的颗粒质量超过总质量 50%的土称为砂土。砂土分类见表 A-5。

表 A-5 砂土分类

土的名称*	颗粒级配
砾砂	粒径大于 2mm 的颗粒质量占总质量 25%～50%
粗砂	粒径大于 0.5mm 的颗粒质量超过总质量 50%
中砂	粒径大于 0.25mm 的颗粒质量超过总质量 50%
细砂	粒径大于 0.075mm 的颗粒质量超过总质量 85%
粉砂	粒径大于 0.075mm 的颗粒质量超过总质量 50%

* 定名时应根据粒组级配由大到小以最先符合者确定。

4）粉土

粒径大于 0.075mm 的颗粒质量不超过总质量 50%，且塑性指数等于或小于 10 的土为粉土。必要时可根据颗粒级配分为砂质粉土和黏质粉土。如表 A-6 所示。

表 A-6 粉土的分类

土的名称	颗粒级配	塑性指数
黏质粉土	粒径小于 0.05mm 的颗粒超过全重 10%	$7<I_p\leqslant10$
砂质粉土	粒径小于 0.05mm 的颗粒不超过全重 10%	$I_p\leqslant7$

5）黏性土

塑性指数大于 10 的土为黏性土。塑性指数大于 10，且小于或等于 17 的土为粉质黏土；塑性指数大于 17 的土为黏土。

6）特殊土

(1) 软土。软土一般指天然含水量大、压缩性高、承载力低的一类软塑到流塑状态的黏性土，其天然孔隙比 $e\geqslant1.0$ ，天然含水量 w 大于液限 w_L。软土通常是指淤泥和淤泥质土，当 $e\geqslant1.5$ 时为淤泥；当 $1.0\leqslant e<1.5$ 时为淤泥质土，它是淤泥与一般黏性土之间的过渡类型。淤泥及淤泥质土的有机质含量一般为 5%～10%。当有机质含量大于 60%时为泥炭，有机质含量为 10%～60%时为泥炭质土。软土特征见表 A-7。

表 A-7　软土特征

项目	特征
颜色	深灰色或黑色
夹杂物	有腐朽的动植物遗物，其含量超过 60%时为泥炭，含量为 10%～60%时为泥炭质土
构造	构造无规律，土质松软
搓条情况	一般情况下能搓成 1～3mm 的土条，当动植物残渣甚多时，仅能搓成 3mm 以上的土条
浸水情况	浸水后体积膨胀，极易崩解，变为稀软的淤泥，其余部分为植物根、动物残体渣滓悬浮于水中
气味	略有臭味
干后强度	干后大量收缩，部分杂质脱落，故有时无定形

（2）红黏土。红黏土是指饱和度较高，孔隙比较大，以硬塑和可塑为主，具中等压缩性，强度较高的黏土。

（3）湿陷性黄土。湿陷性黄土是指在一定压力下受水浸湿，土的结构迅速破坏，并产生显著附加沉降的黄土。新近堆积黄土是指沉积年代短，具高压缩性，均匀性差，承载力低，在 50～150kPa 压力下变形敏感的土。

（4）膨胀土。膨胀土是指含有大量的强亲水性黏土矿物成分，同时具有显著的吸水膨胀和失水收缩且胀缩变形往复可逆的高塑性黏土。

（5）盐渍土。土层中平均易溶盐含量＞0.5%时，一般称盐渍土。

（6）填土。填土按照其物质组成和堆填方式可以分为：素填土、杂填土和冲填土三大类。

素填土：系由天然土经人类扰动堆填而成，不含杂质或只含少量的杂质，按其主要的组成物质分为碎石土素填土、砂土素填土、粉土素填土、黏性土素填土等。

杂填土：系主要由建筑垃圾、工业废料或生活垃圾等组成的填土，按其主要组成物质可分为建筑垃圾填土、工业废料填土和生活垃圾填土等。

冲填土：系由水力冲填泥沙形成的填土。冲填土的特点是其颗粒组成随泥沙的来源而变化，故土层分布不均匀，多呈透镜体或薄片状出现。

填土描述的内容：名称、状态、湿度、组成成分、填积方式、堆积时间、含有物、均匀性、密实度等。

A.5　土的综合定名

土除按颗粒级配或塑性指数定名外，对特殊成因年代的土类尚应结合其成因年代特征定名，如新近堆积砂质粉土、残坡积碎石土等。

对特殊土必要时尚应结合颗粒级配或塑性指数综合定名。如淤泥质黏土、碎石素填土等。

若同一土层中相间成韵律沉积，厚度相差较大（厚度比为 1/10～1/3）时，可定名为“夹层”，厚的土层写在前面，如黏土夹粉砂层。厚度相差不大（厚度比大于 1/3）时，定名为“互层”，如黏土与粉砂互层。若在很厚的土层中夹有另一种非常薄（厚度比小于1/10）的土层，且有规律地多次出现时应以“夹薄层”定名，如黏土夹薄层粉砂。

对残积、坡积、洪积、冰积等形成的混合土，应冠以主要含有的土类定名。如含碎石黏土、含黏土角砾等。

A.6 土的描述

1）*碎石土*

应鉴定、描述颗粒级配、形状、母岩成分、风化程度、充填物性质和充填程度、密实度及层理特征等。密实度可分为密实、中密、稍密和松散。描述时宜描述一般粒径的幅度和最大粒径及其含量。碎石土密实度按 $N_{63.5}$ 分类（表 A-8）。

表 A-8 碎石土密实度按 $N_{63.5}$ 分类

重型动力触探锤击数 $N_{63.5}$	密实度	重型动力触探锤击数 $N_{63.5}$	密实度
$N_{63.5}\leqslant5$	松散	$10<N_{63.5}\leqslant20$	中密
$5<N_{63.5}\leqslant10$	稍密	$N_{63.5}>20$	密实

2）*砂土*

应鉴定、描述颜色、颗粒级配、颗粒形状、矿物组成、包含物、湿度、黏性土含量、密实度及层理特征等。对处于地下水位以下或毛细饱和带中的砂土可描述为饱和，见表 A-9。砂土的密实度可根据标准贯入锤击数 N 划分，见表 A-10。

表 A-9 砂土的湿度按饱和度分类

砂土的湿度	饱和度 S_r/%
稍湿	$S_r\leqslant50$
很湿	$50<S_r\leqslant80$
饱和	$S_r>80$

表 A-10 砂土密实度按标准贯入锤击数 N 分类

密实度	标准贯入锤击数 N	静力触探 q_c/kPa
密实	$N>30$	$q_c>12\ 000$
中密	$30\geqslant N>15$	$6000<q_c\leqslant12\ 000$
稍密	$15\geqslant N>10$	$3000<q_c\leqslant6000$
松散	$N\leqslant10$	$q_c\leqslant3000$

3）*粉土*

应鉴定、描述颜色、颗粒级配、包含物、湿度、密实度及层理特征等。粉土的密实度根据孔隙比划分，见表 A-11。粉土的湿度根据含水量划分，见表 A-12。

表 A-11　粉土密实度按 e（孔隙比）划分

密实度	e
稍密	$e>0.9$
中密	$0.9\geqslant e\geqslant 0.75$
密实	$e<0.75$

表 A-12　粉土的湿度按 w（含水量）划分

湿度	w/%
稍湿	$w<20$
湿	$20\leqslant w\leqslant 30$
很湿	$w>30$

4）黏性土

应鉴定、描述颜色、包含物、土层结构、层理特征及状态等。黏性土的状态可根据液性指数划分，见表 A-13。黏性土结构：蜂窝状结构、絮状结构。

表 A-13　黏性土的状态

状态		液性指数 I_L
坚硬		$I_L\leqslant 0$
硬塑		$0<I_L\leqslant 0.25$
可塑	硬可塑	$0.25<I_L\leqslant 0.50$
	软可塑	$0.50<I_L\leqslant 0.75$
软塑		$0.75<I_L\leqslant 1.00$
流塑		$I_L>1.00$

5）特殊性土

除应鉴定、描述上述相应土类规定的内容外，尚应描述反映其特殊成分、状态和结构的特征。如对淤泥需要描述臭味，对人工填土需要描述其物质成分、密实度和厚度的均匀程度、堆积年代等。

6）土的描述中应注意其他事项

对具有夹层、互层、夹薄层特征的土层尚应描述各层的厚度及层理特征。

土的描述等级见表 A-14。

表 A-14 土的描述等级

土的分类	摇震反应	光泽反应	干强度	韧性
粉土	迅速、中等	无光泽反应	低	低
黏性土	无	光滑、稍有光泽	高、中等	高、中等

土的鉴定应在现场描述的基础上，结合室内试验开土记录和试验结果综合确定，土的描述应符合现行国家标准的有关规定。

附录B　钻孔质量验收报告

（资料性附录）

钻 孔 质 量 验 收 报 告

____________________工作地区

____________________钻　　孔

组织验收单位代表____________________

监 督 单 位 代 表____________________

施 工 单 位 代 表____________________

机　　　　　　长____________________

年　　月　　日

钻孔质量验收报告

孔口坐标	X=			Y=			Z=		施工日期	
开孔日期	年 月 日				终孔日期	年 月 日				
设计深度	m		设计方位角			钻机类型			施工结果	
终孔深度	m		设计倾角			机号				
钻孔结构	孔径/mm									
	孔深/m									
	套管长度/m									
孔深校正	次数	1	2	3	4	5	6	7	8	质量评定
	记录孔深/m									
	丈量孔深/m									
	误差/m									
	应测次数			实测次数			超差次数			
弯曲度测量	次数	1	2	3	4	5	6	7	8	质量评定
	测量孔深/m									
	方位角									
	天顶角									
	使用仪器									
封孔	应封闭位置	封孔位置		木塞位置长度	材料用量		封孔方法	树桩情况		质量评定
原始记录	班报表	应记次数		实记合格次数			合格率/%			质量评定
	岩心签	应填次数		实填合格次数			合格率/%			
	其他									

续表

<table>
<tr><td rowspan="3">简易水文观测</td><td>孔内水柱</td><td>应测次数</td><td></td><td>实测次数</td><td></td><td>合格率
/%</td><td></td><td>质量评定</td></tr>
<tr><td>冲洗液
消耗量</td><td>应测次数</td><td></td><td>实测次数</td><td></td><td>合格率
/%</td><td></td><td rowspan="2"></td></tr>
<tr><td>其他</td><td></td><td></td><td></td><td></td><td></td><td></td></tr>
<tr><td>孔内遗留</td><td colspan="8"></td></tr>
<tr><td rowspan="3">岩心
采取率</td><td colspan="7">岩层</td><td rowspan="2">质量评定</td></tr>
<tr><td colspan="2">总厚度</td><td colspan="3">总长度</td><td colspan="2">平均</td></tr>
<tr><td colspan="2"></td><td colspan="3"></td><td colspan="2"></td><td></td></tr>
<tr><td>施工方意见</td><td colspan="8"></td></tr>
<tr><td>项目组意见</td><td colspan="8"></td></tr>
<tr><td>监督方意见</td><td colspan="8"></td></tr>
<tr><td>备注</td><td colspan="8"></td></tr>
</table>

附录C　各类表格

（资料性附录）

各类钻孔地质记录表封面格式见表C-1；基岩、松散层钻孔地质记录表见表C-2；工程地质钻孔地质记录表见表C-3；水文地质钻孔地质记录表见表C-4；各类钻孔地质分层表见表C-5；钻孔结构、孔深校正、弯曲度测量结果登记表见表C-6；钻孔采样登记表见表C-7；钻孔柱状图见表C-8；岩心牌格式见表C-9；岩心分层牌见表C-10；标本登记表见表C-11；送样单见表C-12；岩矿鉴定送样单见表C-13；水样标签见表C-14。

表 C-1　各类钻孔地质记录表封面格式

____________钻 孔 地 质 记 录 表

项目名称：

工作地区：

钻孔编号：

钻机型号：

终孔深度：

施工单位：

施工日期：

编 录 人：

审 核 人：

年　　月　　日

表 C-2　基岩、松散层钻孔地质记录表

钻孔编号＿＿＿＿工程地点＿＿＿＿＿＿＿＿孔口高程＿＿＿＿ m　孔位坐标 X：＿＿＿＿ Y：＿＿＿＿　　第　页共　页

层号	回次	进尺/m			岩心		分层				地质描述			样品编号	备注
		自	至	计	长度/m	采取率/%	分层孔深/m	厚度/m	岩心长/m	采取率/%	岩石名称	花纹代码	地质描述		

记录人　　　　年　　月　　日　　　　审核人　　　　年　　月　　日

表 C-3 工程地质钻孔地质记录表

钻孔编号________工程地点____________孔口高程________m 孔位坐标 X：________ Y：________ 第 页共 页

作业内容	钻头规格种类	钻杆及钻具长度			余尺	回次进尺/m	心长/m	孔深/m	岩心采取率/%	岩土名称	颜色	状态	密度	湿度	成分特征、包含物及变层	钻进情况	取土、原位测试编号及深度
		钻杆/m	钻具/m	总长/m	下钻后起钻前												

记录人 年 月 日 审核人 年 月 日

表 C-4 水文地质钻孔地质记录表

钻孔编号________工程地点____________孔口高程________m 地下水位_____m 观测日期________ 第 页共 页

钻孔坐标 X ____ Y ____ 钻孔深度 ____ 含水层厚度 ____

地质与地貌部位 ____ 施工起止时间： 年 月 日～ 年 月 日

钻进回次	工作内容简述	起止深度/m		钻孔结构（深度、变径部位、斜度、下管位置、管材种类及规格、填砾规格、止水位置及材料、钻孔回填等情况）	简易水文地质观测（冲洗液消耗量；漏失冲洗液部位；孔壁坍塌、掉块；钻具异常下落；涌砂、逸气情况、各含水层的水位、水温、水头变化情况等）	岩心采取率/%	实验、采样		地层岩性描述（地层名称、时代、成因类型、层位划分深度和单层厚度）
		起	止				方法	深度/m	

记录人 年 月 日 审核人 年 月 日

钻孔（井）水文地质野外记录表

工程名称：钻孔（井）编号　　　　　　　　　　第　页

日/月	回次	回次进尺		岩心长度/m	残留岩心/m	回次采取率/%	轴心角/(°)	岩屑采样编号	钻速统计		分层		水文地质特征描述（岩性、构造、破碎程度、节理裂隙性质、裂面特征、溶蚀现象、涌水、漏水等现象）	钻头种类直径及起止深度	备注
		回次底深	进尺					深度	时间/min	钻速/(m/h)	底层深度/m	层厚/m			

记录　　　　　　　　　　审核

表 C-5 各类钻孔地质分层表

____________钻孔地质分层表

项目名称：

工作地区：

钻孔编号：

钻机型号：

终孔深度：

施工单位：

施工日期：

编 录 人：

审 核 人：

年 月 日

钻孔地质分层表

钻孔编号________工程地点____________孔口高程________m　孔位坐标 X：________ Y：________　　第　页共　页

层号	起止深度/m		分层描述：包括颜色、岩性、结构构造、物性（粒度、湿度、状态、密实度、摇震反应及其他特征）、包含物（矿物结核、动植物化石等）、成因类型、风化程度、裂隙、变形特征、分层接触关系等	取样深度及编号	
	起	止		编号	深度/m

记录人　　　年　月　日　　　　　　审核人　　　年　月　日

表 C-6　钻孔结构、孔深校正、弯曲度测量结果登记表

钻孔编号　　　　　　　　工作地区

钻孔结构		孔深校正				弯曲度测量					备注
孔深/m	钻孔直径/mm	检查次序	钻井记录孔深/m	检查孔深记录/m	误差/m	测量次序	测量孔深/m	天顶角	方位角	测量方法	

记录人　　　　年　　月　　日　　　　　　审核人　　　　年　　月　　日

表 C-7　钻孔采样登记表

钻孔编号　　　　　　　　　　第　　页

采样孔深/m	层位	名称	鉴定、分析、照片编号										采集人	日期	备注
			^{14}C	光释光	古地磁	化石	微古	孢粉	颗分	重矿物	薄片	照片			

表 C-8　钻孔柱状图

开孔日期：　年　月　日　　　　　　　　　　钻孔坐标：$X=$

终孔日期：　年　月　日　　　勘探线号：　　　　$Y=$

终孔深度：　米　　孔号：　　钻孔倾角：　　钻孔方位：　　$H=$

年代地层单位			岩石地层单位			回次进尺/m			岩心采取			换层深度/m	分层号	柱状图	标志面与岩心轴线夹角	岩性描述	样品		电测曲线	钻孔结构	简易水文观测	备注
界	系	统	组	段	层	自	至	进尺	岩心长/m	回次采取率/%	分层采取率/%			比例尺			编号	位置				

表 C-9 岩心牌格式

单位____________________工作地区____________________

孔号

孔深 米至 米 进尺 米
残留 米 岩心长度 米
回次 岩心编号及块数
年 月 日 班记录人

表 C-10 岩心分层牌

单位____________________工作地区____________________

孔 号
岩石名称
孔 深 自 米 至 米
厚 度 米
岩心长度 米 采取率 %

表 C-11 标本登记表

钻孔编号 第 页

标本编号	层位	钻孔深度	野外名称	鉴定名称	采集人	日期	备注

表 C-12 送样单

钻孔编号____________________第______批 样品数量 第 页 共 页

样品编号	采样地点	岩性名称	样品重量/kg	鉴定目的及要求	备注

送样单位__________ 送样人__________技术负责人__________送样日期__________
收样单位__________ 收样人__________收样日期__________

表 C-13 岩矿鉴定送样单

钻孔编号__________第____批　　样品数量　　　　第　页 共　页

样品编号	鉴定编号	野外定名	采集地点	地质简述	鉴定目的及要求	备注

送样单位______送样人______技术负责人______送样日期______

收样单位______收样人______收样日期______

表 C-14 水样标签

钻孔编号		样品编号	
取样地点			
取样深度	米至　米	水源种类	
岩性		浊度	
水温		气温	
取样日期		取样人	
化学处理方法			
分析要求			
备注			

本工作细则的附录 A、附录 B 和附录 C 为资料性附录。

本工作细则起草单位：中国地质调查局南京地质调查中心。

本工作细则起草单位：中国地质科学院地质力学研究所。

本工作细则主要起草人：程光华、胡健民、田树信、雷伟志、郑国海、刘建东、黄美谦。

城市环境地球化学调查与评价工作指南

1 范围

本指南规定了城市环境地球化学调查和评价的目标任务、工作内容、方法技术、分析指标、质量管理、资料综合整理与研究评价、成果表达及要求等内容。

本指南适用于城市地质工作地区开展环境地球化学调查和评价工作。

2 规范性引用文件

下列文件对于本指南的应用是必不可少的。凡是注日期的引用文件，仅注日期的版本适用于本指南。凡是不注日期的引用文件，其最新版本（包括所有的修改单）适用于本指南。

GB 3095—1996 环境空气质量标准

GB 3097—1997 海水水质标准

GB 9137—1988 保护农作物的大气污染物最高允许浓度

GB 11607—1989 渔业水质标准

GB 11730—1989 农村生活饮用水量卫生标准

GB/T 11901—1989 水质悬浮物的测定重量法

GB/T 12999—1991 水质采样样品的保管和管理技术规定

GB/T 14496—1993 地球化学勘查术语

GB/T 14583—1993 环境地表γ辐射剂量率测定规范

GB/T 14848—1993 地下水质量标准

GB 15618—1995 土壤环境质量标准

GB 17378—1998 海洋监测规范

GB 18406.1—2001～GB 18406.4—2001 农产品安全质量标准

GB 18421—2001 海洋生物质量

GB 3838—2002 地表水环境质量标准

GB 18668—2002 海洋沉积物质量

GB 5084—2005 农田灌溉水质标准

GB 2762—2005 食品中污染物限量

GB 5749—2006 生活饮用水卫生标准

GB/T 22499—2008 富硒稻谷

GB/T 9649—2009 地质矿产术语分类代码

DZ/T 0011—1991 地球化学普查规范（1∶50 000）
DZ/T 0075—1993 地球化学勘查图图示式、图例及用色标准
DZ/T 0145—1994 土壤地球化学测量规范
DZ/T 0167—1995 区域地球化学勘查规范（1∶200 000）
DZ/T 0130—2006 地质矿产实验室测试质量管理规范
NY/T 391—2000 绿色食品产地环境技术条件
HJ/T 91—2002 地表水和污水监测技术规范
HJ/T 164—2004 地下水环境监测技术规范
HJ/T 165—2004 酸沉降监测技术规范
NY/T 5295—2004 无公害食品产地环境评价准则
NY/T 1054—2006 绿色食品产地环境调查、监测与评价导则
NY/T 418—2007～NY/T 437—2000 绿色食品系列标准
NY/T 5001—2007～NY/T 5073—2006 无公害食品系列标准
DD 2005-01 多目标区域地球化学调查规范（1∶250 000）
DD 2005-02 区域生态地球化学评价技术要求（试行）
DD 2005-03 生态地球化学评价样品分析技术要求（试行）
DD 2008-05 局部生态地球化学评价技术要求（试行）
DD 2008-06 土地质量地球化学评估技术要求（试行）

3 总则

3.1 概述

城市环境地球化学调查和评价分为环境地球化学调查和环境地球化学评价两个层次。环境地球化学调查旨在查清城市土壤中主要污染元素和有机污染物含量与分布特征。环境地球化学评价是在环境地球化学调查基础上，按照不同功能分区需求和环境地球化学问题进行的评价工作。

城市环境地球化学调查和评价属于基础性的地质工作，是城市地质调查工作的一部分。

3.2 目的

(1) 环境地球化学调查旨在查清城市土壤中主要污染元素和有机污染物含量与分布特征，具有为城市土壤环境保护与污染治理、城镇发展规划与经济结构调整、促进社会经济可持续发展等多层面、多领域服务的功能。

(2) 环境地球化学评价是在环境地球化学调查基础上，针对调查发现的问题，按照不同功能分区需求和环境地球化学问题，评价有害元素和有机污染物来源、迁移、循环规律及对人体健康的影响。目的是为提高城市环境质量、改善人民生活水平、合理规划城市用地等提供环境地球化学依据。

3.3 方法

（1）环境地球化学调查以表层土壤调查为主，工作比例尺为 1∶50 000，调查区域为开展城市地质工作区。根据调查工作需要结合不同城市特点，进行水地球化学调查和异常查证工作。

（2）环境地球化学评价方法以传统勘查地球化学方法技术为主，同时辅以同位素测年和示踪等方法技术。采样介质除常规的岩石、土壤、水、水系沉积物外，还采集大气、生物、湖底和浅海沉积物等。

4 设计书的编写

（1）设计书是开展城市环境地球化学调查与评价工作的依据，应由项目承担单位根据上级主管部门下达的任务书编写。

（2）设计书编写前应全面收集拟调查城市的地质与地球化学工作程度及工作进展、自然地理、社会经济、环境问题等各方面资料，系统总结 1∶250 000 多目标区域地球化学调查成果，广泛调研国内外研究现状。

（3）在收集资料和初步研究基础上，对工作区进行实地踏勘，对特殊样品进行实地预采集，对特殊分析方法进行预研究，制定城市环境地球化学调查和地球化学评价方案。

（4）设计书编写内容及要求遵照附录 A 的规定执行。

（5）设计书提交主管部门审查后实施。

5 城市环境地球化学调查

5.1 调查内容

城市环境地球化学调查内容主要为查清土壤中化学元素、理化指标和有机污染物含量水平，研究空间分布特征及其影响因素。调查对象为表层土壤、湖泊沉积物、滩涂（含潮间带）、10m 以内近岸海域沉积物等。

根据调查工作需要和不同城市特点，开展水地球化学调查和异常查证工作。

5.2 调查方法

5.2.1 采样密度及深度

在 1∶10 000 或 1∶25 000 地形图上，结合城市土地利用现状，布置样品采集点，土壤及沉积物样品采集密度及深度见表 1。

表 1 不同土地利用现状样品采集密度和深度表

土地利用现状		采样密度/(个样/km^2)	采样深度/cm
农用地	旱地、水田等大宗农作物种植区	4～8	0～20
	菜地、茶园等作物种植区	4～8	0～20
	果园、桑园等作物种植区	4～8	0～5
	苗圃、绿地、林地	4～8	0～20
	畜禽饲养地、养殖水面等其他农用地	4～8	0～5
建设用地	商服用地、公用设施用地、公共建筑用地、交通运输用地、住宅用地及水利设施用地	8～10	0～5
	工矿企业用地、垃圾填埋场等工矿仓储用地	8～10	0～5
	使领馆用地、宗教用地、墓葬地等特殊用地	8～10	0～5
未利用地	湖泊湿地、近岸海域	4～8	0～20
	湖泊湿地的河流入口处、工厂排污处	8～10	0～5

下列情况采样密度可适当调整：

坡地、菜地及小规模经济作物种植地区等土壤中化学元素含量空间变异性较大地区，采样密度可适当加密。

幼儿园、中小学、大学等校园区，采样密度可适当增加，以保证该功能区样品数不少于 10 个。

在工矿企业用地、垃圾填埋场、河流入口处、工厂排污处等地区，可增加土壤剖面样品采集。

5.2.2 样品重量

土壤样品原始重量大于 1500g。加工后样品大于 1000g。

湖泊沉积物、浅海沉积物等样品，样品湿重大于 3000g，加工后样品大于 1000g。

5.2.3 采样工作方法

(1) 采样点布设、采样方法、样品加工保存、质量监控方法、野外原始资料质量检查等见中国地质调查局调查技术标准《多目标区域地球化学调查规范（1：250 000）》(DD 2005-01)。

(2) 样品编号以 1：10 000 或 1：25 000 图幅为单元连续编号，以 $1km^2$ 为采样大格。样品编号的原则、方法参见中国地质调查局调查技术标准《多目标区域地球化学调查规范（1：250 000）》(DD 2005-01) 中 6.2.3 表层土壤样品编号。

(3) 采样记录统一使用标准化的土壤地球化学采样记录卡（见附录 B)。用代码和简明文字记录样品的各种特征。记录方法及注意事项参见中国地质调查局调查技术标准《多目标区域地球化学调查规范（1：250 000）》(DD 2005-01) 中 6.2.7 表层土壤采样记录。

（4）重复样采集方法参见中国地质调查局调查技术标准《多目标区域地球化学调查规范（1∶250 000）》(DD 2005-01）中 6.2.8 重复样采集方法。

（5）采样点应正确地标绘在 1∶10 000 或 1∶25 000 地形图手图上。使用 GPS 并结合地形图定点，GPS 定点的误差应小于 50m。

5.3　分析测试及质量监控

（1）表层土壤、湖泊湿地沉积物及浅海沉积物样品均为单点样样品分析，样品分析密度同采样密度。

（2）土壤样品分析测试指标分必测指标和选测指标。

必测指标：pH、TOC、N、P、K、Ca、Cl、Mg、S、Se、F、B、Cu、Fe、Mn、Mo、Zn、As、Cd、Cr、Pb、Hg、Ni。

选测指标：①TC、CEC、黏粒等；②有机氯农药、多氯联苯、多环芳烃等有机污染物；③营养元素有效态和有害元素不同形态；④湖泊沉积物、近海域沉积物测含水率、质地等（含水率测量方法与要求参照 GB 17378.5—1998 执行）。

（3）每个城市可根据实际需要自行增减分析测试指标。

（4）各项元素及指标的分析方法选择原则、分析方法检出限要求、分析方法准确度和精密度要求、报出率要求等各项质量监控方法同中国地质调查局调查技术标准《多目标区域地球化学调查规范（1∶250 000）》(DD 2005-01)、《区域生态地球化学评价技术要求（试行）》（DD 2005-02）和《生态地球化学样品分析技术要求（试行）》(DD 2005-03)。

5.4　数据整理

土壤地球化学调查样品的数据整理包括数据库建立，基准值、背景值及碳库等地球化学参数统计，地球化学图件及推断解释性图件编制，各项工作要求同中国地质调查局调查技术标准《多目标区域地球化学调查规范（1∶250 000）》(DD 2005-01)。

5.5　地球化学异常查证

对地球化学调查中发现的重要异常进行检查，初步查明异常原因，追踪异常可能出现的空间部位，为进一步推断解释和开展环境地球化学评价提供依据。

原则上，在异常区布置 T 形剖面，水平剖面采样密度依异常范围而定，剖面应穿越异常中心及异常边缘，一条水平剖面样品大于 10 个；垂向剖面样品采集为 1 个点/(5～10) cm，一般剖面深度为 1～2m，异常查证方法同《多目标区域地球化学调查规范(1∶250 000）》(DD 2005-01)。

6 城市环境地球化学评价

6.1 概述

在城市环境地球化学调查和异常查证基础上，依据城市存在和面临的环境地球化学问题，开展环境地球化学评价工作。评价内容主要为查明异常元素来源、追踪异常元素迁移途径、评价异常元素生态效应、预测生态系统安全性变化趋势，并对可能发生的生态危害事件进行预警。

环境地球化学评价工作可分为四部分：城市绿地土壤环境质量地球化学评价、大气环境质量地球化学评价、城市饮用水水源地环境质量地球化学评价和典型地区环境质量综合地球化学评价。

6.2 城市绿地土壤环境质量地球化学评价

6.2.1 评价内容

针对城市公用绿地、道路绿地、居住区绿地、隔离片林，尤其是幼儿园、中小学绿地进行土壤环境质量地球化学评价。

6.2.2 样点布置

(1) 根据城市主要绿地类型，按照 1∶1000～1∶5000 比例尺，网格化布置面积性土壤样品点；典型污染地区，可以采集土壤剖面样品。

(2) 每个绿地单元，保证土壤样品大于 10 件。

6.2.3 样品采集

(1) 通常情况下，样品采集深度为 0～5cm；相对较新的绿地，采样深度可以为0～10cm。

(2) 有条件地区，可采集地衣等植物。

6.2.4 样品分析

(1) 分析测试的元素为 As、Cd、Cr、Hg、Pb、Tl 等重金属全量，U、Th 等放射性元素，有机氯农药、多氯联苯和多环芳烃等有机污染物。

(2) 分析元素和指标可根据实际情况增减。

6.2.5 结果整理

对绿地土壤地球化学质量进行等级评价，重点开展居民区、幼儿园、中小学绿地质量对人体健康影响研究，对存在人体健康风险地区的绿地土壤提出调控建议。

6.3　大气环境质量地球化学评价

6.3.1　评价内容

针对评价城市存在的大气环境质量问题，开展环境地球化学评价。

6.3.2　样点布置

1）不同污染端元降尘样品

详细调查城市工业、交通、建筑等分布状况，对废气排放量大、污染严重的冶金尘、燃煤尘、建筑尘和交通尘等进行布点，每种污染端元样品数量大于5件，样品大于100～200g。

2）面积性降尘和土壤样品

（1）根据城市面积大小，任选1∶50 000或1∶10 000两种采集密度，布置1.5～2m高度的大气降尘和相应点位上的土壤样品采样点。

（2）该项工作可根据不同城市存在的实际生态地球化学问题进行选作。

3）大气干湿沉降样品

（1）在城市不同功能区，布置大气干湿沉降样品接受点，每个功能区均匀布点，样品数大于10件。

（2）城市功能区划不明显的城市，可采取网格化均匀布点。

（3）接受降尘周期为季度或半年，降尘量较少的城市接受降尘周期可为半年或一年。

（4）北方冬季下雪的城市，可采集下雪前、后的降尘，以研究空气中污染物传输距离及来源。

（5）北方春秋季有沙尘暴的城市，可采集沙尘暴降尘，以研究空气中污染物传输距离及来源。

4）大气降水样品

对于以燃煤为主要能源结构或存在酸雨沉降的城市，需布置一定量的降雨或降雪接受点。

5）大气颗粒物样品

空气污染严重的城市，可采集大气可吸入颗粒物样品。按照不同功能区或网格化布点，采样密度为1个样/(16～8) km^2，样品点在空间上均匀分布，分别采集$<2.5\mu m$、$2.5\sim10\mu m$、$>10\mu m$和TSP颗粒物。

6.3.3 样品采集

1）不同污染端元、面积性降尘及土壤样品

（1）在规模较大的建筑工地、燃煤企业和冶金厂的下风处分别布置建筑尘、燃煤尘和冶金尘采集点；在城市中大型停车场、长途车站、加油站布置交通尘和尾气尘采集点。

（2）在电线杆、树木、建筑物等1.5～2m以上部位采集面积性降尘样品和对应点位的土壤样品，或在烟囱内壁及周围采集建筑尘、燃煤尘和冶金尘样品；在汽车尾气管内刮取尾气尘，相同类型的汽车尾气尘合并成一个汽车尾气尘样品。

（3）样品量满足分析量及保存备用量，采样点用GPS定位。

（4）采样工具为毛刷、纸袋、手套，样品记录格式及所需收集的资料见中国地质调查局调查标准《区域生态地球化学评价技术要求（试行）》（DD 2005-02）附录D。

2）干湿沉降样品

（1）根据降雨量和接尘周期选择接尘缸的大小和缸口径，缸的大小以接尘时间内没有降雨溢出为准，缸口径大小以接尘量能满足分析及备样要求为准。

（2）接尘缸的清洗、运输、接尘地点选择、样品记录格式及所需收集的资料等，详见中国地质调查局调查标准《区域生态地球化学评价技术要求（试行）》（DD 2005-02）附录C。

3）大气降水样品

（1）将清洗后的聚乙烯瓶放置在开阔、平坦、多草、周围100m内没有树木的地方，使接样器的开口边缘处于水平，离支撑面的高度大于1.2m。降雨（降雪）样品当场测试pH、EC，其余样品用0.45μm有机微孔滤膜过滤，放入3～5℃冰箱冷藏或加入防腐剂，推荐使用百里酚（2-异丙基-5-甲基酚），按400mg百里酚（分析纯）和1000mL样品的比率投加。

（2）监测点选择、容器清洗放置、接样时间频率、样品保存运输等各项事宜同中华人民共和国环境保护行业标准《酸沉降监测技术规范》（HJ/T 165—2004）要求。

4）大气颗粒物样品

（1）根据采样季节、采样城市大气颗粒物浓度，选择采集样品时间。测定任何一次浓度，采样时间不得少于1小时，测定日平均浓度间断采样时不得少于4次。

（2）采样时，采样器入口距地面高度不得低于1.5m。采样不能在雨、雪和风速大于8m/min等天气条件下进行。

（3）切割器性能指标、采样系统性能指标、采样要求和飘尘浓度计算等同《大气飘尘浓度测量方法》（GB 6921—86）。

（4）样品采集量以满足分析测试需要量为准。

6.3.4　数据分析

(1) 分析<2.5μm、2.5～10μm 和>10μm 颗粒物中 Cd、Hg、Pb、As、Ni、Zn、Cr、Cu 等有害重金属及多氯联苯、多环芳烃等有机污染物含量。

(2) 有较多化工厂、以燃煤为主的各类工矿企业、食品厂、皮革厂等有机污染物污染源的城市，利用土壤调查样品，采用 1 个样/16km^2 的分析样品密度，测试多氯联苯、多环芳烃和有机氯农药。在有严重有机污染物污染地区，分析样品密度可达到 1～2 个样/km^2。

(3) 降水或降雪样品进行 As、Cd、Cr、Cu、Pb、Hg、Ni、Zn、K^+、Na^+、Ca^{2+}、Mg^{2+}、SO_4^{2-}、Cl^-、CO_3^{2-}、HCO_3^-、NO_3^- 等分析。

(4) 典型样品进行不同粒径分离、X 射线衍射分析、铅同位素分析。

(5) 分析城市土壤中 U、Th、K 含量，对应土壤点位测试 1m 高 γ 辐射空气吸收剂量率。

(6) 不同污染端元样品、面积性降尘和土壤样品、大气干湿沉降样品分析测试项目同中国地质调查局调查技术标准《区域生态地球化学评价技术要求（试行）》(DD 2005-02)。

(7) 根据城市实际调查结果和所存在的环境地球化学问题，分析测试项目可适当增减。

6.3.5　结果整理

(1) 研究不同来源降尘的空间分布规律、主要污染元素种类和颗粒物粒径分布范围及对人体的可能影响，评价降尘对土壤重金属含量影响程度；研究大气降雨 pH 的变化与城市不同功能区分布关系及引起降雨 pH 变化的主要因素。

(2) 研究不同季节（或半年，或一年）有毒有害物质沉降通量，北方地区可通过降雪前后，干湿沉降元素种类和沉积通量的变化，研究污染物传输距离及途径。

(3) 对不同污染端元降尘进行特征元素、铅同位素组成、粒径和物相分析，查明每类降尘的化学和物理特征；结合面积性的降尘分析结果，查明不同来源降尘的空间分布规律、主要污染元素种类和颗粒物粒径分布范围及对人体的可能影响等。

(4) 有条件的城市，可对研究区工业、交通、建筑、环保等主管单位进行实地调研，收集城市主要工矿企业废气年排放量、汽车尾气排放量（不同类型汽车年拥有量）、建筑扬尘量，北方地区还应向气象部门收集研究区扬尘情况。通过不同类型污染物元素含量和排放量研究，查明研究区每类污染物对城市大气和土壤排放量及比例。

(5) 对比降尘和土壤中重金属含量分布特征，评价降尘对土壤重金属含量影响的程度。

(6) 通过不同季节降雨 pH 测定和相同点位土壤的矿物相分析，研究引起土壤酸化的可能原因，大气降雨 pH 的变化与城市不同功能区分布关系及引起降雨 pH 变化的主要因素。

(7) 利用土壤中 U、Th 和 K 含量与 1m 高 γ 辐射空气吸收剂量率建立关系方程，根据区域地球化学调查 U、Th、K 数据，进行 1m 高 γ 辐射空气吸收剂量率和居民所受辐射的有效剂量当量计算，参考我国和研究区已知的1m高γ辐射空气吸收剂量率数据，对辐射污染进行评价。

6.4 城市饮用水水源地环境质量地球化学评价

6.4.1 评价内容

依据调查城市饮用水安全状况和饮用水源类型，选择有代表性的饮用水集中水域（水库或池塘）进行水地球化学安全性和水源地环境质量地球化学评价。

6.4.2 样点布置

1）地下饮用水安全性评价

依据调查城市地下水水文地质、地球化学特征，进行样点布置。

重点对人口密度大的区域进行评价。

兼顾不同的城市功能区划和地下水径流方向。

2）地表饮用水安全性评价

在研究区选择有代表性的饮用水集中水域（水库或池塘）。

兼顾水域汇水区表层土壤重金属污染程度、重金属污染种类和特殊污染源分布区。

6.4.3 样品采集

1）地下饮用水安全性评价

水样采集、运输方法技术按照中国地质调查局调查技术标准《多目标区域地球化学调查规范（1∶250 000）》（DD 2005-01）和《生态地球化学评价样品分析技术要求（试行）》（DD 2005-03）执行。根据分析元素不同，添加不同保护剂，用不同的容器进行盛装。

采样密度一般为1个样/km^2，污染严重的地区和饮用水集中供应地可加密至4～5个样/km^2或按照实际水井密度采集。

采集水样现场，先测定水的pH和水温，之后添加保护剂。水样采集时间应为平水期，设置10%的点位进行丰水期、枯水期采样，以便和平水期测试结果对比研究，水样采集条件要保持一致。

沿着地下水流动方向布置平行剖面，根据剖面长度调整采样密度，一般一条剖面为10～20个采样点。

2）地表饮用水安全性评价

在所选择水库和池塘的入水口、出水口及水域中央进行底泥、水样和悬浮物样品采集。

水样当场测试 pH 和水温。

有水产品养殖的水库和池塘，在采样点周围采集水生动植物产品。如藻类、虾、螺类、螃蟹、贝类、草鱼、黑鱼和其他鱼类的幼鱼以及以小鱼、小虾为食的大鱼（采集水产品的种类根据研究水域实际情况调整）。

每类样品数量为 5～10 件。

各类样品采集、运输方法技术，按照中国地质调查局调查技术标准《区域生态地球化学评价（试行）》(DD 2005-02)、《多目标区域地球化学调查规范（1∶250 000）》(DD 2005-01）和本指南要求相应的附录执行。

6.4.4 样品分析

（1）根据区域水地球化学基础调查结果和污染物种类，确定分析项目种类。水样选测元素和指标范围为：pH、As^{3+}、Se、F、Tl、Hg、Pb、Cd、Cr^{6+}、硝酸盐（以 N 计）、亚硝酸盐（以 N 计）、总 α 放射性、总 β 放射性、COD、氯仿、四氯化碳、苯并(a）芘、滴滴涕、六六六、细菌总数等。

（2）底泥、悬浮物选测元素和指标范围为：As、Cd、Hg、Pb、Cr、Cu、Zn、Ni、N、P、K，少量样品进行有机污染物、矿物相和质地分析。

（3）水产品选测元素和指标范围为：As、Cd、Hg、Pb、Cr、Cu、Zn、Ni、F、Se，少量样品进行有机污染物分析。

（4）在有地方病发病地区，根据地方病种类增测表 2 中相应项目，实地调查居民的发病情况、饮食习惯等。

表 2　不同地方病流行地区工作布置参照表

地方病类型	调查介质	分析项目	备注
地方性甲状腺肿	饮水	I、F、Ca、Mg、Mn、有机质、亚硝酸盐、细菌总数	调查当地居民食物特征，查明蔬菜、食盐、海产品等对地方性甲状腺肿的干扰。找出引起该病的双阈值，提出治理建议
地方性氟病	饮水和食物	F	调查研究区地方性氟病、龋齿和居民饮水、食物中 F 含量的关系，提出相应的治理建议
地方性砷中毒	饮水	总 As 和 As^{3+}、As^{5+}	
伽师病	水	K^{+}、SO_4^{2-}、Cl^{-}、Na^{+}、Ca^{2+}、Mg^{2+}、Sr^{2+}、Mn^{2+}、Zn^{2+}	调查发病区土壤和粮食中 Mn、Zn 含量以及居民慢性腹泻、低血钾、不孕症、肝肿大等病症情况，查明饮水矿化度增加的原因，提出治理建议
克山病和大骨节病	水和食物	COD、Se^{4+}、Se^{6+}、腐殖态 Se、Ca^{2+}、Mg^{2+}、Sr^{2+}、Mn^{2+}、Zn^{2+}	研究发病区克山病、大骨节病发病程度与水体中元素含量关系，提出防治建议

6.4.5 结果整理

1）地下饮用水安全性评价

查明水中污染物分布与土壤、大气中污染物种类和分布特征，以及城镇生活污染源、工业废水排放、农业退水等存在的空间对应关系和成因联系，追溯地下水中污染物来源和迁移途径，以及在流动过程中的自净能力及控制因素。

按照《生活饮用水卫生标准》（GB 5749—2006）和《地下水质量标准》（GB/T 14848—1993）中的各项规定值与研究区实测值进行对比，对居民饮用水的安全性进行评价，对污染严重的地下水水质改善提出治理建议。

研究水中 F、I、As^{3+}、SO_4^{2-}、Cl^-、Na^+、Ca^{2+}、Mg^{2+}、Sr^{2+}、Mn^{2+}、Zn^{2+}、TOC、亚硝酸盐、细菌总数等元素和指标特征与各种地方病的关系，提出致病的可能原因和防治建议。

2）地表饮用水安全性评价

研究水产品中有害重金属和有机污染物含量，依据水产品食品卫生标准进行污染程度评价，依据水生生态系统中食物链的能量流动方向，研究重金属及有机物的逐级富集传递规律，计算富集系数。

计算重金属在不同相态（液相——水，固相——底泥和悬浮物，生物相——各类水产品）中的含量比值，研究制约有毒有害物质分布分配的因素（如温度、pH、COD 等），结合重金属安全性评价结果和富集系数对水产品结构调整和污染防治提出建议。

采用磷负荷判断法或参数法对研究水域富营养化程度进行评价，结合汇水区土壤-水体氮磷含量及迁移规律研究，提出治理建议。

6.5 典型地区环境地球化学评价

不同城市可根据存在的环境地球化学问题和城市发展需求，选择以下内容开展环境地球化学评价研究。

6.5.1 矿山环境地球化学评价

1）评价内容

选择污染严重的矿山开采区及受矿业活动影响的地区，开展矿山环境质量地球化学评价。评价内容主要涉及矿山及周围的水体（地表水和地下水）、大气和土壤污染程度、农产品安全性。

2）水体污染程度评价

（1）样点布置。

①地下水。依据城市环境地球化学调查结果和矿区及其周围地下水水文地质特征、污染源（尾矿坝、选矿厂、污水处理厂）分布状况和污染物在地下水中扩散形式，采取点面结合的方法进行样点布置。样品布设原则参考《地下水环境监测技术规范》（HJ/T 164—2004）。

②地表水。依据城市环境地球化学调查结果和矿区及其周围水系（河流、水库、池塘等）分布特征、污染源（尾矿坝、选矿厂、污水处理厂）分布状况，采取点面结合的方法进行样点布置。样品布设原则参考《地表水和污水监测技术规范》（HJ/T 91—2002）。

（2）样品采集。

①地下水。水样采集时间应为每两个月采1次，全年6次。同一水文地质单元的采样时间尽量相对集中，日期跨度不宜过大；以便不同期水样测试结果可以对比研究，采集条件要一致。

沿着地下水流动的方向平行布置剖面，根据剖面长度调整采样密度，一般一条剖面为10～20个采样点。在矿山的尾矿库、选矿厂、污水处理厂等污染物的排放口加密样点布置。

水样采集、运输方法技术按照中国地质调查局调查技术标准《多目标区域地球化学调查规范（1∶250 000）》（DD 2005-01）、《生态地球化学评价样品分析技术要求（试行）》（DD 2005-03）和《地下水环境监测技术规范》（HJ/T 164—2004）执行。根据分析元素不同，添加不同保护剂，用不同的容器进行盛装。

采集水样现场，先测定水的水位、水量、水温、pH等指标，之后添加保护剂。

②地表水。在所选择的水库和池塘的入水口、出水口及水域中央进行底泥、水样和悬浮物样品的系统采集；在所选择的河流水系中，沿着地表水流动的方向布置剖面，根据剖面长度调整采样密度，一般一条剖面为10～20个采样点，控制被污染河流的上、中、下游地区。在矿山的尾矿坝、选矿厂、污水处理厂等污染物的排放口加密样点布置。

样品采集时间应为每两个月采1次，全年采6次，或按照丰水期和枯水期两次采集，一次采样时间控制在一周内；采集水样现场，先测定水的水量、水温、pH等指标，之后添加保护剂。

有水产品养殖的水系中，在采样点周围采集水生动植物产品；采集水产品的种类以研究水系实际情况调整，一般一种水产品数量为5～10件。

各类样品采集、运输方法技术按照中国地质调查局调查技术标准《多目标区域地球化学调查规范（1∶250 000）》（DD 2005-01）、《生态地球化学评价样品分析技术要求（试行）》（DD 2005-03）和《地表水和污水监测技术规范》（HJ/T 91—2002）执行。

（3）样品分析。

①地下水。根据城市环境地球化学调查结果和矿山污染物种类，确定分析项目种类，见附录C。

附录C中未列出的矿山类型，地下水选测元素和指标为：总硬度（以$CaCO_3$计）、溶解性总固体、硫酸盐、氯化物、Fe、Mn、Cu、Zn、Co、挥发性酚类（以苯酚计）、高锰酸盐指数、硝酸盐（以N计）、亚硝酸盐、氨氮（NH_4）、氟化物、氰化物、Hg、As^{3+}、Se、Cd、Cr^{6+}、Pb、Be、Ba、Ni、滴滴涕、六六六、总大肠菌群、细菌总数、总α放射性、总β放射性等。10%的样品先进行有机物定性分析，根据初步分析结果确定进一步分析的有机物种类和样品数量。

在地球化学高背景区和饮水性地方病流行区，应增加反映地下水特种化学组分天然背景含量的分析项目。

②地表水。根据城市环境地球化学调查结果和矿山污染物种类，确定分析项目种类，见附录C。

附录C中未列出的矿山类型，水、底泥、悬浮物和水产品分析项目：As、Cd、Hg、Pb、Cr、Cu、Zn、Ni，水加测pH、溶解氧、COD、BOD、氟化物、氰化物、高锰酸盐指数、硝酸盐（以N计）、亚硝酸盐、氨氮（NH_4），少量样品进行有机污染物分析。10%的样品先进行有机物定性分析，根据初步分析结果确定进一步分析的有机物种类和样品数量。

底泥和悬浮物样品可增加矿物相分析和质地分析。

（4）结果整理。

①地下水。查明水中污染物种类和分布特征，与矿山废水排放存在的空间对应关系和成因联系，结合剖面样品分析结果，进一步追溯地下水中污染物来源和迁移途径，以及在流动过程中的自净能力及控制因素。

按照《生活饮用水卫生标准》（GB 5749—2006）和《地下水质量标准》（GB/T 14848—1993）中的各项规定值与研究区实测值进行对比，对地下水污染程度进行评价，对污染严重的地下水水质改善提出治理建议。

②地表水。查明水中污染物种类和分布特征，与矿山废水排放存在的空间对应关系和成因联系，结合剖面样品分析结果，进一步追溯地表水中污染物来源和迁移途径，以及在流动过程中的自净能力及控制因素。

按照《生活饮用水卫生标准》（GB 5749—2006）和《地表水质量标准》（GB 3838—2002）中的各项规定值与研究区实测值进行对比，对地表水污染程度进行评价，对污染严重的地表水水质改善提出治理建议。

研究水产品中有害重金属和有机污染物含量，依据水产品食品卫生标准进行污染程度评价。

计算重金属在不同相态（液相——水，固相——底泥和悬浮物，生物相——各类水产品）中的含量比值，研究制约有毒有害物质分布分配的因素（如温度、pH、COD等）。

3）大气污染程度评价

（1）样点布置。

在矿山的坑道、矿井、尾矿坝、矿石运输道路两侧、冶炼厂等扬尘及废气排放量大的地方进行1∶5000～1∶10 000的干湿沉降样品、大气可吸入颗粒物、降尘和降水等样品点布置。

（2）样品采集。

大气降尘、降水样品采集、运输方法技术按照中国地质调查局调查标准《区域生态地球化学评价技术要求（试行）》（DD 2005-02）、《大气飘尘浓度测定方法》（GB/T 6921—1986）、《大气降水采样和分析方法总则》（GB 13580.1—1992）和《大气降水样品采集与保存》（GB 13580.2—1992）执行。

(3) 样品分析。

大气飘尘进行矿物相和矿物粒径分析；采集量较大的污染物源样品可进行不同粒径分离，每种粒径样品进行 As、Cd、Cr、Hg、Pb 等有害元素分析。

大气降水样品选测元素和指标：pH、NO_2^-、NO_3^-、NH^{4+}、F^-、PO_4^{3-}、SO_4^{2-}、Cl^-、CO_3^{2-}、HCO_3^-、K^+、Na^+、Ca^{2+}、Mg^{2+}、As、Cd、Cr、Cu、Hg、Pb、Ni、Zn 等金属元素及有机污染物含量。

所有样品分析元素及指标种类，根据具体矿山污染类型进行增减。

(4) 结果整理。

对大气降尘进行矿物相和粒径分析，查明每类降尘的化学和物理特征；查明其空间分布规律、主要污染物种类和颗粒物粒径分布范围及对人体的可能影响等。

查明大气降水 pH 的变化与矿山分布关系及引起酸雨 pH 变化的主要因素。

依据《环境空气质量标准》(GB 3095—1996) 对矿山周围空气质量优劣等级作出评价。

4) 土壤污染程度评价

(1) 样点布置。

①土壤。依据城市环境地球化学调查结果，充分考虑到矿山不同地质背景、土壤类型、景观特征、土地使用现状、重金属元素含量及土壤理化性质差异，选择采集样品工区。

以土地使用现状为采样单元。同一采样单元内，根据采样单元面积大小，按照 1∶1000 或 1∶5000布置面积性土壤样品点。

②农作物。充分考虑土壤污染程度、土壤类型和土壤理化性质差异、土地使用现状、地貌景观特征等因素，进行样点布置。

选择 As、Cr、Cd、Cu、Hg、Pb、Zn、Ni、F 等元素复合污染严重的区域进行样点布置。酸性土壤重点考虑 Hg、Cd、Pb、Cr 等重金属元素，碱性土壤除考虑重金属外，还应考虑 As、Se、F 等非金属元素。

(2) 样品采集。

①土壤。样品采集、保存方法技术按照中国地质调查局调查标准《区域生态地球化学评价技术要求（试行）》(DD 2005-02) 和《土壤环境监测技术规范》(HJ/T 166—2004) 执行。

②农作物。样品采集、保存方法技术按照中国地质调查局调查标准《区域生态地球化学评价技术要求（试行）》(DD 2005-02) 执行。

(3) 样品分析。

①土壤。根据城市环境地球化学调查结果和矿山污染物种类，确定分析项目种类，见附录 C。

附录 C 中未列出的矿山类型，土壤样品可进行 As、Cd、Cr、Cu、Ni、Hg、Pb、Se、Zn 等有害元素全量及不同形态分析和 pH、CEC、黏粒、容重、Corg、质地等理化性质分析。

不同矿山可根据土壤植物营养元素实际供给情况及土壤重金属含量特征，增减元素分析的种类。

②农作物。分析农产品可食部位 As、Cr、Cd、Cu、Hg、Pb、Zn、Ni、F、Se 含量，少量样品进行有机污染物分析。

不同地区可根据实际情况，确定分析元素和指标种类。

（4）结果整理。

①土壤。参照各种国家环境质量标准，结合研究地区实际情况，评价矿山活动对土壤环境质量程度，绘制元素污染程度图和土地质量地球化学等级图，探讨矿山（污染严重的矿区）开采对土壤质量的影响机制，提出土壤质量改善及污染治理建议。

依据《土壤环境质量标准》（GB 15618—1995），农业部或其他部委颁布的土壤植物营养元素分级指标，对土壤地球化学质量进行单指标、综合指标等级划分和评价。

②农作物。根据不同农作物可食部位重金属的含量与绿色食品卫生标准、无公害食品卫生标准中重金属的规定值，对农作物安全性和人体健康、生态风险进行评估，研究控制重金属进入农作物的主要因素，依据不同农作物对重金属的富集系数、阈值和区域调查结果，就农业结构调整、污染治理和生物修复提出建议。

6.5.2 垃圾填埋对环境质量影响的地球化学评价

1）评价内容

在城市环境地球化学调查的基础上，选择受垃圾填埋影响较严重的地区开展环境地球化学评价，评价内容主要涉及垃圾填埋场及周围的地下水、大气和土壤污染程度评价。

2）水体污染程度评价

（1）样点布置。

依据城市环境地球化学调查结果和垃圾填埋场及其周围地下水水文地质特征、污染源分布状况和污染物在地下水中扩散形式，采取点面结合的方法进行样点布置。在垃圾填埋场渗滤液处理设施排放口（即填埋场废水外排口）加密布置样点。样品布设原则参考《地下水环境监测技术规范》（HJ/T 164—2004）。

（2）样品采集。

同矿山环境地球化学评价中地下水采样方式。

（3）样品分析。

样品选测元素和指标为：总硬度（以 $CaCO_3$ 计）、溶解性总固体、硫酸盐、氯化物、Fe、Mn、Cu、Zn、Co、挥发性酚类（以苯酚计）、高锰酸盐指数、硝酸盐（以 N 计）、亚硝酸盐、氨氮（NH_4）、氟化物、氰化物、Hg、As^{3+}、Se、Cd、Cr^{6+}、Pb、Be、Ba、Ni、滴滴涕、六六六、总大肠菌群、细菌总数、总 α 放射性、总 β 放射性等。

（4）结果整理。

查明水中污染物种类和分布特征，与垃圾填埋场渗滤液排放存在的空间对应关系和成因联系，结合剖面样品分析结果，进一步追溯地下水中污染物来源和迁移途径，以及在流动过程中的自净能力及控制因素。

按照《生活饮用水卫生标准》（GB 5749—2006）和《地下水质量标准》（GB/T 14848—1993）中的各项规定值与研究区实测值进行对比，对地下水污染程度进行评价，对污染严重的地下水水质改善提出治理建议。

3）大气污染程度评价

（1）样点布置。

在垃圾填埋场内及其周围，按照1：5000～1：10 000布置面积性大气降尘、降水、恶臭等样品点。根据大气污染范围大小，可适当调整工作比例尺，保证各类样品大于10件。

（2）样品采集。

大气降尘、降水样品采集、运输方法技术按照中国地质调查局调查标准《区域生态地球化学评价技术要求（试行）》（DD 2005-02）、《大气飘尘浓度测定方法》（GB/T 6921—1986）、《大气降水采样和分析方法总则》（GB 13580.1—1992）和《大气降水样品采集与保存》（GB/T 13580.2—1992）执行。

大气恶臭样品应布设在臭气进入大气的排气口、污染治理装置的排气口，也可以在水平排气道和排气筒下部采样。恶臭污染物采样频率按《恶臭污染物排放标准》（GB 14554—1993）中的6.2规定执行。

（3）样品分析。

大气飘尘进行矿物相和粒径分析；采集量较大的污染物源样品可进行不同粒径分离，每种粒径样品进行As、Cd、Cr、Hg、Pb等有害元素分析，总悬浮颗粒物（TSP）、飞灰等样品进行重金属、有机污染物分析。

大气降水样品选测元素和指标：pH、NO_2^-、NO_3^-、NH^{4+}、F^-、PO_4^{3-}、SO_4^{2-}、Cl^-、CO_3^{2-}、HCO_3^-、K^+、Na^+、Ca^{2+}、Mg^{2+}、As、Cd、Cr、Cu、Hg、Pb、Ni、Zn等金属元素及有机污染物。

大气恶臭样品选择指标：氨（NH_3）、三甲氨、硫化氢、甲硫醇、甲硫醚、二甲二硫、二硫化碳、苯乙烯、甲烷（CH_4）、硫化氢（H_2S）、二氧化硫（SO_2）、氮氧化物（NO_x）、碳氧化物（CO_x）、氯化氢（HCl）、氟化氢（HF）、臭气浓度、有机类污染物（多氯二苯并二噁英PCDDs、多氯二苯并呋喃PCDFs）。

所有样品分析元素及指标种类，根据具体情况进行增减。

（4）结果整理。

对大气降尘进行矿物相和粒径分析，查明每类降尘的化学和物理特征；查明其空间分布规律，主要污染物种类和颗粒物粒径分布范围及对人体的可能影响等。

查明大气降水pH的变化与垃圾填埋场分布关系及引起酸雨pH变化的主要因素。

依据《环境空气质量标准》（GB 3095—1996）、《生活垃圾填埋场污染控制标准》（GB 16889—2008）、《恶臭污染物排放标准》（GB 14554—1993）对垃圾填埋场周围空气质量优劣等级作出评价。

4）土壤污染程度评价

（1）样点布置。

①土壤。依据城市环境地球化学调查结果，充分考虑到垃圾填埋场类型、地质背景、土壤类型、景观特征、土地使用现状、重金属元素含量及土壤理化性质差异，选择采集样品工区。

以土地使用现状为采样单元。同一采样单元内，按照 1∶1000～1∶5000 布置面积性土壤样品点。

根据土壤污染范围大小，可适当调整工作比例尺，保证每个采样单位内样品大于 30 件。

②农作物。充分考虑土壤污染程度、土地使用现状及地貌景观特征，进行样点布置。原则上，农作物采集样点同土壤样点。

选择 As、Cr、Cd、Cu、Hg、Pb、Zn、Ni、F 等元素复合污染严重的区域进行样点布置。酸性土壤重点考虑 Hg、Cd、Pb、Cr 等重金属元素，碱性土壤除考虑重金属外，还应考虑 As、Se、F 等非金属元素异常。

（2）样品采集。

同土壤污染程度评价中农作物样品采集方法。

（3）样品分析。

农作物籽实无污染去壳，分析 As、Cr、Cd、Cu、Hg、Pb、Zn、Ni、F、Se 等元素全量，少量样品可进行有机氯农药分析。

对土壤进行 N、P、K、B、Mo、Mn、Cu、Zn、Fe、Si、Ca、Mg 等元素全量和有效态分析（碱解氮、有效磷、速效钾、有效硼、有效钼、有效铜、有效锌、有效铁、交换性钙和镁、有效硅），测试土壤 pH、CEC、黏粒、容重、Corg、质地等指标。

分析土壤中 As、Cd、Cr、Cu、Hg、Pb、Ni、Zn 等重金属元素全量和离子交换态、碳酸盐态、弱有机结合态、铁锰氧化态、强有机结合态和残渣态。少量样品进行有机氯农药分析。

根据土壤污染类型和农作物种植品种，分析测试指标可进行增减。

（4）结果整理。

①土壤。对比土壤和降尘中重金属含量分布特征，评价降尘对土壤重金属含量的影响程度。

通过不同季节降雨 pH 测定和相同点位土壤的矿物相分析，研究引起土壤酸化的可能原因。

依据《土壤环境质量标准》（GB 15618—1995），农业部或其他部委颁布的土壤植物营养元素分级指标，对土壤地球化学质量进行单指标、综合指标等级划分和评价。

②农作物。根据不同农作物可食部位重金属的含量与绿色食品卫生标准和无公害食品卫生标准中重金属的规定值，对农作物安全性、人体健康风险和生态风险进行评估。

研究农作物中重金属含量与土壤重金属含量、不同形态重金属含量、土壤理化性质

(TOC、CEC、pH、质地、黏粒等）等的关系；研究控制重金属进入农作物的主要因素，依据不同农作物对重金属的富集系数、阈值和区域调查结果，就农业结构调整、污染治理和生物修复提出建议。

6.5.3　城郊蔬菜生产基地环境质量地球化学评价

1）评价内容

城郊蔬菜基地环境质量地球化学评价，主要研究基地土壤、灌溉水和大气污染程度，评价蔬菜安全性，查明污染成因，提出治理建议。

2）样点布置

在城郊大型蔬菜生产基地，按网格布置土壤、蔬菜样点。采样密度为 1 个样/(20～50)m^2，根据基地面积大小适当调整采样比例尺，保证每个蔬菜基地样品量不少于 30 件。

3）样品采集

(1）在选定的蔬菜生产基地内，采集大宗蔬菜可食部分；在采集蔬菜对应点位上，采集根系土。

(2）实地调查蔬菜生产基地化肥（包括农家肥）、农药施用情况，详细记录不同种类化肥和农药施用量。每个蔬菜基地，每种化肥和农药样品数大于 10 件。可采用分片购买或到蔬菜基地承包者家里购买两种方法，每件样品重 1kg，封装于塑料袋中，具体要求按照中国地质调查局调查标准《区域生态地球化学评价技术要求（试行）》(DD 2005-02)中附录 C 执行。

(3）灌溉水采集时间为蔬菜灌溉期，在蔬菜基地水灌溉口处，于灌溉季节采集灌溉水样品，根据分析测试元素种类不同，添加不同保护剂，每个蔬菜基地灌溉水样品大于 10 件；水样采集量、添加保护剂种类、水样运输和保存方法等按照中国地质调查局调查标准《区域生态地球化学评价技术要求（试行）》（DD 2005-02）中附录 C 执行。

(4）蔬菜基地存在明显的大气污染地区，可采集大气降尘、大气可吸入颗粒物和干湿沉降样品，每个蔬菜基地大气样品不少于 5 件。

4）样品分析

(1）蔬菜选测指标：As、Cr、Cd、Cu、Hg、Pb、Zn、Ni、F 等元素全量。少量样品可进行硝酸盐、有机磷、有机氯、拟除虫菊酯和氨基甲酸酯类农药分析。

(2）根系土选测指标：As、Cr、Cd、Cu、Hg、Pb、Zn、Ni 等元素全量和离子交换态、碳酸盐态、弱有机结合态、铁锰氧化态、强有机结合态和残渣态分析，同时测定 pH、质地、CEC、Corg、容重等指标。少量样品可进行硝酸盐、有机磷、有机氯、拟除虫菊酯和氨基甲酸酯类农药分析。

（3）灌溉水选测指标：总硬度（以 $CaCO_3$ 计）、溶解性总固体、硫酸盐、氯化物、Fe、Mn、Cu、Zn、Co、挥发性酚类（以苯酚计）、高锰酸盐指数、硝酸盐（以 N 计）、亚硝酸盐、氨氮（NH_4）、氟化物、氰化物、Hg、As^{3+}、Se、Cd、Cr^{6+}、Pb、Be、Ba、Ni、滴滴涕、六六六、总大肠菌群、细菌总数。10%的样品先进行有机物定性分析，根据初步分析结果确定进一步分析的有机物种类和样品数量。

（4）化肥和农药样品分析 As、Cr、Cd、Cu、Hg、Pb、Zn、Ni、F、N、P、K、B、Mo、Mn、Ca、Mg、Se 等元素含量。

（5）不同蔬菜基地可根据农药施用种类自行确定各类样品分析元素和有机污染物种类。

5）结果整理

以实际测定的蔬菜可食部分重金属含量数据，遵照国家绿色食品卫生标准和国家无公害食品卫生标准，进行蔬菜可食部分污染程度划分，绘制污染地球化学图。

蔬菜可食部分中重金属含量小于国家绿色食品卫生标准值的为绿色食品；重金属含量大于国家无公害食品卫生标准值的为不安全食品；重金属含量介于国家绿色食品卫生标准值和国家无公害食品卫生标准值之间的为安全食品。

以实测根系土中不同形态重金属含量为基础，绘制离子交换态、碳酸盐态、弱有机结合态、铁锰氧化态、强有机结合态地球化学图。

以土壤重金属全量与不同形态含量和土壤不同物理化学性质数据为基础，建立土壤中重金属全量与不同形态、不同理化性质的关系，计算土壤不同形态重金属含量，绘制不同形态重金属含量地球化学图。

统计研究同一类蔬菜可食部分的重金属含量与土壤中重金属的回归方程，根据土壤中重金属含量与蔬菜可食部分中重金属含量曲线特征确定重金属在农作物中的阈值。

通过实地调研蔬菜基地单位面积土壤中化肥年施用量、农药年使用量、灌溉水年灌溉量，结合不同样品元素和有机污染物等成分分析，可定量计算由施肥、农药和灌溉水带入土壤中有害元素、有益元素和有机污染物的年通量。研究控制重金属进入土壤和农作物中的主要因素。

探讨各种重金属、有机农药、硝酸盐在蔬菜－土壤－地下水之间的迁移途径及物质循环过程。

6.5.4 生态观光园环境质量地球化学评价

1）评价内容

生态观光园主要进行土壤放射性危害程度和空气有害气体浓度评价。

2）样品布置

在生态观光园内按网格进行样点布设。采样密度为 1 个样/（20～50）m^2。每个评价生态观光园样品量不少于 15～20 个样。

3）样品采集

土壤样品采集深度为0～20cm，样品重量为1kg。

土壤采集点处，现场实测1m高γ辐射空气吸收剂量率。按《环境地表γ辐射剂量率测定规范》（GB/T 14583—1993）执行。

空气采样点位根据室内面积大小和现场情况而确定。样品采集数量、时间及采集方法按照《室内环境空气质量监测技术规范》（HJ/T 167—2004）执行。

4）样品分析

土壤样品分析U、Th和K含量。

空气样品分析甲醛、苯、氨、氡、总挥发性有机化合物（TVOC）、一氧化碳、二氧化碳、二氧化硫、臭氧、可吸入颗粒物。

5）结果整理

根据土壤样品U、Th和K含量和相同点位实测的1m高γ辐射空气吸收剂量率数据，对放射性污染进行评价。评价方法详见中国地质调查局调查标准《区域生态地球化学评价技术要求（试行）》（DD 2005-02）。

根据空气样品所分析指标的数据，参考《室内空气质量标准》（GB/T 18883—2002）和《民用建筑工程室内环境污染控制规范》（GB 50325—2010），对生态观光园空气质量等级进行评价。

6.5.5 工矿企业旧址环境质量地球化学评价

1）评价内容

工矿企业旧址环境质量地球化学评价对象主要涉及土壤和地下水。

2）样品布置

在工矿企业旧址内按照1∶1000～1∶5000网格化布置面积性土壤样品点。污染严重地区，可布置土壤剖面样品采集点；依据工矿企业及其周围地下水水文地质特征，采取点面结合的方法进行地下水样点布置。样品布设原则参考《地下水环境监测技术规范》（HJ/T 164—2004）。

3）样品采集

土壤样品采集深度为0～5cm，剖面样品采集密度为1个样/5～10cm。

土壤样品采集、加工和保存方法技术按照中国地质调查局调查标准《区域生态地球化学评价技术要求（试行）》（DD 2005-02）和《土壤环境监测技术规范》（HJ/T 166—2004）执行。

水样采集、运输方法技术按照中国地质调查局调查标准《多目标区域地球化学调查规范（1：250 000）》(DD 2005-01)、《生态地球化学评价样品分析技术要求（试行）》(DD 2005-03）和《地下水环境监测技术规范》（HJ/T 164—2004）执行。根据分析元素不同，添加不同保护剂，用不同的容器进行盛装。

沿着地下水流动的方向平行布置剖面，根据剖面长度调整采样密度，一般一条剖面为10～15个采样点。

水样采集时间应为每两个月采1次，全年采6次。同一水文地质单元的采样时间尽量相对集中，日期跨度不宜过大；以便不同期水样测试结果可以对比研究，采集条件要尽可能一致。

采集水样现场，先测定水量、水温、pH等指标，之后添加保护剂。

采样过程中采样人员不应有影响采样质量的行为。

4）样品分析

工矿企业类型不同，土壤和地下水评价指标不同。

不同工矿企业旧址土壤和地下水评价指标的选取按附录D执行。

若附录D中未列出要进行评价的工矿企业旧址，则根据工矿企业实际情况，自行确定分析指标。

进行有机污染物分析的土壤及地下水样品，10%的样品先进行有机物定性分析，根据初步分析结果确定进一步分析的有机物种类和样品数量。

附录D中未列出的工矿企业类型，根据具体工矿企业类型，自行确定土壤和地下水样品分析元素及指标种类。

5）结果整理

依据《土壤环境质量标准》(GB 15618—1995)，农业部或其他部委颁布的土壤植物营养元素分级指标，对土壤地球化学质量进行单指标、综合指标等级划分和评价。

以土壤重金属全量与不同形态含量和土壤不同物理化学性质数据为基础，建立土壤中重金属全量与不同形态、不同理化性质的关系，计算土壤不同形态重金属含量，绘制不同形态重金属含量地球化学图。

按照《生活饮用水卫生标准》（GB 5749—2006）和《地下水质量标准》（GB/T 14848—1993）中的各项规定值与评价区实测值进行对比，对地下水污染程度进行评价，对污染严重的地下水水质改善提出治理建议。

根据所选测的各类评价指标的实测数据，进行不同工矿企业旧址的风险性评价。风险性评价方法见附录E。

6.5.6 城市放射性污染程度评价

1）评价内容

依据城市环境质量地球化学调查结果，选择表层土壤U、Th、K等放射性元素高异常的地区开展放射性污染程度评价。

2）样点布置

在异常区进行 1∶10 000～1∶5000 密度的土壤样品采集点，或布置几条穿越放射性元素高异常区的水平剖面，采样密度 1 个样/(10～20) m。

3）样品采集

土壤样品采集深度为 0～5cm，样品重量为 1kg。

土壤采集点位处，现场实测 1m 高 γ 辐射空气吸收剂量率。按照《环境地表 γ 辐射剂量率测定规范》(GB/T 14583—1993) 执行。

4）样品分析

土壤样品分析 U、Th、Ra 和 K 含量。

5）结果整理

根据土壤样品 U、Th 和 K 含量和相同点位实测的 1m 高 γ 辐射空气吸收剂量率数据，对放射性污染程度进行评价。评价方法详见中国地质调查局调查标准《区域生态地球化学评价技术要求（试行）》(DD 2005-02) 中 7.2.1.4。

6.5.7 城市加油站环境质量地球化学评价

1）样点布置

在城市加油站周围 100～200m 范围内布置土壤垂向剖面和地下水样品。

以加油站为圆心，以 10～20m 的间距为半径组成同心圆，在每个同心圆上采集 3～4个土壤垂向剖面和地下水样品。

考虑加油站的规模、地质特征、水文特征，适当地增减样品数量。

2）样品采集

土壤垂向剖面的深度以加油站的地下储油罐的埋深为准，剖面的深度要大于地下储油罐的埋深 5～10m。每条土壤垂向剖面的样品量为 10～20 件。

土壤样品采集、保存、运输技术方法详见中国地质调查局调查标准《区域生态地球化学评价技术要求（试行）》(DD 2005-02)。

地下水样品采集、保存、运输技术方法同 6.5 节。

3）样品分析

土壤样品分析指标为：饱和烃、芳香烃、环烷烃、挥发性酚类、As、Hg、Pb、Ni、V、Fe、Cu、Cr、Pb、Cd、TOC。

地下水样品分析指标为：pH、饱和烃、芳香烃、环烷烃、硫酸盐、挥发性酚类、Hg、Ni、As^{3+}、V、Cr^{6+}、Cu、Pb、Cd、TOC。

4）结果整理

按照《地下水质量标准》（GB/T 14848—1993）和《生活饮用水卫生标准》（GB 5749—2006）中的各项规定值与评价区实测值进行对比，对地下水污染程度进行评价，对污染严重的地下水水质改善提出治理建议。

采用环境风险评价方法，对评价区的土壤、地下水进行风险评价。

6.5.8 农用地土壤环境质量地球化学评价

主要对调查城市的农用地进行土壤环境质量地球化学评价。

1）样品布置

依据城市环境地球化学调查结果，充分考虑调查城市的农用地分布特征、地质背景、土壤类型、景观特征、重金属（包括 As）元素含量及土壤理化性质（pH、质地、CEC 等）差异，选择采集样品的工区。

以一定采样密度（1∶10 000 或 1∶5000）和一定面积的工区为单元进行网格采样。

2）样品采集

采集面积性土壤样品，采样深度 0～20cm。

在选定的工区内，采集大宗农作物籽实。南方以水稻为主（或油菜、玉米），北方以小麦为主（或玉米、大豆），以及评价区主要的经济作物和蔬菜，在农作物对应点位上，采集根系土。

污染严重地区或已发现对动植物及人体产生危害的地区，可采集人体毛发样品及其他动物样品。

样品采集的方法见中国地质调查局调查标准《区域生态地球化学评价技术要求（试行）》（DD 2005-02）。

3）样品分析

农作物籽实无污染去壳，分析 As、Cr、Cd、Cu、Hg、Pb、Zn、Ni、F、Se 等元素全量。少量样品可进行有机氯农药分析。

对根系土进行 N、P、K、B、Mo、Mn、Cu、Zn、Fe、Si、Ca、Mg 等元素的全量和有效态分析（碱解氮、有效磷、速效钾、有效硼、有效钼、有效铜、有效锌、有效铁、交换性钙和镁、有效硅），测试根系土 pH、CEC、黏粒、容重、TOC、质地等指标。

分析根系土中 As、Cd、Cr、Cu、Hg、Pb、Ni、Zn 等重金属元素全量和离子交换态、碳酸盐态、弱有机结合态、铁锰氧化态、强有机结合态和残渣态分析。少量样品进行有机氯农药分析。

根据研究区农作物籽实中重金属超标情况，确定人体毛发样品及其他动物样品分析元素种类。

不同地区可根据根系土植物营养元素含量实际供给及重金属元素含量情况，增减元素分析的种类。

4）结果整理

参照各种国家环境质量标准，结合研究地区实际情况，进行农作物安全性评价和人体健康风险评估，研究农作物籽实吸收有害元素影响因素，提出降低有害元素生态风险建议；进行土壤营养元素生物有效性研究，建立元素有效态与全量、理化性质关系方程，对农用地土壤肥力进行评价；综合土壤肥力指标、环境健康指标等因素，对土壤质量进行地球化学等级划分，划分方法参照《土地质量地球化学评估技术要求（试行）》（DD 2008-06）。

7 综合研究及成果表达

完成环境地球化学调查和环境地球化学评价野外样品采集、数据分析工作后，需对所获得的数据资料进行统计、图件编制和报告编写等工作，在此基础上，不同城市可根据开展调查和评价工作的重点，有针对性地进行综合研究。

7.1 综合研究

1）土壤元素地球化学特征研究

按照不同单元，统计元素平均值、标准偏差、最大值、最小值、样品数等地球化学参数，研究不同单元元素地球化学含量特征、空间分布规律及其可能造成元素富集与贫化的自然与人为因素。

2）土壤环境质量状况评估

系统研究土壤 As、Cd、Cr、Cu、Hg、Ni、Pb、Zn 及有机污染物的污染程度，查清污染物的空间分布特征及其可能成因，进行土壤环境质量分级；对农用地、城市绿地、城郊蔬菜基地等地区土壤对 N、P、K、B、Mo、Mn、Cu、Zn、S、Cl、Na 等有益营养元素和有机质丰缺分级，对土壤肥力状况进行评估；对 F、I、Se 等健康元素进行系统对比研究，结合研究区存在的地方病分布情况，开展生态环境健康风险研究。

3）生态环境质量评价

参照国家标准或行业标准对城市饮用水安全、大气环境质量进行评价，结合农产品安全性研究，综合评价城市生态环境质量和生态风险；通过异常查证、污染物追踪和生态效应评价等项研究，甄别影响生态环境质量的自然和人为因素，研究不同因素对生态风险影响的作用机制。

4）城市典型环境地球化学问题研究

参照相应的环境质量标准，对城市区矿山、放射性、垃圾填埋场、蔬菜基地、生态观光园、绿地、加油站等环境质量进行综合评价研究。研究污染物成因来源和迁移转化途径，评价其对生态环境造成的影响，尤其是评价对人体健康和经济社会可持续发展的影响。

5）环境质量预测预警

在系统研究影响生态环境质量因素的基础上，提出生态环境质量评价和预测预警模型，结合研究城市未来规划建议和影响城市环境质量因素的变化速率，对城市环境质量进行预测预警。

6）提出对策建议

在对土壤、水体、大气环境质量、农作物安全和典型环境问题进行综合研究基础上，提出改善环境质量、降低生态风险、合理利用土地资源、调整农业种植结构等各项对策建议，为保障社会经济可持续发展和生态环境质量不断提高提供科学依据。

7.2 成果表达

城市环境地球化学调查和城市环境地球化学评价成果主要为系列图件、文字报告和数据库。

7.2.1 图件

图件包括实际材料图、元素地球化学图、推断解释性图件和城市环境质量地球化学评价图。

实际材料图包括：各类介质采样点位图及其他实际材料图。

元素地球化学图包括：表层土壤地球化学图、湖泊湿地及近海沉积物地球化学图、地表水地球化学图、浅层地下水地球化学图等，以单元素数据勾绘等量线成图。

推断解释性图件包括：单元素地球化学异常图、组合元素地球化学异常图、地球化学分区图、表层土壤环境质量分类图、表层土壤常量营养元素（全量）丰缺分级图、地表水和浅层地下水环境质量分类图等。

城市环境质量地球化学评价图包括：有毒有害元素及有机污染物污染程度图、有益元素总量及有效量评价图、土壤（土地）质量评价图、城市及农田区土壤安全区划图、农作物适宜性种植建议图、安全性评价预警图、城市土地利用规划建议图等。

7.2.2 报告

研究报告包括城市环境地球化学调查报告和城市环境质量地球化学评价报告两大部分。报告编写提纲见附录 F。

7.2.3　数据库

1）数据库类型

采用区域地球化学数据库信息系统（GeoMDIS），建立基础资料数据库、统计与评价数据库。

2）基础资料数据库

基础资料数据库包括：调查资料子库、分析数据子库和图形子库。

调查资料子库：包括各类定点的GPS坐标数据、各类采样记录、各类调查查证记录、剖面记录、数字拍照资料、摄像资料、野外素描等。

分析数据子库：包括城市环境地球化学调查阶段的土壤、水、湖底沉积物、近岸海域沉积物等分析数据；环境质量地球化学评价阶段的土壤、水体、生物样品、大气干湿沉降、大气颗粒物、悬浮物、底泥及各类污染源样品的分析数据。

图形子库：包括地理地貌、地质矿产、水文地质、土壤分布、第四纪地质、土地利用以及农业区划和区域经济发展规划等。

3）统计与评价数据库

统计与评价数据库包括地球化学数据参数统计库、环境质量地球化学数据评价库。

地球化学数据参数统计库：各类样品的全区与子区参数统计，统计参数包括样本数（N）、面积（S）、算术平均值（$\overline{X}$）、标准离差（S_o）、变异系数（C_V）、逐步剔除平均值加减2倍标准离差后的算术平均值（$\overline{X}_o$）、几何平均值（$\overline{X}_g$）、中位数（M_e）以及最大值（X_{max}）、最小值（X_{min}）。

环境质量地球化学数据评价库：有益元素和有害物质（元素及有机污染物）各类评价参数统计，土壤、大气和水体污染程度评价参数统计，土壤有益元素等级划分参数统计和土地质量评价参数统计，生态系统安全性预警等。

附录A　设计书编写内容及要求

（规范性附录）

A.1　前言

1）目的任务

包括任务来源、任务书的主要内容、技术要点、工作起始时间、成果提交时间及预期成果等。

2）调查评价区范围及地理条件

包括调查与评价城市的地理位置、行政区划、自然地理、气象水文、交通条件及社会经济概况等。

A.2　调查评价区概况及环境质量地球化学问题

包括调查与评价区区域地质地球化学概况、以往勘查地球化学工作程度、多目标区域地球化学调查或其他区域地球化学调查（包括区域环境质量调查、区域农业调查和区域生态调查等）成果及主要问题评述。

A.3　调查与评价内容

1）调查工作内容

根据调查城市不同类型疏松覆盖层、河流、浅层地下水、湖泊、滩涂、近岸海域沉积物分布情况及城市不同功能区特点，研究和确定野外采样方案。

2）评价内容

依据环境地球化学调查结果，细化异常元素来源追踪、迁移途径研究、生态效应评价和变化趋势及危害程度的预测预警等项内容。

3）重点问题

论述工作内容中的难点和重点问题及拟采用的解决方案。

A.4　技术路线及工作方法

1）技术路线

包括技术路线、关键技术和技术创新等。

2）工作方法

包括工区布置、样品采集、样品加工、数据分析、质量监控、结果整理和成果表达等。

A.5 工作部署

1）工作部署原则

根据任务书要求，有针对性地阐述总体工作思路和部署原则，说明各项工作间的衔接及关系。

2）总体工作部署及年度工作部署

说明总体及年度工作安排的主要内容和工作量，当年工作安排要具体。

A.6 实物工作量

为完成目标任务设计的实物工作量，附工作量一览表。

A.7 预期成果及提交时间

1）预期成果

包括调查报告、评价报告、各类图件和 GIS 系统。

2）成果提交时间

按照任务书要求，说明成果提交的时间。

A.8 组织机构及人员安排

1）组织管理

说明项目执行过程中的组织管理方式和组织结构。

2）项目组成员及分工

包括项目负责人简历、项目组研究基础，列表说明项目组成员姓名、年龄、技术职务、从事专业、工作单位、在项目中的分工和参加项目的工作时间等。

A.9 经费预算

见“地质调查项目设计预算编写要求”，包括编制说明和设计预算表。

A. 10 质量保证与安全措施

1） 质量保证措施

说明为保障任务完成而采取的各种质量保证措施，包括野外样品采集、处理过程中采取的措施，样品数据分析过程中的各项质量保证措施和提高工作人员技术水平所采用的技术培训措施等。

2） 安全与劳动保护措施

说明项目执行过程中所采取的各项安全和劳动保护措施。

A. 11 设计附图及附表

1） 附图

包括交通位置图、工作程度图（与生态地球化学评价相关的调查工作）、地质图、土壤类型图及主要元素和指标的调查结果图、工作部署图及其他需要的图件。

2） 附表

评价工作中需要的各类表格。

附录B　土壤地球化学采样记录卡

（规范性附录）

土壤地球化学采样记录卡见表B-1。

表B-1　土壤地球化学采样记录卡

省：＿＿＿＿＿　　市：＿＿＿＿＿　　图幅名称：＿＿＿＿＿＿＿＿　　＿＿年＿＿月＿＿日

<table>
<tr><td>1</td><td>2</td><td>3</td><td>4</td><td>5</td><td>6</td><td>7</td><td>8</td><td>9</td><td>10</td><td>11</td><td>12</td><td>13</td><td>14</td><td>15</td><td>16</td><td>17</td><td>18</td><td>19</td><td>20</td><td>21</td></tr>
<tr><td colspan="2">标识</td><td colspan="2">省</td><td colspan="3">行政区</td><td colspan="9">图幅号</td><td colspan="5">样品号</td></tr>
<tr><td></td><td></td><td></td><td></td><td></td><td></td><td></td><td></td><td></td><td></td><td></td><td></td><td></td><td></td><td></td><td></td><td></td><td></td><td></td><td></td><td></td></tr>
<tr><td>22</td><td>23</td><td>24</td><td>25</td><td>26</td><td>27</td><td>28</td><td>29</td><td>30</td><td>31</td><td>32</td><td>33</td><td>34</td><td>35</td><td>36</td><td>37</td><td>38</td><td>39</td><td>40</td><td>41</td><td>42</td></tr>
<tr><td colspan="8">横坐标</td><td colspan="8">纵坐标</td><td>颜色</td><td>质地</td><td>盐渍</td><td colspan="2">土地利用类型</td></tr>
<tr><td></td><td></td><td></td><td></td><td></td><td></td><td></td><td></td><td></td><td></td><td></td><td></td><td></td><td></td><td></td><td></td><td></td><td></td><td></td><td></td><td></td></tr>
<tr><td>43</td><td>44</td><td>45</td><td>46</td><td>47</td><td>48</td><td>49</td><td>50</td><td>51</td><td>52</td><td>53</td><td>54</td><td>55</td><td>56</td><td>57</td><td></td><td></td><td></td><td></td><td></td><td></td></tr>
<tr><td colspan="5">原始样品号</td><td colspan="3">采样单位</td><td></td><td></td><td></td><td></td><td></td><td></td><td></td><td></td><td></td><td></td><td></td><td></td><td></td></tr>
<tr><td></td><td></td><td></td><td></td><td></td><td></td><td></td><td></td><td></td><td></td><td></td><td></td><td></td><td></td><td></td><td></td><td></td><td></td><td></td><td></td><td></td></tr>
<tr><td colspan="3">样袋号</td><td></td><td></td><td></td><td></td><td></td><td></td><td></td><td></td><td colspan="3">pH</td><td colspan="7"></td></tr>
<tr><td colspan="3">标记位置</td><td colspan="18"></td></tr>
<tr><td colspan="3">土壤特征描述</td><td colspan="18"></td></tr>
<tr><td colspan="3">采样点周围环境描述</td><td colspan="18"></td></tr>
<tr><td colspan="3">土地使用状况描述</td><td colspan="18"></td></tr>
<tr><td colspan="3">备注</td><td colspan="18"></td></tr>
</table>

记录：　　　　采样：　　　　审核：　　　　No.

土壤地球化学采样记录卡填卡说明：

1～2 列为样品分类识别号：表层土壤样规定为 01，沉积物样规定为 02。

3～4 列为省编号，见《多目标区域地球化学调查规范（1∶250 000）》(DD 2005-01) 附录 F。

5～7 列为行政区编号，各省自定。

8～16 列为图幅号，填写方法见《多目标区域地球化学调查规范（1∶250 000）》(DD 2005-01) 附录 A。

17～21 列为样品号，14～16 列为大格子号，17 列为小格子号，18 列为样品序号。

22～29 列为横坐标，填写方法见《多目标区域地球化学调查规范（1∶250 000）》(DD 2005-01) 附录 A。

30～37 列为纵坐标，填写方法见《多目标区域地球化学调查规范（1∶250 000）》(DD 2005-01) 附录 A。

38 列为样品颜色：1－黑色；2－灰色；3－褐色；4－灰黄色；5－红色；6－棕黄色；7－其他颜色。

39 列为样品质地：01－砂土（含砂粒 85％以上，含黏粒 15％以下）；02－壤土（含黏粒 25％～40％，含砂粒 60％～75％）；03－黏土（含黏粒 50％以上，含砂粒 50％以下）；04－其他。

40 列为盐渍情况：00－无；01－轻度；02－中等；03－严重。

41～42 列为土地利用类型，填写方法见《多目标区域地球化学调查规范（1∶250 000）》(DD 2005-01) 附录 A。

43～47 列为重复采样号对应的原始样品号。

48～50 列为采样单位，各省自定。

“土壤特征描述”一栏中以文字记录，如实填写能反映主要土壤理化性质的野外观察资料。

“采样点周围环境描述”一栏中详细描述采样点周围的大气、水系以及其他有关的环境情况。

“土地使用状况描述”一栏中详细描述土地的使用状况。

各城市可根据特殊情况增加记录项目。

附录C　矿山环境质量地球化学评价土壤、水系样品测试指标

（资料性附录）

矿山环境质量地球化学评价土壤、水系样品测试指标见表C-1。

表C-1　矿山环境质量地球化学评价土壤、水系样品测试指标

矿山类型	土壤		水系（地表水和地下水）	
	必测指标	选测指标	必测指标	选测指标
岩浆硫化物矿床	pH、Pb、Cd、Hg、As、Cu、Ni、Co、Fe、Tl、Cr、V	S、Se、Sb、Zn、F、I	pH、硫酸盐、氯化物、Hg、As^{3+}、Se、Cd、Cr^{6+}、Pb	Fe、Mn、Cu、Zn、Co、Ni、高锰酸盐指数、硝酸盐（以N计）
碳酸盐矿床	pH、P、U、Th、Ba、F、Pb、V、S、Cd、Hg、As	Zn、Mo、Cu、Fe、Ba、Sr、K、Rn	pH、F、Hg、As^{3+}、Se、Cd、Cr^{6+}、Pb、总α放射性、总β放射性	Fe、P、V、Cu、Zn、Ni、硫酸盐、高锰酸盐指数、硝酸盐（以N计）
铀、钍、稀土矿床	pH、K、Fe、F、Th、U、Mn、Ti、Pb、Cd、Hg、As	Zn、S、P、γ射线	pH、总硬度（以$CaCO_3$计）、F、Hg、As^{3+}、Se、Cd、Cr^{6+}、Pb、总α放射性、总β放射性	硫酸盐、Ba、P、Mn、Fe、Ti、高锰酸盐指数
锡、钨夕卡岩型、交代型矿床	pH、F、U、Th、K、Cu、As、Cd、Hg、Pb	P、Be、Zn、Fe、Mn、B、Mo、Bi、Cl	pH、As、F、U、Hg、As^{3+}、Se、Cd、Cr^{6+}、Pb	总硬度（以$CaCO_3$计）、Al、Fe、Zn、Mo、总α放射性、总β放射性
钼矿	pH、U、Th、K、F、Mo、Cu、Mn、As、Cd、Hg、Pb	Rn、γ射线、Be、Fe、Al、Zn	pH、As、F、U、Hg、As^{3+}、Se、Cd、Cr^{6+}、Pb	总硬度（以$CaCO_3$计）、Fe、Al、Cu、Zn
斑岩铜矿	pH、As、Cd、Cu、Fe、Mo、Pb、S、Zn、Hg、P	Sb、B、Co、K、Mn、Tl、U、V、Ni、Cl、Se	pH、As、F、U、Hg、As^{3+}、Se、Cd、Cr^{6+}、Pb	总硬度（以$CaCO_3$计）、硫化物、Cu、Fe、Mo、Zn、U、V、K、Ca、Mg、Ni、Al、Co
金、铜、铅锌夕卡岩型矿床	pH、Cu、Pb、Zn、Co、As、Mo、Fe、S、Cd、F、Cr、Hg	Bi、Al、Mn、Se、Be、K、V、Ni	pH、SO_4、Fe、Pb、Cu、Zn、Cd、Co、Ni、Mn、As	总硬度（以$CaCO_3$计）、硫化物、氰化物、悬浮物、Cl、Se、Al、V
夕卡岩型铁矿床	pH、Fe、Cu、Zn、Pb、As、Cd、F、Hg	Co、Ni、K、Mg、P、Cl	pH、Cu、Fe、Pb、As、Cd、Hg、F	Co、Ni、K、Mg、P、Cl、Zn、总硬度（以$CaCO_3$计）、硫化物、氰化物、悬浮物

续表

矿山类型	土壤		水系（地表水和地下水）	
	必测指标	选测指标	必测指标	选测指标
GREED 式、COMSTOCK 式和 SADO 式低温脉状矿床	pH、As、Se、F、Cu、Pb、Hg、Cd	Fe、Zn、Mn、Ba、Sb、U	pH、Cu、Pb、Cd、Co、F、Hg、As、Se	Al、Mn、Fe、Zn、Ni、硫化物、氰化物、悬浮物
浅成低温石英-明矾石型金矿床	pH、Fe、Cu、As、S、Pb、Zn、Cr、Se、Hg、Cd、Tl、S	Bi、Mo、U、Th、K、Ni、Co	pH、氰化物、As、Co、Ni、Cr、Th、Se、U、Hg、Cd、Pb	硫化物、悬浮物、Fe、Al、Be、Bi、Sb、Tl、Mn、Zn、Cu
地钛氧化型 Cu-U-Au-REE 矿床	pH、U、Th、F、P、Cl、Cu、As、Cd、Pb、Hg、S	Rn、K、Mn、Co、Ni、Mo、V、Cr、Ni	pH、F、氰化物、U、Th、镭、硫化物、As、Cd、Pb、Hg、Cl	悬浮物、P、Cu、K、Mn、Co、Ni、Mo、V
卡林型金矿	pH、As、Hg、Tl、Se、S、Pb、Cd	Fe、Al、Cu、Zn、Ni、Sn、Ba、Mn、Co	pH、As、Hg、Tl、Se、S、Pb、Cd、硫化物、氰化物	Eh、悬浮物、Fe、Al、Cu、Zn、Ni、Sn、Mn
汞矿	pH、Hg、As、Tl、甲基汞、Pb、F、Cl、I、Cd、Se	Zn、Fe、U、Th、K、Sb、Ni、Cr	pH、Hg、As、Tl、甲基汞、Pb、F、Cl、I、Cd、Se、氯化物、硫酸盐	U、Th、K、总α放射性、总β放射性
石棉矿	pH、Cu、Ni、Pb、Cd、Hg、As、Cr	U、Th、K、Se、S、I、F	pH、硫酸盐、总硬度（以 $CaCO_3$ 计）、Hg、As^{3+}、Se、Cd、Cr^{6+}、Pb	总α放射性、总β放射性、溶解性总固体
萤石矿	pH、F、U、Th、K、Pb、Cd、As、Hg、Cl	Zn、Fe、K、S、Cu、Cr、Mo	pH、F、Hg、As^{3+}、Cd、Pb、总α放射性、总β放射性	氰化物、硫化物、Zn、Fe、K、S、Cu、Cr、Mo
煤矿	pH、氟、砷、硒、汞、铬、氯、铅、镉、锰、钒、铀、钍	钼、硼、镍、铍、磷、铜、锌、钡、钴、锑、锡、铊、油类污染物	pH、COD、汞、镉、铬、六价铬、铅、砷、锌、铁、锰、氟化物、悬浮物、石油类	总α放射性、总β放射性
石油	pH、氟、砷、硒、汞、铬、氯、铅、镉、石油类污染物	植物营养元素	pH、COD、石油类、酚、丙酮、芳烃、氢氧化钠、硫化物	溶解盐类

附录 D　工矿企业环境质量地球化学评价土壤、水系样品测试指标

（资料性附录）

工矿企业环境质量地球化学评价土壤、水系样品测试指标见表 D-1。

表 D-1　工矿企业环境质量地球化学评价土壤、水系样品测试指标

<table>
<tr><td rowspan="2" colspan="2">工矿企业类型</td><td colspan="2">土壤</td><td colspan="2">水系（地表水和地下水）</td></tr>
<tr><td>必测指标</td><td>选测指标</td><td>必测指标</td><td>选测指标</td></tr>
<tr><td colspan="2">化学工业</td><td>pH、氰、酚、砷、汞、烷基汞、镉、铅、硫化氰、苯并（a）芘</td><td>多氯联苯、六六六、DDT、有机合成物、植物营养元素</td><td>pH、氰、酚、砷、总汞、烷基汞、镉、铅、Cr^{6+}、六六六、DDT、多氯联苯、苯并（a）芘、硫化氰、有机合成物</td><td>镍、铍、银、溶解盐类、氮、磷、悬浮物、BOD、COD、总 α 放射性、总 β 放射性</td></tr>
<tr><td rowspan="4">轻工业</td><td>造纸</td><td>pH、As、Cd、Hg、Pb、油类物质、甲硫醇、二甲基硫</td><td>亚硫酸盐、植物营养元素</td><td>pH、BOD、固体悬浮物、油类物质、甲硫醇、二甲基硫、可吸附有机卤化物</td><td>色素、无机盐类、纤维素、木素</td></tr>
<tr><td>纺织印染工业</td><td>pH、As、Cd、Hg、Pb、碱、苯、酚、硫醇、铬、镍、铜</td><td>植物营养元素</td><td>pH、色度、BOD、COD、碱、苯、酚、硫醇、铬、镍、铜、苯胺类、氨氮、二氧化氯</td><td>悬浮物、浆料（淀粉、聚乙烯、海藻酸钠）</td></tr>
<tr><td>制革工业</td><td>pH、As、Cd、Hg、Pb、三价铬</td><td>有机污染物、植物营养元素</td><td>pH、色度、COD、BOD、有机污染物、硫化物、三价铬</td><td></td></tr>
<tr><td>食品工业</td><td>pH、As、Cd、Hg、Pb、Cu、Cr、Ni、有机污染物、含氮有机物</td><td>植物营养元素</td><td>pH、DDT、六六六、氨氮、总磷、悬浮物、多氯联苯、含氮有机物、As、Cd、Hg、Pb</td><td>食品添加剂、脂肪、蛋白质、淀粉、溶解在水中的糖、酸、碱、盐类</td></tr>
<tr><td colspan="2">煤炭工业</td><td>pH、氟、砷、硒、汞、铬、氯、铅、镉、锰、钒、铀、钍</td><td>钼、硼、镍、铍、磷、铜、锌、钡、钴、锑、锡、铊、油类污染物</td><td>pH、COD、汞、镉、铬、六价铬、铅、砷、锌、铁、锰、氟化物、悬浮物、石油类</td><td>总 α 放射性、总 β 放射性</td></tr>
<tr><td colspan="2">石油工业</td><td>pH、氟、砷、硒、汞、铬、氯、铅、镉、石油类污染物</td><td>植物营养元素</td><td>pH、COD、石油类、酚、丙酮、芳烃、氢氧化钠、硫化物</td><td>溶解盐类</td></tr>
</table>

续表

工矿企业类型	土壤		水系（地表水和地下水）	
	必测指标	选测指标	必测指标	选测指标
冶金工业	pH、氟、砷、硒、汞、铬、氯、铅、镉、氰化物、氯化物、氟化物、锌、油类污染物	植物营养元素	pH、油、悬浮物、酚、氰、硫化氰酸盐、焦油、氟化物、硫酸、锌、锡、镍、铬	氧化铁、石灰、钾盐
炼油厂	pH、氟、砷、硒、汞、铬、氯、铅、镉、石油类污染物	植物营养元素	pH、COD、石油类、酚、丙酮、芳烃、氢氧化钠、硫化物	溶解盐类
焦化厂	pH、氟、砷、硒、汞、铬、氯、铅、镉、氰化物、氯化物、锌	植物营养元素	pH、酚、氨、硫化物、氰化物、焦油、吡啶	
煤气厂	pH、氟、砷、硒、汞、铬、氯、铅、镉、锰、钒、铀、钍	钼、硼、镍、铍、磷、铜、锌、钡、钴、锑、锡、铊、油类污染物	pH、COD、汞、镉、铬、六价铬、铅、砷、锌、铁、锰、氟化物、悬浮物、石油类	总α放射性、总β放射性
钢铁工业	pH、氟、砷、硒、汞、铬、氯、铅、镉、氰化物、氯化物、锌、油类污染物	植物营养元素	pH、COD、悬浮物、挥发酚、氰化物、氯化物、油类、总硝基化合物、六价铬、锌、氨氮、砷、锌、铁、锰、氟化物、悬浮物、石油类	
农药厂	pH、DDT、六六六、多氯联苯、多环芳烃、艾氏剂、氯丹、滴滴涕、狄氏剂、异狄氏剂、七氯、灭蚁灵、毒杀芬、六氯苯、多氯联苯、二噁英、呋喃等持久性有机污染物(POPs)、氟、砷、硒、汞、铬、氯、铅、镉	植物营养元素	pH、有机污染物、氟、砷、硒、汞、铬、氯、铅、镉	总α放射性、总β放射性
医疗机构	pH、氟、砷、硒、汞、铬、氯、铅、镉、银、氰化物、氯化物、锌、有机污染物	植物营养元素	粪大肠菌群数、肠道致病菌、肠道病毒、结核杆菌、pH、COD、BOD、悬浮物、氨氮、挥发酚、氰化物、汞、镉、铬、六价铬、砷、铅、银、总余氯	石油类、阴离子表面活性剂、色度、总α放射性、总β放射性、动植物油
城市污水处理厂	pH、氟、砷、硒、汞、铬、氯、铅、镉、银、氰化物、氯化物、锌、有机污染物	植物营养元素	pH、COD、BOD、悬浮物、石油类、氨氮、色度、类大肠菌群数、汞、烷基汞、镉、铬、六价铬、铅、砷、硒	阴离子表面活性剂、镍、铍、银、铜、锰、苯并（a）芘、氰化物、苯胺类、总硝基化合物、可吸附有机卤化物、苯类

续表

工矿企业类型	土壤		水系（地表水和地下水）	
	必测指标	选测指标	必测指标	选测指标
肉类加工厂	pH、氟、砷、硒、汞、铬、氯、铅、镉、银、锌	植物营养元素、有机污染物	pH、BOD、COD、动植物油、氨氮、大肠菌群数	有机类污染物
电子工业	pH、氟、硒、砷、镉、铬、铜、汞、铅、锌、铝	钼、锰、铁、铂、镍、植物营养元素、油类	pH、BOD、COD、悬浮物、油类、铅、Cl^-、Cr^{6+}	
其他工业及企业旧址	pH、氟、硒、砷、镉、铬、铜、汞、铅、锌	植物营养元素、有机污染物		

备注：

（1）植物营养元素指 N、P、K、B、Mo、Mn、Cu、Zn、Fe、Si、Ca、Mg 等营养元素。

（2）不同工矿企业旧址土壤样品可选测 CEC、黏粒、容重、Corg、质地等指标。

（3）若不同工矿企业旧址将作为农用地进行使用，可选测营养元素有效态指标；As、Cd、Cr、Hg、Pb、Ni 等重金属元素的形态指标。

（4）工矿企业污染物不明确的，地下水选测元素和指标有：总硬度（以 $CaCO_3$ 计）、溶解性总固体、硫酸盐、氯化物、Fe、Mn、Cu、Zn、Co、挥发性酚类（以苯酚计）、高锰酸盐指数、硝酸盐（以 N 计）、亚硝酸盐、氨氮（NH_4）、氟化物、氰化物、Hg、As^{3+}、Se、Cd、Cr^{6+}、Pb、Be、Ba、Ni、滴滴涕、六六六、总大肠菌群、细菌总数、总 α 放射性、总 β 放射性等。

附录E　风 险 评 价

（资料性附录）

E.1　定义

风险评价（risk assessment）是对不良结果或不期望事件发生的概率进行描述及定量的系统过程。或者说，风险评价是对一特定期间内安全、健康、生态、财政等受到损害的可能性及可能的程度作出评估的系统过程。

环境风险评价（environmental risk assessment）是对特定有害因子造成暴露于该因子的个体或群体不良影响发生的概率及对不良影响发生的程度、时间或性质进行定量描述的系统过程。

E.2　风险评价分类

按风险因子分类：物理因素风险评价、化学因素风险评价、生物因素风险评价、社会因素风险评价。

按风险危及对象分类：健康风险评价、环境风险评价、工程风险评价、投资风险评价、保险风险评价等。

按风险评价提供结果的性质分类：定量风险评价、定性风险评价。

风险评价常见分类如图 E-1 所示。

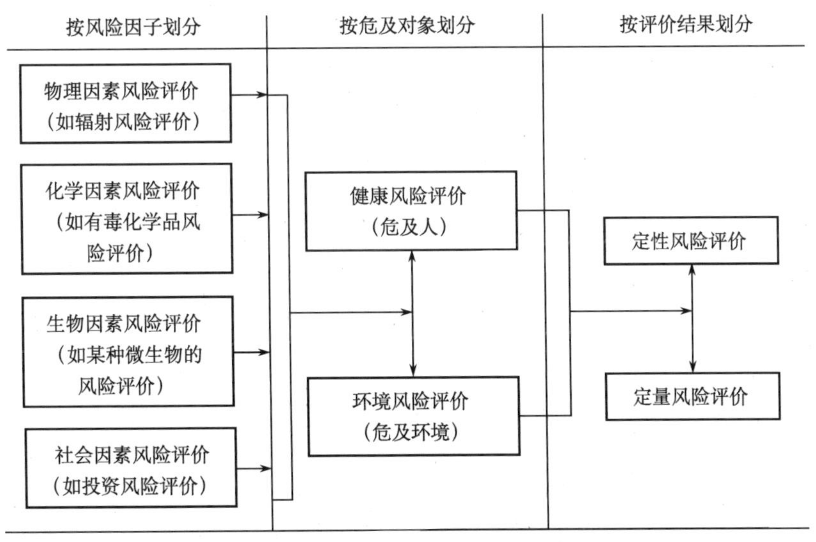

图 E-1　风险评价的分类

E.3　风险评价的基本过程

风险评价的基本过程如下：

（1）确定风险源的性质及强度。

（2）确定人群或生态系统暴露于风险因子的方式、强度、频率及时间。

（3）确定暴露与暴露所导致的健康或生态系影响的剂量-反应关系。

（4）对有害事物发生的概率及所得概率的可靠程度给以估算与分析。

E.4　风险评价的基本程序

在众多环境、健康风险评价程序中使用最普遍的为 1983 年美国科学院公布的四段法：

（1）风险鉴定（hazard identification），鉴定风险源的性质及强度（identify sources）、发生危险的路径（identify pathways）、受影响群体（人或环境）（identify receptors）；构建风险源的迁移转化及暴露途径概念模型。

（2）暴露评价（exposure assessment），人群或生态系统暴露于风险因子的方式、强度、频率、途径、持续时间等的评估及描述。

（3）剂量-反应评估（dose-response assessment），暴露与暴露所导致的健康或生态系影响的因果关系，即剂量-反应关系的研究与描述。

（4）风险评定（risk characterization），对有害事物发生的概率及所得概率的可靠程度给以估算与分析。

E.5　风险评价信息系统

建议参考美国环保局风险信息系统 http：//www.epa.gov/iris。

附录F 城市环境地球化学调查与评价报告编写提纲

（规范性附录）

F.1 前言

（1）项目来源及任务目标
（2）完成的工作量
（3）主要成果概述

F.2 工作区概况

（1）自然地理、地质、地球化学及矿产资料概况
（2）农业生产、土壤类型、土地利用状况
（3）生态、环境、地方病分布概况
（4）社会经济及工农业发展概况
（5）城市规划及生态环境问题评述

F.3 城市环境地球化学调查

（1）城市环境地球化学调查野外工作方法技术及质量评述
（2）样品处理方法、分析测试方法及数据质量评述
（3）数据处理及地球化学图件编制
（4）城市环境地球化学特征
①系列地球化学特征参数的确定
②城市地球化学元素分布及参数特征
③城市地球化学异常分类及分布特征
④地球化学分区

F.4 城市环境地球化学评价

（1）土壤环境质量地球化学评价
①农作物安全性评价
②土壤单指标评价
③土壤综合指标评价
④土壤质量综合评价
（2）大气环境质量地球化学评价
①大气降尘的空间分布特征、化学特征
②大气降尘的来源及迁移途径

③大气降尘重金属对人体危害研究
④大气降尘对土壤质量的影响
⑤大气降尘有机污染物对人体危害研究
⑥酸沉降与城市生态系统的危害研究
(3) 城市饮用水水源地环境质量地球化学评价
(4) 典型地区环境质量综合地球化学评价
①矿山开采对环境质量影响的地球化学评价
②垃圾填埋对环境质量影响的地球化学评价
③城郊蔬菜生产基地环境质量地球化学评价
④生态观光园环境质量地球化学评价
⑤工矿企业旧址环境质量地球化学评价
⑥绿地环境质量地球化学评价
⑦城市放射性污染程度评价
⑧城市加油站环境质量地球化学评价

F.5　结论与建议

F.6　附表

F.7　附图

本指南的附录 A、附录 B、附录 F 为规范性附录，附录 C、附录 D、附录 E 为资料性附录。

本指南起草单位：中国地质调查局南京地质调查中心、中国地质大学（北京）。

本指南主要起草人：杨忠芳、程光华、黄美谦。

城市地质信息系统建设指南

1 范围

本指南从城市地质数据中心建设、系统功能、三维模型构建、安全体系、建设工作流程等方面提出了城市地质信息系统建设的工作内容和工作要求，提供了整个系统建设过程中各阶段核心工作流。

本指南可作为全国各级城市地质项目承担单位在进行城市地质信息系统项目规划、技术方案制定、评价和建设实施过程中的参考资料。其他相关软件项目也可将本指南作为参考。

本指南的使用范围为各级城市地质调查机构、政府管理部门、城市地质信息系统软件研制单位和工程监理单位等。

2 规范性引用文件

下列文件中的条款通过本指南的引用而成为本指南的条款。凡是注日期的引用文件，其随后所有的修改单（不包括勘误的内容）或修订版均不适用于本指南，然而，鼓励根据本指南达成协议的各方研究是否可使用这些文件的最新版本。凡是不注日期的引用文件，其最新版本适用于本指南。

GB/T 9385—2008 计算机软件需求规格说明规范

GB/T 9386—2008 计算机软件测试文档编制规范

GB/T 8567—2006 计算机软件文档编制规范

GB/T 12504—1990 计算机软件质量保证计划规范

GB/T 15532—2008 计算机软件测试规范

GB/T 17798—2007 地理空间数据交换格式

GB 17859—1999 计算机信息系统安全保护等级划分准则

GB/T 18578—2001 城市地理信息系统设计规范

CJJ 100—2004 城市基础地理信息系统技术规范

TD/T 1016—2003 国土资源信息核心元数据标准

DD 2006-05 地质信息元数据标准

DD 2006-07 地质数据质量检查与评价

国土资源信息高层分类编码

国土资源数据中心数据管理与维护指南

国土资源信息化“十五”规划和2010年远景目标（纲要）

全国国土资源政务管理信息系统与信息服务系统建设总体方案
全国国土资源信息网络系统建设规范
国土资源数据库整合技术要求
全国国土资源信息网络系统安全管理规定
国土资源部政务管理信息系统总体设计
国土资源数据中心数据运行与维护管理办法

3　术语和定义

1）城市地质信息系统（urban geological information system）

用于城市综合地学数据管理、信息处理和可视化表现，可为地质专业研究、城市规划、建设与管理提供基础地质信息和决策服务的集成化数字地质系统，简称“城市地质信息系统”。

2）城市基础地理数据（urban basic geographic data）

城市地表和地下的自然地理形态和社会经济概况基础数据。本指南主要包括地形图数据、遥感影像、数字高程模型及相关数据等构成的城市自然地理要素。

3）城市地质基础数据（urban geological basic data）

指对城市地质调查中直接获取或收集到的数据进行分类整理后的各类地学数据，可直接应用于城市地质调查的数据处理和成果综合。

4）城市地质成果数据（urban geological result data）

通过对基础数据的再加工处理和分析而形成的新的、更高形式的各类成果资料，按数据类型分为二维矢量、栅格图形、三维模型、表格、文本数据、图片、音视频等。

5）城市地质三维模型（3D urban geological model）

对城市地表及地下空间地层、地质构造、人类工程等的三维表达，它反映地质体对象的主要特征。城市地质三维模型主要由三维地质结构模型、三维地质属性模型、三维地下建（构）筑物模型及地表 DOM、DEM 等组合而成。

6）三维地质结构模型（3D geological structure model）

根据钻孔、剖面、地质图中的地层分层及构造信息建立起的反映地层、断层等地下地质界面和地质体的空间形态和组合关系的三维地质构造形态模型，由几何数据、纹理（材质）数据和属性数据组成。

7）三维地质属性模型（3D geological attribute model）

反映地质体内某一类物理、化学参数在三维空间中分布变化情况的立体模型，包括根据采样点特征值建立的立体散点模型、等值面、立体剖面图等。

8）三维地下建（构）筑物模型（3D underground building model）

人类开发利用地下空间所构建的主要交通设施、市政基础设施等主体的三维表达，由几何数据、纹理（材质）数据和属性数据组成。如轨道交通、越江隧道、立交和地道、地下停车库以及结合民用建筑修建的地下室、半地下室等地下工程。

9）专题地质图（thematic geological map）

指满足城市规划建设及管理工作的需要，按地质专业编制的地质图件，图面形式一般以单要素为主，突出专题图件的主题内容。

10）空间数据（spatial data）

用来表示空间实体的位置、形状、大小和分布特征诸方面信息的数据，适用于描述所有呈二维、三维和多维分布的关于区域的现象。空间数据的特点是不仅具有实体本身的空间位置及形态信息，而且还有实体属性和空间关系（如拓扑关系）信息。

11）城市地质元数据（urban geological metadata）

说明城市地质数据的内容、覆盖范围、质量、状况和其他有关特征描述的信息。

12）城市地质数据中心（urban geology data center）

通过实现统一的城市地质数据定义与命名规范、集中的数据环境，从而达到数据共享与利用的目标。

13）城市地质信息系统建设统一过程（urban geology information system's unified process，UGUP）

城市地质信息系统统一过程是一个进行城市地质信息建设的一般性过程，定义了系统建设过程中工作流程、人员分工、过程与方法等。

4 缩略语

C/S 客户端/服务器计算模式（client/server）
B/S 浏览器/服务器计算模式（browser/server）
GIS 地理信息系统（geographic information system）
WebGIS 互联网地理信息系统（web geographic information system）
UML 统一建模语言（unified modeling language）
DLG 数字线划地图（digital line graphic）
DEM 数字高程模型（digital elevation model）
DOM 数字正射影像图（digital orthophoto map）

DRG　数字栅格地图（digital raster graphic）
XML　可扩展置标语言（extensible markup language）
IMS　互联网地图服务（internet map server）
VCT　中国地球空间数据交换格式中的矢量交换格式（CNSDTF-VCT）
OGC　开放地理信息系统协会（Open Geospatial Consortium）
GML　地理置标语言（geographic markup language）
LOD　细节层次模型（level of detail）
VSS　版本管理软件（MS visual sourcesafe）
SVN　版本管理软件（subversion）
CVS　版本管理软件（concurrent versions system）

5　总则

5.1　系统建设目标

城市地质信息系统建设的总体目标旨在充分利用现代信息技术手段，为实现城市地质信息管理工作的科学化、规范化、高效化提供技术支撑与服务，并在保障信息安全的前提下，向有关城市地质信息管理、应用部门及社会公众提供形式多样、内容丰富的地质服务信息。建成集城市地质数据管理、城市地质数据分析与评价、城市地质数据发布功能于一体的三维城市地质数据管理、应用平台，同时培养一批从事城市地质信息化研究、管理和服务的人才队伍。具体建设目标主要有下列三个方面：

（1）建立城市地质数据管理、服务平台，实现地质数据规范化管理。以城市地质信息化管理的数据标准为基础，基于城市地质数据库，建立集地表、地下空间信息于一体的大型综合性三维空间数据管理、服务平台，实现对来源广泛、类别众多、数量庞大、时空多维、主题鲜明的城市地质数据的规范化统一管理，为业务应用和信息服务奠定坚实数据基础。包括数据采集、数据传输与交换、数据存储与维护、数据处理等。

（2）建立城市地质数据分析评价与辅助决策平台，提高城市地质信息资源利用水平。在充分调查与分析城市地质数据管理与应用部门业务需求的基础上，基于二维、三维 GIS 平台建立城市地质数据分析评价与辅助决策平台，加强数据分析工作，从基础数据中分析挖掘出有助于城市地质管理工作的信息，揭示隐含在数据中的知识，为城市建设与管理服务，提高城市地质信息资源利用水平。根据不同专业数据建立相应的三维地质模型，提供对模型的三维可视化、查询、分析功能；并进一步实现对工程地质条件、地下水资源、土地利用适宜性、地质灾害发育程度、水土污染等的分析评价与辅助决策功能。

（3）建立城市地质信息共享平台，实现城市地质信息社会化服务。根据社会公众对城市地质信息的需求，以数据共享机制为基础，建立一个城市地质信息发布与服务平台，为政府决策和公众需求提供基于城市三维地质及相关数据的基础和增值信息服务。

5.2 系统建设原则

1）实用性

数据库和地质信息平台应最大可能地满足城市规划、工程建设、政府决策和基础地质研究等有关部门对系统的需求，并充分兼顾了社会其他用户对地质信息的需求。系统应具有较完备的数据库和数据更新、查询、检索、分析功能，且各项功能灵活准确、操作方便、用户界面友好，以适应具有不同地质及计算机背景知识用户的要求。

2）先进性

当今，信息技术发展迅速，系统建设过程中，应在软硬件平台选择、所采用的技术方法、管理手段等方面充分考虑先进、可持续发展的原则，在系统结构设计和数据编码方面采用了先进的技术标准和技术方法。

3）规范化、标准化

城市地质信息系统的功能之一在于数据的共享和社会化服务，数据的共享与服务需要建立在统一的标准、统一规范基础之上，以便建立城市地质数据共享的网络交换体系。在统一标准、规范下的城市地质数据交换体系是有效避免“信息孤岛”效应的措施之一。

4）审慎规划、可持续发展

城市地质信息系统是城市国土资源部门业务体系的重要组成部分，需与城市地质现代化发展相衔接，与城市信息化过程中其他系统和工作相衔接。系统目标在于建立稳定的城市地质数据信息化服务体系，具有稳定的数据追加更新能力，持续的在线共享能力和稳定的专业队伍支持，其成果最终需转化为稳定的业务运行体系。

5）需求导向、循序渐进

城市地质信息系统建设须坚持以国家、社会、城市规划、建设、管理部门对城市地质信息需求为导向，本着“循序渐进”的原则开展，“边建设，边服务”，在建设过程中注重服务和决策支持功能的体现，分步实施，由易到难，由内至外，逐步推进，不断完善城市地质信息系统管理和服务体系的布局。

6）以用户为中心、主动服务

系统建设过程中，应主动与有关单位和应用部门沟通联系，掌握各需求方的应用情况，以及大众对地质信息的获知水平，及时提供服务，最大限度地满足用户多层次、多元化的需求，不断提高服务质量和服务水平。

7）重点先行、示范带动

城市地质信息系统的重点是实现对来源广泛、类别众多、数量庞大、时空多维、主题鲜明的城市地质数据的规范化统一管理，形成共享服务体系和持续运行机制。同时需配合重点地区的调查工作，作为示范性应用，带动项目的顺利进行。

8）因地制宜、注重特色

不同地区城市地质环境差别显著，城市地质信息系统建设过程中，应关注本地区城市地质特点，因地制宜，解决突出问题，体现城市特色。

5.3 系统数据体系

系统数据体系建设最终应产生各类标准化数据集产品，为城市地质数据共享提供源源不断的资源，其主要任务是整理整合各类城市地质原始数据、基础数据、成果数据，形成标准格式的数据库或数据集，并对这些标准的数据库或数据集进行加工处理，形成可用于发布或共享的数据产品（元数据、标准数据集、报表、数据集合、城市地质专题图等），产品应符合本指南数据库部分技术规范。

主要建设内容可包括：基础地理数据、基础地质数据、水文地质数据、工程地质数据、环境地质数据、地球物理数据、地球化学数据、地质资源数据、地震地质数据、三维模型数据、地质文档数据、元数据和其他相关数据等。

根据城市地质数据特点，在垂向上可将这些数据依次划分为原始数据、基础数据、成果数据，其层次由低到高，一般情况下上层数据依赖于下层数据构建，在查询上一层数据时，可通过关联关系进一步查询到下层的数据，反向查询亦然；在每一个数据层上即水平方向上，则参照专业分类和数据类型将本层数据再进行细分，同时也建立起不同专业数据之间关联关系。

1）原始数据

原始数据是搜集或采集到的第一手资料的数字化形式，非常宝贵，是数据库建设的基础，其他层次的数据应基于原始数据而建立，除非数据输入错误，原则上不能对这类数据进行修改。

2）基础数据

基础数据是系统进行 GIS 查询统计、分析应用、三维建模等所使用的数据集合，系统的运行直接依赖于基础数据层数据。这一层次的数据是基于原始数据层的数据经标准化处理或重新解释后得到，对这部分数据的修改应有严格的规定。

3）成果数据

成果数据是指存储在系统中的项目各类成果资料的数据集合，包括二维分析评价成果和三维分析评价成果。

除以上所述数据外，数据库运行所需要的一些辅助信息，如元数据、数据字典、系统日志、系统配置信息等，也应进行统一管理，整个城市地质数据的分级分类如图 1 所示。

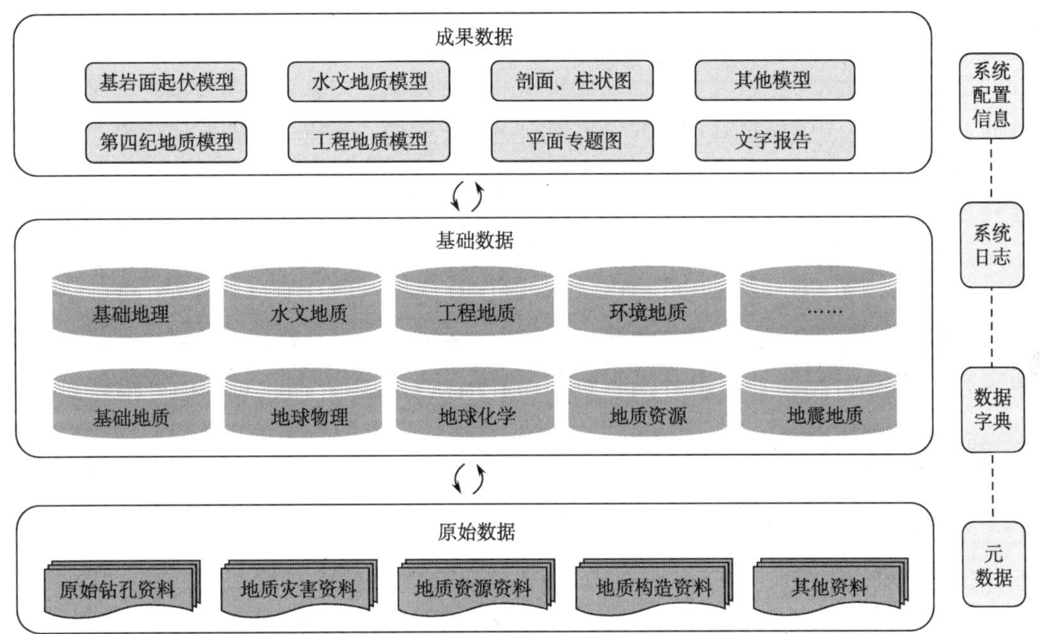

图 1　城市地质数据的分级分类图示

5.4　系统服务体系

5.4.1　服务对象

基于城市地质数据的公益性、保密性等要求以及用户群特点，应对城市地质数据进行分级管理，主要包含数据共享等级划分、用户等级分类、数据共享方式和数据共享措施等。城市地质信息共享与社会化服务主要面向政府、机构、企业和大众。

1）面向政府

通过对城市地质数据的集成、加工处理，生成能够满足城市规划、建设、管理需要的决策支持信息，这类信息应具有宏观性和综合性。

2）面向专业人员

作为从事地学信息生产、地学研究的专业人员，其具有丰富的地学专业知识背景，需要专业化的信息服务，有时亦会自行进行专业分析和数据处理。

3）面向企业

工程建设单位、工矿企业、信息产品分销商、服务代理以及网络服务提供商是城市地质信息服务产业化的参与者。

4）服务中介组织

服务中介组织的产生与发展也是地质成果社会化服务的重要推动力量。政府可组织发布元数据和基本数据信息，中介公司则利用这些数据，凭借自身的专业优势开发软件和集成技术，为需要专业地质信息的人员服务，同时收取报酬。另外，可制作科普化的宣传材料，出售给政府。

5）面向大众

应向大众提供地球、地震、地质灾害防治、地质资源等科普知识的宣传和普及，促进大众关注度、参与度和认知度的提高。

5.4.2 服务模式

数据服务模式可采用以下三种方式。

1）数据拷贝方式

可通过网络、纸质或其他途径发布元数据，用户在经过沟通后获得数据。数据提供通过拷贝或网络传输。

2）在线租用服务模式

城市地质数据作为基础设施，可以租用的形式向社会提供服务，即由城市地质数据中心提供全部或部分数据的查询权限，用户可以此为基础，另建专业的数据和信息系统，城市地质数据则直接从城市地质数据中心调用即可，用户可实行按月、包年等计费办法。

3）产品增值服务模式

产品增值服务模式下，用户可在城市地质数据的基础上附加特定的信息和功能，提供高附加值信息服务。

5.4.3 技术要求

（1）数据中心服务应满足针对性、时效性和共享性。①针对性：对于不同的应用目的，信息需求不同，应提供差异化信息服务。②时效性：决策支持部门的信息服务要求及时性，如所提供信息失去时效性，其价值和可用性将大幅下跌。突出表现在地质灾害应急处理方面。③共享性：地质信息服务应可被多用户同时享用。

（2）数据中心服务应支持以下两个层次的数据服务：①支持业务系统运行数据支撑

服务，为各类业务运行系统提供空间、非空间数据查询、展示和统计数据支撑；②支持对同行业不同部门或跨行业的数据共享服务，包括设定权限的数据查询、展示和可满足可定制要求的下载服务。

6 城市地质信息系统功能

城市地质信息系统是由一系列应用软件组成的集成系统，在城市地质数据中心基础上提供城市地质数据录入与管理、城市地质数据分析应用、城市地质三维建模及可视化、城市地质信息网上发布、系统管理与维护等功能。

6.1 城市地质数据管理与维护子系统

6.1.1 目标

在城市地质数据中心基础上，实现数据库的数据录入和一般管理，主要包括属性表数据录入/导入、地图库管理、图形数据入库管理、文档资料入库管理、数据转换、元数据管理等项内容。

6.1.2 功能要求

(1) 应提供数据库表格类属性数据的录入、修改、查询、删除、批量导入功能；

(2) 应提供地理底图、遥感影像等基础地理信息库管理功能，包括建库、库编辑等；

(3) 应提供地质图件等图形数据入库、管理功能，包括图形编辑、图层管理等；

(4) 应提供文档资料入库、管理功能，包括文件入库，目录信息录入、修改、删除等；

(5) 宜提供系统内部属性数据、图形数据导出功能；

(6) 宜提供数据坐标系及投影方式的变换功能；

(7) 应提供元数据管理功能，实现元数据的录入、获取、维护、交换、查询、可视化等。

6.1.3 技术/性能要求

(1) 对于钻孔等系统重要勘探点元属性表宜提供录入/导入及检查功能；

(2) 批量导入功能应支持 Excel、Access 等常用表格文件，并允许用户编辑配置导入数据与数据库表对应关系；

(3) 应允许通过用户配置完成图形数据与属性表数据的自动挂接过程；

(4) 应合理地解决多级外挂属性表的关联关系；

(5) 数据导出时应支持按空间范围等条件导出指定数据；

(6) 属性数据之间转换时应支持 Excel、Access 等常用表格文件格式；

(7) 图形数据之间转换应支持 VCT、E00、MIF、DXF、DGN、SHAPE、MAPGIS

等常用空间数据格式；

（8）对于报告、图片等原始档案宜作为文档资料并编目后入库管理。

6.2 城市地质分析应用子系统

6.2.1 目标

城市地质分析应用子系统建设应面向城市规划、建设、管理的需要，以有效利用城市地质数据为基础，构建辅助专业人员开展数据分析评价的软件工具。考虑到城市地质数据搜集、整理工作的复杂性和循序渐进过程，功能开发上宜以数据为中心，分步进行，先满足数据充实可靠、现势性强的功能需求，后完善各入库数据的开发利用。

6.2.2 功能要求

城市地质业务应用应提供各专业数据的查询显示、项目管理、通用的专题图编制、统计报表分析输出功能。也可针对不同专业的特殊情况，提供水文地质、工程地质、环境地质、地质资源、地震地质等专题数据辅助分析功能，此部分功能内容可根据使用单位的不同需求自行选择。

1）数据管理

（1）系统宜提供按项目方式组织管理数据的功能，支持根据专业需要自定义项目，包括项目基本信息、项目边界、关联的基础数据等。

（2）宜提供项目信息查询、编辑、修改和删除功能。

（3）宜提供项目边界选择功能，项目边界可通过用户鼠标操作选择，也可通过用户坐标输入确定。

（4）为便于显示控制和管理，可提供地理底图、遥感影像、地形数据、各专业地质调查数据、各类地质图件数据及文档资料按照分层的方式进行组织管理的功能。

2）查询输出

（1）应提供城市地质点源数据的点位信息显示功能。

（2）应提供点源数据、图件数据、地理底图数据叠加显示功能。

（3）应提供查询范围选择功能。

（4）应提供查询结果输出功能。

（5）应提供对显示的空间对象的查询功能，可查询选中对象的属性信息。

（6）应提供钻孔快速定位功能，定位钻孔时可通过钻孔编号，也可通过区域等方式。

3）专题图编制

（1）应提供钻孔柱状图编制功能。所提供的柱状图编制功能应能直接从数据库中提取钻孔数据并自动生成柱状图，宜允许用户对柱状图栏目进行编辑、修改，包括添加、删除、合并图道，添加、删除表头表尾，修改图面、图道、图元信息，修改图的显示样式。

(2) 可利用系统自动生成钻孔柱状图的地质钻孔包含基岩地质钻孔、第四纪地质钻孔、工程地质钻孔和水文地质钻孔柱状图等。

(3) 应提供钻孔剖面图编制功能。反映在剖面图上的信息宜包含钻孔及其标注、图例、剖面方位等要素。

(4) 应提供等值线编制功能，可生成地层等值线图和地球化学等值线图。生成等值线的方法可以选择网格化和三角化两种方式。

(5) 网格化法生成等值线，应允许将原始的离散点数据先进行网格化，宜提供距离反比加权法、B样条插值法、克里金估值法、自然临近法等网格化方法，以满足不同的专业要求。

(6) 三角化法生成等值线，应允许将原始的离散点数据先进行三角化，生成不规则三角网，然后再进行等值线追踪。

(7) 对生成的等值线需提供等值线图编辑功能，包括设置叠加在等值线上的点位注记格式、计算均方差以找出异常点、异常点剔除和等值线重构。

(8) 应提供地质资源分布平面图，地质灾害分布图编制功能。各种平面图在表现形式上以叠加显示为主，宜实现各种地图要素和卫星影像、航空照片融合表达。

4) 统计报表分析输出

(1) 系统应提供专业统计图编制。统计图的要素应包含标题、图例、数据表、坐标轴、注记等。

(2) 系统应包含编制单桥静探曲线图、双桥静探曲线图、动静探曲线图、波速曲线等地质专业图件的功能。

(3) 应提供时序数据的时间变化曲线图编制功能，如时间-地面沉降曲线、时间-水位变化曲线，曲线表现形式可采用折线图或拟合曲线图。

5) 专业报表输出

(1) 应提供数据库数据按专业要求以报表形式输出功能，例如土层物理力学参数表和地层特性表。

(2) 应提供统计输出对象选择功能，可通过行政区、地质分区等方式。

(3) 生成的统计报表可提供预览功能。

6) 辅助分析评价

针对各地城市地质调查工作实际需要，可提供各种专业分析辅助评价功能，如地壳稳定性评价、规划区建设适宜性评价、地下空间利用适宜性评价、土地利用适宜性评价等。

(1) 由于专业分析评价模型存在一定共性，应对其中普遍使用的层次分析法、模糊综合评价法、因子分析等抽象为评价模型的组成要素，以公共算法形式提供。

（2）应提供评价模型编辑器工具，专业评价模型可由此工具组装，方便各专业自定义评价数据源和评价过程以及评价结果显示方式。

（3）应提供数据接口，用户可通过数据接口将城市地质分析应用结果数据导出，再使用其他专业分析评价工具进行后续分析评价工作。

6.2.3 技术/性能要求

（1）城市地质数据中的点位信息均应支持动态显示功能，即可对数据点按属性值等分段显示。

（2）基础地理数据中的矢量数据和栅格数据均应支持透明显示。

（3）数据查询范围选择应提供点、矩形、多边形等方式，亦可提供这三种基本形状的多选功能，还应支持用户输入查询范围坐标。

（4）可支持利用查询结果作为下一步的查询范围。

（5）数据查询应充分结合地理信息系统属性与空间信息的关联功能，支持图查属性、属性查图的双向查询。

（6）时序数据查询统计中的时间段选择应提供年、年月、年月日查询等方式。

（7）钻孔柱状图宜包含回次进尺、岩（矿）心采取率、岩层或矿体的层位、厚度、岩（矿）心特征（包括岩石或矿石的物质成分、结构构造、岩层或矿层的接触关系及层面倾角等）描述，以及取样化验、孔内简易水文地质观测和地球物理测井成果等。

（8）钻孔柱状图不仅需支持常规的文本、曲线、地质描述、岩石花纹等栏目，还应支持图片、照片、刻度尺等栏目。

（9）需实现钻孔柱状图与数据库的双向联动，从而可辅助地质专业人员进行数据库中钻孔的分层，实现地质专家知识、数据库与图的有机统一。

（10）钻孔剖面图需考虑地层对应、地层尖灭、夹层、透镜体、古河道、地层外推等剖面绘制过程中的复杂地质情况。

（11）等值线的异常点剔除功能中，对地层顶、底板埋深等值线和地层厚度等值线的异常点不能剔除；而地层属性参数或其他异常点需要提供等值线异常点的剔除功能。

（12）钻孔柱状图、剖面图和等值线图编制应做到数据与图表的具体表现形式解耦，数据在系统中影响的仅仅是图表内容，图表的具体表现形式不受数据的约束，保证图表具备数据层独立、表现层灵活的优点。

（13）专业报表输出等数据信息输出功能中应支持常用格式输出，如 Excel、Word。

（14）使用单位所在区域侧重的地质环境问题各异，关注点各不相同，宜以地方主要环境地质问题作为专业分析辅助评价的核心内容。

（15）宜包含与常用工程勘察信息系统、水文地质专业分析软件（如 ModelFlow、Feflow）等的数据接口。

（16）系统宜提供二次开发 SDK。

6.3 城市地质三维建模及可视化子系统

6.3.1 目标

城市地质三维建模及可视化子系统是一个在三维 GIS 平台支持下，面向城市地质领域的三维地质模拟软件，实现基于多源数据耦合、多方法集成的三维地质建模、三维空间数据存储管理及面向城市地质应用的三维可视化与空间分析应用。

6.3.2 功能要求

1）三维场景操作基本功能

城市地质三维建模及可视化子系统基本功能要求应包括下列三方面：

（1）场景浏览。

①应提供对场景模型进行放大、缩小、旋转、平移等操作功能，可实现对场景的任意角度观察；

②应提供通过二维向导（鹰眼窗口）来实现场景漫游功能；

③应提供基于飞行路径的漫游功能，并宜提供飞行路径编辑、漫游参数设置功能；

④宜提供记录场景浏览时漫游路径和回放的功能；

⑤宜提供三维场景全屏显示、对象居中显示等功能。

（2）场景设置。

①应提供设置光照、雾化等场景显示效果功能；

②应提供设置场景中模型透明度、显示比例等显示参数功能；

③应提供坐标轴、包围盒、图例、方向标等场景辅助对象显示功能，并宜提供设置、调整功能；

④应提供视点参数控制功能，包括远/近裁剪面的距离、景深控制等。

（3）场景输出。

①应支持将场景画面保存为 BMP、JPEG、TIFF 等常见格式高分辨率影像文件输出；

②宜提供将编辑制作的飞行路线或历史纪录漫游路径直接转化为视频文件输出功能。

（4）场景编辑。

①应提供场景文件创建、打开与保存功能；

②应提供基于图层级别的模型对象管理，包括创建、删除、打开、关闭、激活、图层和属性编辑等功能；

③应实现按数据库属性字段自动标注和自定义标注三维实体功能，并可调整标注字体、字号、颜色等文字信息；

④应支持常见三维模型格式向场景的导入功能。

2）三维地质建模功能

（1）地表地形建模。

①应实现对较大地理范围内地形等高线数据，在考虑地形特征（地形特征线、特征点）的条件下，快速创建地表地形 DEM 模型功能；

②应提供针对除地形外的其他各类离散点、等值线数据建立 DEM 模型的功能；

③应提供地表地形与遥感影像、地理数据和地质数据的叠加显示及分层设色功能；

④应提供对多幅 DEM 数据的拼接入库管理功能，实现多尺度 DEM 数据的集成管理。

（2）三维地层动态建模。

针对具有层序规律的地质体，系统可提供根据钻孔同时结合剖面、地层平面分布图（包含等高线）半自动、动态建立研究区域内的三维地层模型的功能，包括：

①应提供灵活的建模范围输入功能，包括在平面图上输入矩形、任意多边形和指定区文件等方式；

②应实现自动提取建模范围内钻孔数据进行建模的功能，并应允许用户选择参与建模钻孔及地层面插值算法、尖灭方式等；

③应能基于上述钻孔数据和建模参数自动完成地层面模拟、相交处理、块体构建等建模功能，并宜提供通过剖面数据及其他地层面控制数据进行约束建模的功能。

（3）三维地质结构交互式建模。

针对包含断层、透镜体等的复杂地质结构，系统应提供能将计算机自动处理和人工干预相结合的一系列交互式建模功能，包括：

①应提供方便、快速生成模型范围的功能，包括平面边界的确定、模型顶面的确定、模型底界的确定；

②应提供各种建模数据导入功能，包括剖面平面图、各种数字剖面图信息、地质图、断层信息、特定面等值线等，同时应实现二维图形到三维图形转换；

③应提供基于上述地质建模数据的一系列交互建模工具；

④应提供依据标准点进行有限范围内空间介质面/线修正的功能，标准点主要来自钻孔信息点；

⑤宜具有人工进行空间介质面三角网点编辑的功能；

⑥宜具有人工添加尖灭点、添加控制线、生成透镜体的功能；

⑦应具有多种形式的空间面/线相互裁切功能，并能保持拓扑一致；

⑧应具有依据空间面自动生成空间体的功能；

⑨宜具有对空间对象（空间面和空间体）管理的功能；

⑩应具有针对空间对象的属性数据编辑与管理功能；

⑪应具有针对空间对象的选择、查询功能。

（4）三维地质属性建模。

针对工程地质物理力学属性、水文地质含水层特征参数等在三维空间中渐变分布的地质属性参数，系统应提供分析其三维空间分布规律的相关功能，包括：

①应提供从钻孔等数据源中提取属性数据的功能；

②宜提供在各类地质边界约束下的属性模型数据体剖分功能；

③应提供地质体内空间属性特征三维高精度插值功能，以生成非规则体数据；

④应提供基于体数据的分析功能，包括等值面追踪、剖切等。

(5) 三维地质模型可视化。

①宜提供材质颜色和纹理贴图两种地层截面贴图设置方式；

②宜支持动画序列方式来显示一帧接一帧的地质信息，可借此寻找随时间演化的数据变化趋势。

3) 三维空间数据存储管理

应提供如下三维空间数据存储管理功能，包括：

(1) 宜按照数据图层方式并结合树目录实现对各类、各级模型要素的外部组织管理；

(2) 宜支持主流商业数据库和文件系统两种三维空间数据管理模式；

(3) 宜提供三维模型要素与主流关系数据库数据表相挂接的功能，可以由用户为模型所在的图层定义一个属性表结构，也可以直接关联已存在的数据表；

(4) 宜提供三维模型要素所关联属性数据的编辑功能；

(5) 应支持常见三维模型格式的数据接口，可将 3DS 等常见三维模型文件导入本系统，也可将本系统模型导出为常见格式模型文件。模型的位置可以根据模型坐标确定，也可以在添加时在场景中准确定位。

4) 三维模型分析应用功能

(1) 三维空间查询。

应提供三维环境下的地质模型空间查询，包括：

①应提供地质/地物实体快速定位查找功能，可以通过实体名称、编号等属性信息查找并定位其在三维场景中的位置；

②应支持通过在三维场景中（屏幕上）点击选取目标方式查询地质/地物实体对应图形和属性信息的功能，对于钻孔立体管状模型应提供地层一级查询；

③宜提供按二维或三维区域定位查找场景中对应三维模型的功能；

④宜提供基于辅助面与辅助线的三维空间定位与查询功能，可通过鼠标或键盘操作模拟定位点在三维空间中的实时移动，实时获取定位点处的三维坐标及对象属性；

(2) 地表地形分析。

可提供针对地表地形模型电子沙盘功能，包括：

①可提供坡度、坡向等地形因子的计算功能；

②可提供多层栅格数据层之间的数学运算，聚集、邻域、分类等多种统计分析功能；

③可提供地形表面距离量算、土方计算、剖面分析等功能；

④可提供可视化分析、流域分析、道路规划选址等分析功能；

⑤可实现基于地表沙盘模型完成任意点三维查询、简单洪水淹没等分析功能。

(3) 三维空间量算。

①应提供实时查询鼠标所在点或辅助线交叉处空间位置信息的功能；

②应提供空间距离、面积、体积等通用三维量算功能，其中面积量算应支持平面面积和表面面积两种；

③宜提供地层厚度、面积、体积等针对地层的特定量算功能。

(4) 三维模型剖切。

①应支持针对三维地质模型的任意剖切方式，包括沿轴向平面剖切、垂直折线面剖切、任意方位平面剖切、组合面剖切等；

②对于上述剖切功能，应提供提取切面的功能，进而生成分层切面图、立体剖面图等各种剖面图，同时也可保存实体模型剖切结果；

③宜提供三维模型实时动态剖切功能，可指定场景中哪些模型被剖切和哪些模型被保留。

(5) 隧道开挖模拟。

①应支持交互式隧道路线定义、隧道截面设置等简单隧道设计功能，并可保存、打开、编辑隧道路径文件；

②应提供按照隧道路径文件生成隧道模型并对地质体进行开挖模拟的功能，并支持在隧道内飞行漫游。

(6) 虚拟钻孔。

宜提供在给定孔口坐标后获取类似实际钻孔地层分层信息的功能，孔口坐标可直接输入或在模型上通过交互定位获取。

(7) 三维模型分解。

①宜提供三维地层模型的揭层显示功能，允许用户设定所显示地层或通过鼠标拖曳方式将某一地层拖到场景中任意位置；

②宜提供三维地质模型的爆炸式显示功能，允许按照用户设定的幅度沿轴向将模型自动炸开显示。

6.3.3 技术/性能要求

(1) 对同一种场景浏览和漫游操作，应支持鼠标和键盘两种操作方式。

(2) 城市地质三维模型包含地表地形及地下空间地层结构、地层属性、地质构造、人造工程等不同类型、不同精度模型数据，由于地质现象本身的复杂性，这些模型往往非常复杂，数据量庞大，为有效提高场景实时漫游速度，除选择合适的三维空间数据模型和存储方式外，宜在以下几个层面采取相应措施。

(3) 宜在三维建模过程中合理选择网格密度，将面片数量控制在一定范围内，并宜设置模型质量检查功能，自动剔除冗余结构。

(4) 宜采用数据分块和动态装载技术，并尽可能利用现有硬件如 GPU 的图形绘制加速技术，优化三维可视化效果。

(5) 对于大规模、高精度模型（如地表地形、遥感影像）可采用规则格网 LOD、

TIN LOD、纹理 LOD 等技术方法改进可视化效果，当对象覆盖屏幕较小区域时，可以使用该对象较低分辨率的模型来表示，达到快速绘制复杂场景的效果。

(6) 基于钻孔的三维地层动态建模核心思想是利用区域内层序规律，采用所有地层界面共用的网格模板（主 TIN）来构建各个地层面，该方法具有效率高、速度快、人机交互少的特点，又兼顾了模型的准确性，尤其是能很好地适应城市大规模钻孔数据动态建模的要求。但这一建模方法要求整理出一套建模区域内整体地层层序表，并要求钻孔和剖面等数据严格按照这一地层层序解释，不适宜处理地层倒转、断层等复杂地质情况。

(7) 由于地质问题的复杂性和多解性，寄希望于计算机自动建立一切地质现象的模型是不现实的，方便的交互式编辑工具和三维地质知识的使用在三维建模中显得尤为重要，甚至是必需的。

(8) 插值算法是决定模型精度的一个重要因素，由于不同插值算法具有不同的适用范围和效率，宜提供多种插值算法［如距离反比加权法（IDW）、多层 B 样条、Kriging 等］供用户在三维地质建模时选择。

(9) 由于地质建模本身的复杂性和数据相关性，宜提供更多的用户接口，供用户在建模过程中根据实际需要进行参数设置。

(10) 三维模型集成方面。

城市地质三维模型及可视化系统中将不可避免地涉及地表地形、地层模型、建（构）筑物等多种模型的集成管理问题。在实际三维场景的构建中，如果这些模型没有很好匹配，就会造成诸如地物飘在空中或地层穿出地表的情景。尤其是，当这些模型通过不同类型、不同精度数据的数据源构建时，情况更加明显。

鉴于系统建模重点是地形与地层，且地下建（构）筑物与地层匹配涉及的技术过于复杂、代价大，目前可主要考虑地层与地形的无缝集成问题。

(11) 二次开发方面。

系统宜提供二次开发 SDK。

6.4 城市地质信息服务子系统

6.4.1 目标

提供 Internet 用户通过浏览器访问城市地质数据及信息服务的功能。宜通过用户授权方式实现不同用户共享数据和服务的差异性：普通用户可浏览系统提供的公开性资料；经注册授权的用户可根据权限不同检索、查看甚至下载不同地质数据和资料，使用不同的地质专业服务功能。

6.4.2 功能要求

网上发布的信息主要包含以下内容：

(1) 应集中目录数据以一个统一窗口向社会提供网上目录数据检索服务。

(2) 应提供地质图数据的查询功能。功能通常包括空间范围的定位功能（如按行政区、图幅、任意区域等)。

(3) 应建立共享服务平台，完成城市地质数据收集、汇交、利用等电子业务系统建设，也可通过网络连接其他地质数据中心，形成城市地质数据共享的网络交换体系。

(4) 应提供新闻、公告、法律法规、政策文件、标准规范和借阅办法等动态信息发布功能。

(5) 应提供专题信息浏览查询检索，亦可根据客户需求，组织开发系列产品，提供专题服务。

(6) 宜提供用户意见反馈功能。

(7) 可提供在线的城市地质地图编制服务，解决客户端数据更新问题。

(8) 可提供在线城市三维地质模型展示功能。展示方式既可以是已录制的三维模型浏览视频，也可以采用三维交互式模型浏览。考虑到与城市景观的结合，有条件的城市可提供地上景观模型与地下地质模型叠合展示。

6.4.3 技术/性能要求

(1) 城市地质数据共享服务应由专门人员按照数据更新状况定期或不定期更新所提供数据的最新元数据目录和数据目录。

(2) 共享和交换数据应符合国家信息安全和保密相关规定，内容包括元数据、数据实体以及其他相关信息。

(3) 数据分发(外部数据交换)服务机制要求。应建立规范化的数据共享与交换管理机制，保证共享与交换系统的稳定持续运行。

(4) 应参照国家、行业标准，制定数据中心数据共享与交换相关技术标准。

(5) 应根据数据性质不同，采用用户分级制度，按照用户的权限提供数据共享服务。

(6) 涉密数据和非公开数据的认定参照国家或部门有关规定，申请单位应具备相应资格。

(7) 非涉密数据交换可采用网络远程方式进行，数据内容应以电子报盘数据内容及电子报盘压缩数据包格式进行；对于数据量小、非涉密数据可通过 Internet 等提供在线方式进行。

(8) 共享与交换数据库宜采用单独的服务器，并与内部网络系统实现物理隔离，共享系统应具有用户统计管理功能，针对不同共享用户和不同服务内容应规定响应时限。

(9) 出于安全和效率的考虑，在发布矢量地理底图、遥感影像前宜通过地图裁切工具先将其转换为分级的栅格数据(影像)，再进行网络发布。

6.5 系统管理与维护子系统

6.5.1 目标

通过提供用户角色权限管理、数据库配置管理、符号库管理、系统日志管理、数据定时备份管理等功能保障系统安全有效运转。

6.5.2 功能要求

（1）应提供面向整个系统的用户权限管理功能，可实行用户和角色两级管理方式。允许添加、删除用户，允许对角色设定其对相应数据或功能的访问权限。

（2）应提供子图符号的新建、删除、编辑、保存及符号文件的导入、导出。

（3）宜提供系统日志管理功能，用来记录用户对系统数据的重要操作，以加强对系统运行状况的有效监控。

（4）应提供系统环境配置功能，支持用户对工作目录及系统界面、数据、功能模块的一定配置。

（5）应提供后台管理工具，实现信息发布系统所发布信息的部署、配置。

6.5.3 技术/性能要求

（1）用户访问系统需通过用户口令和角色权限两级控制。

（2）可被记录的日志信息包括用户 IP、操作类型、操作等，并应提供日志信息浏览功能。

（3）宜在地质专业人员和 Web 系统维护人员配合下，通过平台提供的一系列工具软件进行待发布图形、图片、文档及音视频等多媒体资料的准备、处理工作。

（4）信息发布系统后台管理工具部署配置内容可包括地质专题数据目录配置管理、用户权限管理、地质资料管理等。

（5）子图符号除用于二维地图表现外，还可作为三维模型纹理贴图。

（6）应定期更新所发布的动态信息，周期宜保持在一周以内。

7 城市地质三维模型构建

城市地质三维模型主要由三维地质结构模型、三维地质属性模型、三维地下建（构）筑物模型及地表 DOM、DEM 等组合而成，其中 DEM 和 DOM 是表达自然地形景观的两种数据，不同尺度的 DEM 与 DOM 数据的生产已经标准化和规范化，可采用《城市基础地理信息系统技术规范》（CJJ 100—2004）等执行。因此，本章主要对作为城市三维地质模型数据内容主要部分的三维地质结构模型、三维地质属性模型、地下建（构）筑物模型的构建技术规范做了原则性的规定。

7.1 城市三维地质建模方式

虽然同一区域内的三维地质结构模型、三维地质属性模型、三维地下建（构）筑物模型应完全包含于一个地质实体模型内，但由于各类模型数据来源不同、特征不同往往采用不同的建模方式，实际使用中应综合考虑数据精度、成本和建模效率要求决定选择何种数据源和建模方法。

7.1.1　三维地质结构模型构建方法

1）具有层序规律的地层模型构建方法

系统针对水文地质层、工程地质层等普遍存在的层状地质体特征（层与层之间为整合接触，在每一层内没有垂直方向属性的变化），宜采用“钻孔－＞剖面－＞地层实体”的自动建模方法，可根据钻孔、剖面等数据快速、自动、动态建立指定范围内的三维地层结构模型。该方法建模效率高、速度快、人机交互少，又兼顾了模型的准确性，尤其是能很好地适应城市大规模钻孔数据动态建模的要求。但这一建模方法要求在建模区内有一套完整的地层层序表——整体地层描述表，并要求钻孔和剖面等数据严格按照这一地层层序解释，不能出现地层倒转情况。

2）基于剖面的复杂地质结构交互式建模方法

剖面图成为描述复杂地质构造的一种最常见的基础地质图件，也是进行复杂地质结构建模的最重要数据来源。另一方面，由于地质问题的复杂性和多解性，寄希望于计算机能基于剖面等数据自动建立一切地质体或地质构造的三维模型是不现实的，方便的交互式工具和三维地质知识的使用在三维地质建模中是必不可少的。

针对第四纪地质结构、矿体等复杂地层、地质构造建模的需要，系统应设计、开发一系列方便、实用的交互式剖面建模方法和工具，将计算机自动处理和人工干预相结合，由专家根据知识经验人工判别剖面之间地质界线的对应关系，进行连接，连接后由系统辅助完成面插值、切割处理，生成地质界面，并由人工指定地质界面构成地质块体，最后系统将相同属性的地质块体连接构成地层等更大的地质单元。

7.1.2　三维地质属性模型构建方法

三维地质模型除了要反映一般地质属性如地层埋深、地层厚度、地层岩性、地质构造等结构方面的特征，还应反映与空间有关的特殊地质属性，如地下水压力分布、富水性、质量级别等。通常应该在空间几何模型建立的基础上先进行三维网格剖分，之后通过对属性数据库中的属性值插值使属性附加在几何模型中网格单元上，属性值可以覆盖整个模型，以反映属性的空间变化特征。最后，则可是通过各种体视化方法实现对模型的可视化分析。

7.1.3　地下建（构）筑物模型构建方法

1）基于二维 GIS 的建模方法

对于形状较规则的人造工程实体，如地下管线和简单隧道可在二维 GIS 表达的路径基础上，直接利用给定的深度属性和截面等参数来构建相应的三维模型。

2）基于 CAD 的建模方法

在不考虑地下建（构）筑物模型与地质模型无缝集成的约束条件下，其构建方法同于城市景观三维模型，多采用 CAD 与 GIS 集成的建模方法，即利用 CAD 强大的数据建模和编辑功能进行模型构建，之后导入系统实现和 GIS 的结合，或将系统三维模型导出为 CAD 模型以便在 CAD 系统中进行修编。但需处理好以下问题：

（1）CAD 模型一般没有属性信息，因此 GIS 中要将 CAD 数据和属性数据进行绑定。

（2）GIS 依据分层和分区的概念来管理数据，在集成过程中需要将 CAD 模型导入合适的层和区域中。

（3）CAD 模型造型精细，数据量大，冗余严重，导入系统中时需要适当简化，以达到效果和效率的统一。

（4）CAD 数据和系统数据的坐标系系转换问题。不同三维系统的坐标系不尽相同，如果实现不同系统数据的集成，统一坐标系是必须解决的首要问题。

7.2 三维地质建模基本要求

鉴于地下建（构）筑物模型要求可完全参照《城市基础地理信息系统技术规范》（CJJ 100—2004）中关于城市三维模型数据要求，本节主要给出三维地质结构模型技术要求。

7.2.1 建模范围

DEM 模型以及反映基岩表层地质构造特征模型、第四纪地质结构模型宜覆盖全市范围，工程地质结构模型应能覆盖中心城区等重点建设区，模型深度控制范围应以满足实施城市规划、建设的要求为准，但不宜超出地质调查数据范围。三维地质属性模型、地下建（构）筑物模型可视数据情况选择性建立。

建模范围的确定宜采用按照数据范围自动确定或按照用户指定范围确定两种方式。

7.2.2 建模精度

鉴于目前关于三维地质模型精度评估尚没有完善的理论方法，可按城市地质调查关于相应比例尺地质图精度的规定和应用需求确定模型精度。

城市地质三维模型地质体划分应与钻孔、地质图等数据源中的划分一致或略低于数据源中的划分层次。

7.2.3 建模数据

系统应支持基于如下多源数据建模的能力：

（1）来自直接观测或勘察的高精度原始数据（如钻孔数据、地质属性数据等）。

（2）从地质图中获取的地质边界、褶皱、断层、DEM 数据、地质构造图、2D/3D 地震反演数据等不同精度和分辨率的间接数据。

（3）从航片、卫片、扫描图件中提取的辅助性数据，这些数据仅对建模过程起一定的辅助图示作用。

7.2.4　模型数据

（1）城市地质三维模型数据宜由三维地质结构模型、三维地质属性模型、三维地下建（构）筑物模型及地表 DOM、DEM 等组合而成。

（2）三维地质结构模型数据是城市地质三维模型数据的主体，可由几何数据、纹理数据和属性数据组成。三维地质结构模型数据应符合下列基本要求：①模型数据应简洁、完整地表达地层、断层等地下地质界面和地质体的空间形态和组合关系，使其能容易识别；②对模型的不同部分应能予以识别，便于细部表达。

（3）三维地质结构模型的几何数据可包括模型的内容表达和模型的拓扑表达两部分：①模型的内容应由地形、地层、断层等部分来完整表达；②模型数据的拓扑关系应用来表达地层之间、地层与断层以及地层与地下建（构）筑物之间的关系。

（4）三维地质结构模型可视效果应通过对模型表面赋予的材质或纹理来表现。

（5）三维地质结构模型属性数据应包含各级地质单元相关地质属性信息。

（6）三维地质结构模型数据的质量除符合本指南对城市地质空间数据、属性数据的规定外，还应符合下列要求：①几何精度，应符合 7.2.2 节要求；②完整性，应完整地采集大于一定尺度的地质要素，并准确表达各要素之间的聚合关系；③逻辑一致性，空间三维点共面、线平行、线垂直、直角化、点同高、点共线等应正确，并保证地质意义上的一致性。

（7）三维地质属性模型应是在地质结构模型约束下的非规则体数据或规则体数据。

（8）对于地质实体，除三维地质结构、三维地质属性模拟等专题手段外，宜辅以立体柱状图、剖面图等表达形式。

7.3　三维地质建模技术流程

城市地质三维建模是一个在相关工具软件支持下的复杂空间数据分析、处理过程，其总体流程可分为资料收集整理、建模数据处理、模型构建、模型质量检查与控制和模型分析应用五方面核心工作。

7.3.1　数据准备

城市三维地质结构建模数据中，既有可提供直观、准确地质信息的钻孔数据，又有具人工推测性质的剖面数据，还有其他各类地质约束点、线数据，呈现出多源性的特点。

1）资料收集

采/收集可用于三维地质建模的有关原始资料，包括：

（1）钻孔数据；

（2）剖面数据；

（3）平面地质图；

(4) 各类控制点、线数据;
(5) 纹理图像等辅助数据。

2) 资料预处理

应对采/收集到的资料进行坐标配准、投影归一化、数据格式整合、数据编辑及分类整理等预处理工作,使之符合城市三维地质建模的数据组织要求。

3) 数据建库

部分资料经整理后可直接录/导入基础数据库进行建库。

7.3.2 建模数据处理

一般情况下,在进行正式三维地质建模前还应在一般地质空间数据处理(如坐标配准、投影归一化、数据格式整合、数据编辑)基础上,按照三维地质建模方法的特殊要求对数据进行进一步处理。

1) 钻孔数据处理

应基于原始钻孔信息,结合区域内整体地层结构特征建立区域整体地层层序表,并对不符合整体地层层序表要求的钻孔重新进行解释分层。

2) 剖面数据处理

地质剖面数据的处理应主要包括:
(1) 按照三维地质建模数据规划,利用 GIS 工具或本系统工具绘制新的建模剖面图;
(2) 按照三维地质建模对剖面数据要求,对弧段数据进行检查和预处理,重构剖面上地质界线、地质区拓扑关系;
(3) 按照三维地质建模要求,进行剖面图形属性结构化处理,添加必要的地质属性信息和控制点信息;
(4) 可视需要对地质剖面进行概化处理,使得处理后的剖面地层主辅突出、构造清晰明确,以利于建模工作的开展。

3) 平面地质数据处理

应按照三维地质建模对各类平面地质图数据的要求,利用 GIS 工具或本系统工具对平面地质数据(含地质点、界线)进行结构化处理,添加必要属性,执行有效性检查及不同地质数据的地质一致性重新解释等工作。

4) 纹理图像处理

应按照三维地质建模对纹理图像要求,进行格式转换、文件重命名、质量检查和图像处理(如图像裁剪、图像纠正、色调调整等)工作,之后统一入库管理,便于三维模型构建。

7.3.3 模型构建

1）模型范围的确定

（1）宜通过用户在平面图上用鼠标绘制、输入坐标、导入平面范围数据文件等方式建立地质模型平面边界；

（2）在基于剖面的建模中，可通过指定某些剖面作边界生成模型封闭外边界；

（3）模型底界可指定为某一深度的平面或某一地层底界；

（4）模型的顶界可以由地形图、DEM 等数据来修正。

2）建模数据导入与转换

利用系统工具实现对剖面、平面地质图、等值线等图形类建模数据的导入，同时实现数据从二维到三维的自动转换。

3）多源数据融合处理

在三维空间中极易发生数据的不一致现象，应利用系统三维交互编辑工具，对钻孔、剖面、构造地质图等多源建模数据在三维空间中融合的一致性进行检查、编辑、处理，消除各种影响建模的数据不一致现象，包括：

（1）钻孔与剖面不一致处理；

（2）钻孔与构造地质图不一致处理；

（3）交叉剖面间数据不一致处理；

（4）非交叉剖面间数据不一致处理；

（5）剖面间距过长引发的数据差异处理；

（6）剖面长度不一引发的数据差异处理；

（7）剖面与水平断面数据的不一致处理。

4）三维地质建模

（1）地层模型自动构建。

利用系统建模功能，从数据库中提取建模范围内的某一类型钻孔（如工程地质钻孔）分层信息，自动建立某一类型地层结构模型。

（2）三维地质结构交互建模。

根据用户导入的三维图形数据，在系统交互建模工具的支持下，通过对建模数据的反复修编以及添加辅助线、构网、切割处理、块体生成等操作，完成对不同类型地质结构模型的建模过程。

（3）三维地质属性模型构建。

通常应该在地质结构模型建立的基础上来构建属性模型，通过建立属性数据与三维图形数据间的对应关系，将属性值附加在地质结构几何模型中网格单元上，属性值可以覆盖整个模型，以反映属性的空间变化特征。

（4）三维 CAD 模型构建。

根据地下建（构）筑物的设计、施工图和测量报告，借助 AutoCAD、3DS MAX 等建模工具建立地下建（构）筑物三维几何模型，并通过系统的模型导入工具嵌入三维场景中。

（5）三维模型集成。

应实现地形模型与地层模型、地质属性模型、地下建（构）筑物模型之间的无缝集成，避免模型交叠等不一致情况出现。

7.3.4 模型质量检查与控制

三维地质建模是一个反复迭代的过程，在模型建立过程中，应对可能引起误差的每个步骤加以质量控制，不断对模型数据执行模型质量检查与修正操作，可参考 7.4 节规定执行。

7.3.5 模型分析应用

模型建立后，应可在系统工具的支持下进行多种适合于城市地质信息探析的三维分析应用，宜包括：

（1）通过键盘方式、鼠标拖曳方式、路径漫游等多种方式实现对模型的全方位观察；

（2）实现任意模型之间相组合的叠加显示，以便通过不同模型之间的空间位置对比，增强对有关地质体和现象的空间感知，甚至查偏纠错；

（3）通过揭层显示查看某些地层空间分布情况；

（4）设想人能够用刀切开三维模型，从水平或垂直切面上看到三维体的内部结构；

（5）通过动画序列在三维场景中模拟某一时间区间内地面沉降等地质现象动态演变过程；

（6）通过拾取操作，对模型上感兴趣的地质对象（体、面、线、点）进行标记刷亮，查询其属性。

7.4 三维地质模型质量检查与控制

7.4.1 城市三维地质模型数据质量分析

三维地质模型数据质量的好坏、精度的高低、生产周期的长短直接影响到城市地质信息系统应用的可靠性、广泛性、有效性和生命力。城市三维地质模型数据质量主要包括以下六个方面的内容：数据情况说明、位置精度、属性精度、逻辑一致性、数据完整性、时间精度。从城市三维地质模型数据的采集到信息系统建立与应用的每一个环节都通过影响数据质量六个方面的全部或一部分而影响模型数据质量的好坏。城市三维地质模型数据中的误差主要是由数据源的误差和三维地质建模数据操作流程中的每个过程引起的，见表 1。

表1　城市三维地质模型数据误差的来源

数据处理		误差来源
数据源	航片、卫片资料	几何变形、灰度变形
	钻孔等原始勘探数据	
	现有地图资料	地图数据精度、地图变形、地图印刷误差
	补充地质资料（虚拟钻孔、地质界线）	专家知识、经验的不同
	纹理数据	纹理映射误差
	属性数据	属性逻辑误差
三维模型数据生产过程	数字化过程	数字化仪器、数字化操作人员、数字化操作方式、坐标转换
	数据采集	数据采集仪器、数据采集人员、定向精度、数据采集方式
	数据建模	建模方式、插值算法、数据格式转换
	数据编辑	数据编辑原则、数据编辑方式
	可视化	数据格式转换

7.4.2　数据源和数据采集中的质量控制方法

数据源和数据采集中的质量控制方法应按照城市地质数据库建设指南相关规定执行。

7.4.3　三维地质结构模型的质量检查方法

三维几何建模除了要保证必要的几何精度以外，还要保证空间拓扑一致性，保证纹理和材质特征的正确性，保证模型简化的合理性等。这些质量控制必须采取特殊的质量检查措施和方法。鉴于目前自动进行三维模型正确性和精度验证还有一定的技术难度，模型验证及质量控制将主要依靠计算机辅助下的人工手段。

1）基于多种信息源的对比检查

一般的方法是逐一调出每个目标［地层、地下建（构）筑物等］的几何模型数据并套合DEM、DOM或DLG数据以及钻孔进行多角度对比检查，以发现其中的错误。这种套合检查的目的主要是找出建模过程中是否有遗漏的对象、对象位置的正确性、对象之间关系的合法性、纹理贴图的正确性。典型的地层模型套合钻孔可对比检查地层受钻孔约束情况以及内插、外推的合理性，结构模型与属性模型套合可检查地质边界约束下地质属性空间分布变化情况，考察其合理性。

2）基于三维拓扑约束关系的自动质量检查

基于三维拓扑几何约束关系的自动质量检查其主要目的是为了排除三维模型之间或模型内部的几何不合法性，这些不合法性可能体现在面与面、点与面、线与面、体与体的关系上。如体与体不能重叠、线与面不应相交或交点不应在面的内部等。这一检查属于三维空间数据模型底层操作，需要软件有相应功能支持。

3）基于属性数据查询的逻辑检查

这种检查可以通过对各种模型对象及其结构的属性查询来实现。一般包括两种方法：①由用户指定一定的查询条件，系统遍历所有的模型，选择出符合查询条件的所有对象，并一一显示在屏幕上让用户查看；②用户直接通过鼠标或键盘操作选择屏幕上的对象，并查看其属性，检查逻辑关系的合法性。例如通过鼠标点击查询两个相邻地层，可判断其空间叠置关系是否合法，空间分布是否合理。

4）基于三维可视化的人工检查

为了更直接和全面地检查数据，可以通过系统各种三维可视化和空间分析功能，直观地对所有模型数据进行检查。这个过程需要人工交互，由操作人员根据模型数据显示的效果来判断模型的各种拓扑关系是否合理，纹理是否被正确无误地贴在对应的位置。

（1）三维景观方式。它允许人们从不同角度、不同方位、不同距离观看三维模型的表面。为了增强模型表面的三维真实感，常常在显示时还要加上光照模型、表面纹理等三维效果，给人以逼真的感受，但它始终只能看到模型的表面。

（2）掀盖层三维景观方式。它是在三维景观方式的基础上，设想观察者可以掀开上覆的盖层看到下伏的界面，它实质是第一种方式的一种变形。

（3）透视三维景观方式。它设想人眼能穿透三维体的一些部分，透视地看到人们感兴趣的界面，这也可以看做是掀盖层方式的一种变形。

（4）刷亮方式。通过拾取操作，让用户可直接在显示的三维模型上对感兴趣的地质对象（体、面、线、点）进行标记刷亮，从而突出关注的兴趣重点。

（5）切面方式。设想人能够用刀切开三维模型，从水平或垂直甚至任意切面上看到三维体的内部结构。由于在二维切面上能方便地进行量算、修改等操作，因而它是用二维方式来表达三维模型内部结构的一种很好的方式，传统的剖面图就是这种方式的原形。

5）基于三维空间量算的人工检查

在系统提供的三维空间量算功能基础上，通过虚拟钻探、距离、面积、体积的量算来判断模型的合理性。例如，通过虚拟钻探功能在给定待钻探位置坐标及钻探深度后，可以通过分析钻孔遇到的地层结构及属性并结合周围已知钻孔资料，获取像钻探一样得到的地层结构和属性，进一步判断地层模型是否合理。

7.4.4 三维地质结构模型的质量控制方法

建模过程中，为实现对地质结构模型误差的有效控制，应在三维地质结构模型数据质量检查的基础上，从三维地质建模的误差来源入手，结合系统相关功能操作，完成三维地质结构模型构建和误差修正。

1）合理选择三维地质建模方法

在选择三维地质建模方法时应综合考虑影响模型精度的原始采样数据的属性（如模

糊性、精度、密度、分布等)、原始数据的采集误差、地质实体自身的特性。三维地质建模方法对三维地质结构模型精度的影响主要体现在对地质界面内插、外推的过程中的误差传播和误差积累。地质界面内插的误差既与采用的数学插值算法有关，还与采样点的空间分布有关。对于较为复杂的地质实体，采用常规的线性插值方法可能无法构建出合理的模型，需要应用高次插值方法（如 Kriging 法、多层 B 样条曲面法、离散光滑插值 DSI 等）或者融入特定的地质原理及相关制约条件后再进行插值。

采样点的密度与空间分布也会对插值结果产生极大的影响。当采样数据非常稀少或者空间分布很不规整时，也无法构建出完整、精确的三维模型。在构建断层、褶皱、透镜体、侵入体、矿体等复杂地质体时，多数情况下应根据稀疏、零散的局部观测点数据，结合地质人员的认识、经验与推断，进行适当的外推。

2）基于建模初始数据的模型误差修正

在实际建模时，工程人员可以根据实际工作的需要，结合地质专家对地质模型的理解，在特定位置处生成能反映地层及其他特殊地质体局部变化特征的地质剖面或（和）虚拟钻孔，然后将其与实际的地质数据一起约束到模型之中，从而构建出相对精细准确的三维地质结构模型，在三维空间中实现对地质模型的精确修正，以快捷、经济的方式获取最接近于实际的三维地质结构模型并将之用于指导后续的地质分析。

3）基于建模中间结果的模型误差修正

由于地质问题的高度复杂性和多解性，期待采用一种建模方法完全自动地解决所有地质建模问题并不现实。三维地质建模应是一个反复迭代的过程，任何建模方法都应该允许并且需要用户对建模中间结果进行必要的人工干预。三维地质建模的中间结果反映了在建模过程中，基于特定的地质数据，应用特定的建模方法所生成的一些临时性的、中间的地质结构模型。直接对中间地质结构模型进行误差修正将是一种简洁、直观的模型误差修正方法。建模中间结果往往表现为各类地质点、地质界线、地质界面组成的框架，对这类建模中间结果的修正往往是对点、线、面的直接编辑修改操作。

7.4.5　纹理数据采集的质量控制方法

纹理数据的质量控制主要涉及两方面的内容：一是单个纹理的质量控制，二是相邻地物/地质实体的质量控制。对单个纹理的某些质量问题比如尺寸、大小、清晰度等，可以通过程序自动检查，但其余大部分的质量包括纹理的色调、色彩、是否被遮挡等内容，只有通过目视的方法来进行调整。对于相邻地物/地质实体纹理之间的协调性、一致性、美观性等内容，一般需要专业的美工人员进行调配，方法主要是目视加手工处理。

7.4.6　属性数据采集的质量控制方法

三维地质模型的属性数据一般是与模型相关的物理属性数据（如地层代号、岩性等）和社会属性数据［如地下建（构）筑物等人造工程实体名称、地点等］，其质量控制应按照城市地质数据库建设指南相关规定执行。

8 系统安全及软硬件配置

8.1 安全性要求

城市地质信息管理与服务系统的安全设计应从全方位、多层次加以考虑，通过网络级、操作系统级、数据库级、应用系统级和管理级的安全设计措施来确保运行安全。这五个层面的安全措施相辅相成，共同构成整个系统的安全体系。

8.1.1 物理安全

(1) 应考虑数据中心物理位置的选择、物理访问控制、防盗窃和防破坏、防雷击、防火、防水和防潮、防静电、温湿度控制、电力供应、电磁防护等要素；

(2) 网络通信线路应有必要的冗余和备份；

(3) 网络机房建设应符合以下规范要求：

GB/T 20271—2006 信息安全技术信息系统通用安全技术要求

GB/T 9361—2011 计算站场地安全要求

GB/T 21052—2007 信息安全技术信息系统物理安全技术要求

8.1.2 网络安全

(1) 网络建设应合理规划网络安全区域，安全区域间应指定严格的访问控制策略；

(2) 应采用防火墙、入侵检测等安全防护措施对安全区域进行防护；

(3) 应对网络设备及其用户进行标识和鉴别；

(4) 应对网络设备的运行状况、网络流量、用户行为进行安全审计；

(5) 网络建设应符合以下规范要求：

GB/T 20271—2006 信息安全技术信息系统通用安全技术要求

GB/T 20270—2006 信息安全技术网络基础安全技术要求

GB/T 21050—2007 信息安全技术网络交换机安全技术要求（评估保证级 3）

GB/T 18018—2007 信息安全技术路由器安全技术要求

GB/T 20275—2006 信息安全技术入侵检测系统技术要求和测试评价方法

GB/T 20278—2006 信息安全技术网络脆弱性扫描产品技术要求

GB/T 20279—2006 信息安全技术网络和终端设备隔离部件安全技术要求

GB/T 20281—2006 信息安全技术防火墙技术要求和测试评价方法

GB/T 20945—2007 信息安全技术信息系统安全审计产品技术要求和测试评价方法

8.1.3 系统安全

(1) 操作系统应遵循操作系统最小安装原则，仅安装必要的组件和应用程序；

(2) 应定期更新操作系统，并及时安装各种安全补丁程序；

(3) 应严格限制操作系统默认账户和匿名账户的使用，定期更换账户口令，口令应符合复杂性要求；

（4）应严格设置操作系统访问控制策略，禁止所有不需要的访问权限；

（5）应采用防病毒、漏洞扫描等安全防护措施对操作系统进行安全防护；

（6）操作系统应符合《信息安全技术操作系统安全技术要求》（GB/T 20272—2006）等技术要求。

8.1.4　应用安全

（1）系统功能设计应符合相关安全标准，编码应符合安全规范；

（2）用户名和口令应符合复杂性要求，应对用户进行标识和鉴别；

（3）应具备访问控制功能，指定安全访问策略，严格管理远程访问权限；

（4）应符合《信息安全技术信息系统通用安全技术要求》（GB/T 20271—2006）等技术要求。

8.1.5　数据安全

（1）所有提交的数据资料应严格按照有关数据资料管理规定进行分类存档管理；

（2）应设立信息安全管理工作的职能部门，配备专职安全管理员，负责数据安全工作，并与关键岗位人员签署岗位安全协议和保密协议；

（3）根据国家保密有关法律法规，组织完成数据安全定级工作，明确制度、分清职责、分级管理、逐级落实；

（4）应采用数据加密、数字签名、数字证书及内容防篡改等技术，防止敏感数据被非法访问、修改和破坏，保证数据的完整性；

（5）应具备数据访问的身份鉴别、安全标记、访问控制、可信路径、安全审计、剩余信息保护等功能的用户识别系统，按照“用户级别及权限”的规定来授权用户对资料的访问，防止越权访问或未授权的有意或无意地泄露、修改或破坏数据；

（6）对于通过非网络下载形式提供的数据共享服务（包括涉密数据），定期将数据提供合同、协议或其他有效凭证的复印件等进行归档和备案；

（7）重要大型数据库必须运行于专门的服务器或工作站上，并采用数据备份和恢复措施，提高网络灾难恢复能力；

（8）涉密数据资料的存储、传输、共享、使用应指定专人负责，并严格按照国家有关保密的法律、法规执行。

（9）应符合以下相关规定的要求：

GB/T 20271—2006　信息安全技术信息系统通用安全技术要求

GB/T 20273—2006　信息安全技术数据库管理系统安全技术要求

GB/T 22239—2008　信息安全技术信息系统安全等级保护实施指南

8.1.6　数据安全

（1）应按照国家信息安全等级，制定系统安全承建方案、测试方案，以及网站整体安全管理策略等；

（2）制定安全事件应急预案，明确应急组织机构和人员、工作流程和内容、应急保障措施、监督管理等；

（3）指定安全事件上报机制，明确上报责任人、上报时限、上报流程等要求。

（4）安全管理应符合以下相关规定的要求：

GB/T 20269—2006 信息安全技术信息系统安全管理要求

GB/T 19715.1—2005 信息技术信息技术安全管理指南第1部分：信息技术安全概念和模型

GB/T 19716—2005 信息技术信息安全管理实用规则

8.2 软件环境配置

本系统包括的软件主要有操作系统、数据库管理系统、GIS基础软件、编程工具语言等。进行系统选型时除遵循一般信息系统软件选型的原则外，应重点考虑以下方面因素：

（1）软件的适应性与完备性。所选软件必须满足城市地质信息系统功能的要求，并具有一定的通用性和针对性。对于GIS基础软件而言，除具备GIS基本功能（空间数据管理、显示、编辑、空间分析）外，还应考虑以下几点：①海量二维空间数据管理功能；②海量三维空间数据管理功能；③丰富的三维地质建模功能；④和城市地质信息系统建设单位现有数据格式兼容功能；⑤和其他常用GIS/CAD软件系统的接口功能。

（2）与硬件的兼容性。所选软件应能够适应当前各种主流的计算机类型和外部设备，包括和信息系统建设单位的购置的虚拟现实设备的兼容性。

（3）与其他软件的接口。所选软件应能够与当前各种主流计算机软件和工具软件相互连接、相互支持。

（4）二次开发能力。主要指GIS基础软件应具备较强二次开发支持能力和开放的系统架构，以便实现城市地质信息系统的扩展、升级、更新和发展。

（5）用户界面的友好性。所选软件应尽可能界面简单，操作灵活、方便。

（6）汉字处理功能。所选软件应为中文版，能够很好地处理汉字。

（7）用户的计算机操作水平和习惯。所选软件学、用的难易程度应该与用户的计算机操作水平相适应，并尽可能符合用户操作习惯。

（8）实际需要。软件选型不可盲目追求性能，而应以实际需要为准。

按照上述要求，网络环境下系统服务器端的操作系统宜选择UNIX、LINUX、Windows 2003 Server等；数据库管理系统宜选择Oracle、SQL Server等；单机环境（或网络环境下的客户端）的操作系统宜选择Windows XP或Windows 2000 Professional及以上版本，数据库管理软件也可以为Access；GIS平台宜选择ArcGIS、MapGIS等在国内国土资源行业应用较广的主流GIS平台。

8.3 硬件环境配置

系统硬件平台包括网络设备（如服务器、机柜、交换机、光纤线路、网络线路、UPS电源等）、计算机、数据输入输出设备（如数字化仪、扫描仪、绘图仪、打印机等）、数据储存设备（如磁盘、光盘等）、服务器（数据服务器、应用服务器）、工作站、虚拟现实三维展示设备等。

进行硬件平台选型时除遵循一般信息系统硬件选型原则外，还应重点考虑以下方面：

（1）硬件的性能：能够满足海量二维、三维空间数据的交互编辑与实时显示要求；

（2）与其他硬件的兼容性：各种硬件设备可以很好地协同工作；

（3）与软件的兼容性：要兼容操作系统、数据库软件或其他应用软件。

9 城市地质信息系统建设统一过程

9.1 概述

城市地质信息系统统一过程既具有一般信息系统建设过程的特征，同时又具有城市地质领域的特有要求。建设流程的主要内容包括：核心工作流、支持工作流、工作阶段安排、过程人员职责及活动和过程方法与工具等（图 2）。城市地质领域数据呈现多源、异构特点使得信息化过程中对数据收集、整理、建库工作非常重视，在核心工作流中加入数据收集整理和数据中心建设两项。建设工作按照项目进展程度分为准备、实施、提交验收和运行改进四个阶段，各阶段工作各有侧重，按照风险控制原则，坚持风险早期控制，优先解决高风险业务。在风险控制及项目实施过程中重视专家指导，对项目组成人员职责合理分工，做到各司其职，各有侧重。城市地质示范区数据质量高，完整度好，对开展整个系统建设有先导作用。

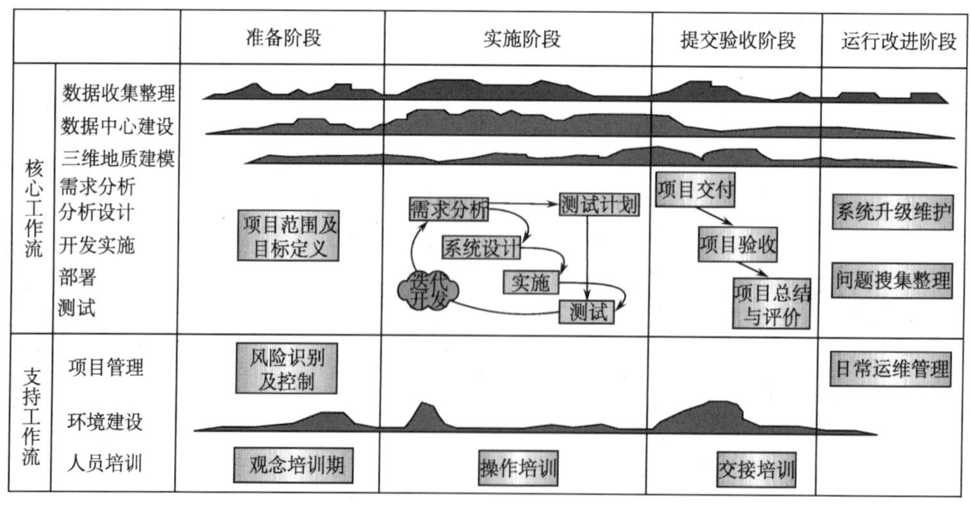

图 2　城市地质信息系统建设统一过程

9.2 核心工作流

9.2.1 需求分析

需求分析的工作目标是通过文档描述系统预期将要完成的工作，即捕获需求并使系统开发方与系统使用者之间就需求描述达成共识，需要注意的是此时的需求一般不会过于详细。为达成这一目标，应对需要的功能和约束进行提取、组织、文档化。开展需求之前，应理清系统所解决问题的定义和范围，可使用用例进行需求分析。

该工作流程中涉及的主要角色包括项目管理人员、分析设计人员、测试人员等。应产出的文档为：

（1）系统需求规格说明书；

（2）系统详细需求分析报告。

需求文档应按照《计算机软件需求规格说明规范》（GB/T 9385—2008）编制，并经双方确认通过。

9.2.2 数据收集整理

城市地质数据具有多源与异构特点，数据标准不一，数据收集整理工作的目标在于首先按照相关标准对数据进行预处理，而后对数据进行分门别类，以数据集合的组织形式集中管理。由于数据来源的多样性，工作开展过程中需要疏通组织内部各部门及数据提供当事人或单位的关系，化解各种矛盾、解除数据之间的壁垒，确保数据采集通道的畅通。

该工作流程中涉及的主要角色为项目管理人员、分析设计人员和数据处理人员等。项目管理人员和分析设计人员应根据系统需求协商确定需收集的数据种类，数据处理人员通过各种渠道获得指定数据的来源，最后收集整理城市地质数据并辅助下述的数据中心建设。

数据收集整理应提交以下说明性文档：

（1）数据收集整理清单；

（2）数据处理情况说明书；

（3）元数据目录说明书。

9.2.3 数据中心建设

数据中心建设工作流程目的是：为系统各构建阶段提供所需的数据服务，同时需考虑历史地质数据库的集成，以便有效利用已有数据资源。

数据中心建设完成后需组织数据库数据验证工作，数据内容包括及具体数据质量检查要求，详见数据中心章节。

该工作流程主要涉及项目管理人员、分析设计人员、数据处理人员、三维地质建模人员。

9.2.4　三维地质建模

城市地质三维模型是城市地质调查项目成果的集中体现，并可作为检验、检查整个系统建设成果质量的重要标志。建立三维地质模型是城市地质调查工作当中的一项核心工作，它是一个在系统建模工具支持下的复杂空间数据分析、处理过程，包括资料收集与建库、空间数据处理、模型构建、模型分析应用及模型质量检查等工作，应贯穿于城市地质信息系统建设的全过程。

该工作流程主要涉及项目管理人员、数据处理人员、三维地质建模人员、开发人员。此外，建模过程需融入地质专家的知识经验。

9.2.5　分析设计

分析设计工作流程是将需求转化为未来系统的设计，为系统开发一个健壮的结构，并调整设计使其与实际环境相匹配，优化其性能。也可理解为以信息化技术为支撑，将传统业务流程构建为信息化条件下的业务流程。

设计活动以架构设计为中心，需协调各子系统之间的关系。界定各子系统与数据中心的耦合关系，确保数据中心的独立性，以保障各专业应用系统的扩展要求。

该工作流程中涉及的主要角色主要是项目管理人员和分析设计人员以及地质信息技术领域的专家。项目团队的设计方案需通过专家的预审，方可投入实施。

分析设计应产出的文档为：

(1) 系统设计说明书；

(2) 数据库设计说明书；

(3) 系统测试计划；

(4) 系统实施方案。

设计文档应按照《计算机软件文档编制规范》(GB/T 8567—2006) 编制，并经双方确认通过。

9.2.6　开发实施

开发实施是将分析设计内容转变为实际代码，并集成组装成未来的系统。此阶段的目标是：以构件（源文件、二进制文件、可执行文件）实现功能模块，将开发出的构件作为单元进行测试，将开发的结果集成到可执行系统中。

该工作流程涉及的主要角色是开发人员和项目支持人员。

9.2.7　部署

部署工作流程的目的包括：将阶段系统成果部署到项目环境之中，集成各子系统功能，确保系统能正确运行，同时注意保存历史版本环境，以便系统交流演示所需。

该工作流程中涉及项目管理人员、系统支持人员。

9.2.8 测试

测试工作流程要验证软件中所有构件是否正确集成，检验所有需求是否已被正确地实现，识别、确认缺陷。

其中集成测试工作是指按照实施方案和设计方案，将系统中各个组成部分，包括系统软件、应用软件、数据库、硬件以及网络环境等有机地集成起来，使之达到本系统的应用目标。

该工作流程设计的主要角色是测试人员。测试人员依据需求制作测试计划、测试用例，测试完成后提交测试结果文档。

在验收提交阶段还需开展第三方测试工作，此时需由测试人员协助第三方顺利开展测试工作。第三方测试需准备《系统功能规格说明书》、《操作手册》等，提交《软件测试委托表》于第三方测试机构。由其根据提交的文档要求，对系统进行功能测试，并形成测试文档。应产出的文档为：

（1）系统模块测试计划；

（2）系统集成测试计划；

（3）系统模块测试报告；

（4）系统集成测试报告。

9.3 支持工作流

9.3.1 环境建设

环境建设工作流程的目的是向系统开发、运行提供所需环境，包括场地和工具。环境建设工作流程集中于配置系统构建过程中所需要的活动，同时也支持项目规范的执行。该工作流程中主要涉及项目支持人员。

1）硬件环境准备

主要工作内容包括机房建设、局域网和广域网施工及客户机、服务器等计算机设备、输入输出设备、存储设备的购置及安装调试，以及 IP 地址及域名分配、安全保密流程执行等。

2）软件环境准备

主要工作内容包括操作系统、数据库管理系统、GIS 平台、CAD 软件及防病毒软件等第三方软件购置及安装、调试。

9.3.2 项目管理

项目管理流程需正视项目的风险，协调项目的实施，确保最终提交高质量的系统。其目标包括：为项目的管理提供框架，为计划、人员配置、项目的执行和监控提供实用的准则，为管理风险提供框架等。

项目管理工作应负责系统选型，并对项目开发过程中的各类阶段性成果和产品应列入配置管理并进行变动控制，包括安装文件、测试数据、系统文档等。

对完成的阶段性产品由系统建设管理组审查通过后，标明版本列入配置管理，并交付试用，对阶段性成果内容的变动更新由系统建设管理组组织试用后整理试用意见并经论证后实施变动更新。此过程多次往复进行，以求达到系统的功能满足实用性要求。

该工作流程中涉及的主要角色为项目管理和专家，专家指导项目管理人员认识系统风险和关键技术研究应用。产出的主要工件为风险管理计划、项目实施进度计划、质量保证计划和相应的评估文档。

9.3.3 人员培训

人员培训工作流程贯穿系统建设全过程，从前期的用户需求调研培训，到原型间熟悉系统功能，开展系统集成测试和最终的系统全面测试工作。

该工作流程中涉及的主要角色是项目支持人员，由其指定项目培训计划和培训材料，撰写系统操作说明书等。最后应提交技术培训课件。

9.4 工作阶段划分

一般来讲，城市地质数据库与信息系统建设生命周期模型可划分为准备阶段、实施阶段、提交验收阶段、运行改进阶段共四个阶段。每个阶段又进一步细分为一次或多次迭代过程或袖珍过程（循环），迭代的具体实施步骤需要项目管理者根据当前迭代所处的阶段以及上次迭代的结果，对核心工作流程中的行为进行适当的裁剪。

9.4.1 准备阶段

准备阶段的工作集中于城市地质数据现状的分析，对城市建设、规划和管理部门进行调研，确定系统建设目标，进行可行性分析、系统选型、风险分析、经费预算等，并选择系统合作方。

1）立项规划

在考察研究其他地区城市地质信息系统建设经验后，确定信息系统的建设目标，进行可行性分析。系统正式立项后，方可进行后续工作。立项时应确保组织、人员、计划、资金等逐项到位。

2）合作方选择

在系统合作方选择时，应选择具有良好经营情况的企业。之后与其完成初步的需求调研和需求分析，编写系统总体设计方案、安装、部署原型系统进行。在此过程中，可同时进行系统选型。

系统承建方选择过程须严格按照《政府采购法》、《招标投标法》的规定进行，可采用公开招标、邀请招标和竞争性谈判等不同形式。最后双方应以合同形式确立合作关系。

3）方案评审

确定系统建设合作方后，应开展数据收集整理的工作，形式上可与合作方一起进行数据和需求的进一步搜集、整理和分析，完成系统实施方案编制，并组织实施方案评审。

实施方案的内容包括：

（1）数据库设计：需求调查和分析、数据库概念设计、数据库逻辑设计、数据库物理设计、数据库实施规划等；

（2）应用软件设计：软件总体结构、网络结构、技术路线、需求用例等；

（3）三维地质建模设计：建模范围、建模精度、建模方法、建模人员组成等；

（4）系统整体集成设计：集成策略、集成方法、集成时间进度等；

（5）项目整体设计：时间进度、组织机构与质量保障、预期提交成果及表达、经费预算等。

4）数据准备

数据中心建设方面可在数据库建设指南的基础上，结合城市实际情况，确定系统数据建设标准，完成数据库的初步设计，并完成部分试验数据的搜集、整理、入库。根据项目的实际需要，利用原型系统，进行试验数据建库和系统安装部署，以便更好地激发需求。

5）人员培训

人员培训方面此时是观念培训期。系统建设是一个综合性过程，需要项目参与人员通力配合，在项目准备期间，为保证调研的充分开展，需在调研的内容上进行前期交流，以期操作人员能有一个概念性认识，以利在资料和数据准备方面顺利进行。在系统基本软硬件采购的同时进行，以保障后续培训工作顺利进行，主要内容涉及计算机基础、网络基础、数据库基础、地理信息系统基础、城市地质工作基础等。

9.4.2 实施阶段

实施阶段应具体落实系统实施方案，全面开展需求分析、数据收集整理、数据中心建设、三维地质建模、系统分析设计、开发实施、部署、测试等工作，应处理好各核心工作流之间的关系。此阶段应考虑在需求变动情况下，需求分析流程、分析设计流程、测试流程之间的相互影响。

环境管理中的硬件环境方面应做好机房、局域网、广域网、服务器及存储设备的调试工作，以及工作组 IP 地址的管理与分配，确保系统数据安全。软件方面重点调试数据库管理软件、防病毒软件。

除上述内容外，还应做好以下工作。

1）项目协调

实施阶段应和“城市地质调查”其他专题项目实施保持协调一致，以充分利用其他专题的成果为项目实施准备数据，同时提供业务需求支持，并通过试用检验、改进实施方案。在项目实施过程中对项目进行监督和控制，主要体现在目标、进度、投入控制和关键路线图执行。

2）迭代开发

系统开发可采用增量迭代方式，每一个迭代过程都在原有工作基础上进行改造或深化，每一次迭代均发布（包括安装、调试）改进的部分，即所谓“增量”部分，确保用户能不断看到阶段性的成果，及时发现问题提出改进意见，从而有效减少项目风险。迭代次数由项目管理人员根据项目实际进展确定，宜选择 4～6 周为一迭代周期。每个迭代包含计划、分析、设计、实现和测试，项目管理人员依据各迭代所处的阶段，对核心工作流程的行为进行选择，以实现一次具体的迭代过程。

3）重点问题

重点问题存在于三维城市地质模型的构建。模型构建过程依赖于系统数据库数据，而且部分模型的构建过程需专家介入，将专家对地质现象的认识通过三维建模人员的交互建模过程融入模型之中。通过模型的构建同时能迅速发现数据存在的问题和检验系统主体三维建模模块的功能。

4）人员培训

在项目实施过程中，宜在开发成果提交的同时提交相应文档，并进行操作培训，以便人员尽快熟悉系统，也有利于及早发现问题并进行改进。

项目实施之前，应对参与实施人员进行软件开发规范、软件开发模式、软件开发质量控制以及软件测试等方面的培训。这方面工作可邀请有资质的信息系统建设咨询公司参与，辅助制定详细的计划、保障相应的人力和资源投入。

9.4.3　提交验收阶段

应在完成城市地质数据库的建设工作，并建立数据库库更新保障机制，确保系统符合设计要求后开展以下提交验收工作。

1）第三方测试

除此之外，还需交付第三方测试、形成第三方测试报告。准备验收文档，由上级主管部门组织专家举行系统验收工作，未验收通过不得投入使用，验收不合格的，需在规定的期限内整改后重新申请验收。

2）人员培训

该阶段还应由项目管理人员与项目支持人员组织有关技术人员对系统预期操作人员进行集中培训，即交接培训。交接培训是作为项目成果正式交接的一部分，其安排应在系统集成测试之前，以便学员迅速掌握培训内容，完成系统客户方测试工作。

3）验收内容

验收前提条件：

（1）信息系统的功能已由业务人员确认；

（2）系统已通过第三方测试和专家评审；

（3）各种技术文档和验收资料完备，符合城市地质信息系统预期提交成果的规定；

（4）系统建设和数据处理符合信息安全的要求；

（5）外购的操作系统、数据库、中间件、应用软件和开发工具符合知识产权相关政策法规的要求。

9.4.4 运行改进阶段

完成验收后制定系统日常运行管理和系统升级维护规范，以保障城市地质数据有效更新和系统成果持续、有效应用。并可通过搜集整理运行过程中出现的问题，进一步与开发人员协同完善系统功能。系统运行与维护内容包含以下内容。

1）数据安全和备份

目前计算机软硬件系统的可靠性得到了极大的提高，而且还可以采用磁盘阵列等设备来提高系统的容错能力。这些技术改善了系统的可靠性，然而无法保证系统安全万无一失，它们只是在一定程度上减少了由于介质故障带来的损失。对于意外失误操作或蓄意的破坏性操作、破坏性病毒的攻击、自然灾害等原因所引起的系统故障，定期进行数据库备份是保证系统安全的重要措施。在意外情况发生时，可以依靠备份来恢复数据。可采取的备份方案如下：每天在业务量较少的凌晨和中午各做一次备份，分别备在服务器硬盘上和磁盘阵列中。每周做一次数据异地备份措施，这样使得在发生灾难事故的情况下，以保护数据的安全。

2）网络安全的管理和维护

网络系统的安全是与应用体系结构紧密相关的，网络安全主要是指当用户通过网络访问应用服务器和数据库服务器时如何保证服务器的安全。从各个层次的用途和安全性分析，需要特别保护的是数据层，不能让用户直接访问。应用服务器层也需要进行保护，需要控制用户的访问。制定了严格的网络安全管理制度，从网络设备和线路的管理到服务器、工作站的使用，用户的登录等方面做了严格的规定。在技术上，主要有以下措施：采用防火墙技术，防止非法的机器访问；严格控制内部地址的管理；采用复杂的密码体系；严格的身份认证等。

3）硬件维护

在系统运行过程中，应建立硬件设备的日常维护制度，保证设备的完好和系统的正常运行。

4）机构和人员变动

系统运行过程中，有时为了信息系统的流程更加合理，需考虑涉及的机构和人员的变动。

9.5　过程人员职责及活动

过程人员（及角色）这一概念是来规范每一阶段、每一工作流中参与人员的行为与职责，而角色执行的行为或承担的职责成为活动。这里总结出系统建设过程人员主要为：项目管理人员、咨询专家、分析设计人员、开发人员、测试人员、数据处理人员、三维地质建模人员和项目支持人员（图3）。角色与个体之间应区分开来。各角色对应活动如下所述。

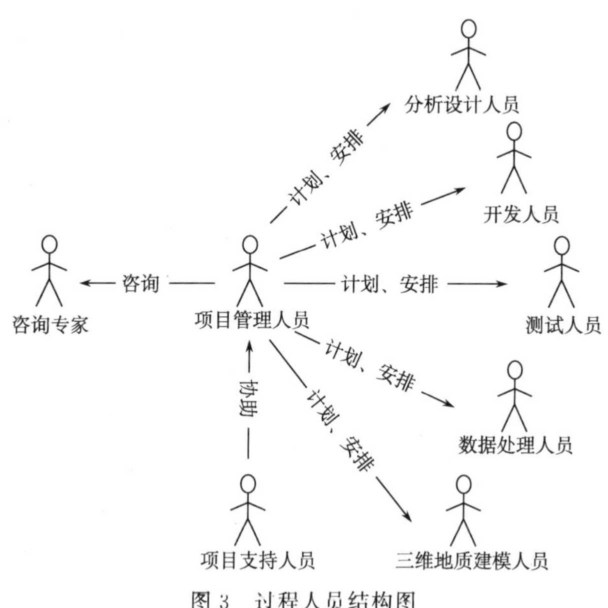

图3　过程人员结构图

1）项目管理人员

（1）负责整个项目的顺利实施并最终圆满完成；
（2）负责对整个项目过程的监督管理；
（3）负责与工作人员进行交流沟通以确保项目按照计划进行；
（4）负责项目的风险管理；

(5) 负责整个项目的质量控制管理;
(6) 负责各工作组各阶段总体工作的安排和任务下达。

2) 咨询专家

提供对项目总体方向的把握和关键技术的指导，主要由科研院所、事业单位的相关专家组成。
(1) 负责对项目可行性报告进行评审;
(2) 对项目总体设计方案进行评审;
(3) 对项目建设的开发计划和阶段报告进行评审;
(4) 项目结束时对项目的建设成果进行初审。

3) 分析设计人员

(1) 负责软件项目的需求分析、设计工作;
(2) 负责系统总体架构设计维护;
(3) 负责各子系统之间接口设计;
(4) 负责数据中心设计。

4) 开发人员

(1) 负责项目的各子系统实现;
(2) 配合测试人员系统测试工作。

5) 测试人员

(1) 负责测试管理控制对象的编辑和管理，包括测试计划、测试用例、测试日志以及测试分析报告;
(2) 负责测试流程的控制和管理;
(3) 负责各子系统之间的接口集成;
(4) 负责项目的测试工作执行。

6) 数据处理人员

(1) 负责系统的数据收集;
(2) 负责系统的数据处理、编辑、导入工作;
(3) 负责系统的数据库建设工作;
(4) 负责系统的数据库维护工作。

7) 三维地质建模人员

(1) 负责三维地质模型数据库建设;
(2) 负责地表地形、地质结构、地质属性等模型的构建;
(3) 编写三维地质建模过程、成果文档。

8）项目支持人员

（1）负责项目文档的收集、整理、编号和处理；
（2）负责提供项目管理过程中的管理类文档模板；
（3）负责为项目经理、各工作组负责人提供项目管理类资料的支持；
（4）对项目过程进行监控；
（5）为项目的用户培训提供支持。

9.6 过程方法与工具

9.6.1 原型模型法

原型模型法工作流程如图 4 所示。软件开发过程从需求分析开始并按顺时针方向推进。软件开发者与用户在一起定义软件的总目标、说明需求，并规划出定义的区域，然后快速设计软件中用户/客户可见部分的表示。快速设计导致了原型的建造，原型由用户/客户评估，并进一步求精待开发软件的需求。逐步调整原型使之满足用户需求，这个过程是迭代的。原型模型的优点和缺点如下所述。

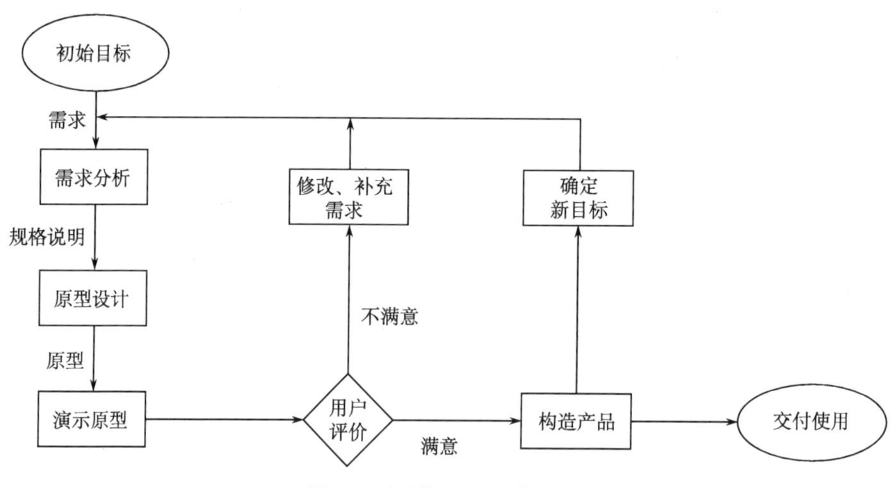

图 4　原型模型法工作流程

优点：原型模型法在得到良好的需求定义上比传统生存周期法好得多，不仅可以处理模糊需求，而且开发者和用户可以充分通信。

9.6.2 示范区建设

在进行大量生产作业之前，为了测试所设计的数据库是否合理有效，可考虑先选择一个数据相对比较齐全的典型示范区作为试点，测试各种设计、方法、功能，以获得的数据库的各种状况，使开发者在评定设计方案的可行性的同时，修改、完善方案，为总体实施积累经验。

示范区数据库建设实施的主要过程如下所述。

1）定义示范区范围

示范区范围的定义是试点项目实施的关键一环。示范区选择既要反映出城市典型地质情况，又要反映出典型的建库过程，而且要兼顾现实的考虑，一般来讲应考虑以下方面：

（1）示范区不宜太大；

（2）示范区要足够代表典型的城市地质特征和建库实施过程，包括复杂程度和数据多样性；

（3）示范区应该是整个项目的一个关键区域，应是目前最感兴趣的地区之一，也是数据较齐全的地区之一。

2）示范区数据处理与建库

按照数据库设计要求，搜集、整理、分析处理示范区数据，建立相关数据库。

3）示范区成果展示和验收

组织进行示范区数据库建设成果的展示和验收，听取多方意见。

4）根据试点项目的结果对数据库设计和实施计划进行修改

示范区建设成果展示和验收后，在得到对整个数据库进行修改的多方面意见后，需要对数据库设计、实施规划进行一定的修改。

9.6.3 过程工具

城市地质信息系统统一过程中各流程均产出一定的工件以及制作此工件的工具，宜选择如下常用工具软件：

（1）文档及表格编辑制作工具；

（2）项目管理工具；

（3）分析设计及建模工具；

（4）配置管理工具；

（5）软件开发平台；

（6）单元测试工具；

（7）数据库设计工具；

（8）数据库管理工具。

9.7 质量保证

系统质量保证可考虑引入全程质量监理。质量控制途径可从软件测试、日志管理、配置管理等方面开展。

质量控制应符合行业规定：

GB/T 19001—2008 质量管理体系要求

SJ/T 11234—2001 软件过程能力评估模型

SJ/T 11235—2001 软件能力成熟度模型

9.7.1 城市地质信息系统建设的全程质量监理

(1) 应建立独立的第三方管理制度；

(2) 质量监理内容应覆盖软硬件、场地设施以及软件开发合作方过程；

(3) 需求调研、软件设计、人员培训过程可纳入建立范围。

9.7.2 城市地质信息系统项目质量保证

(1) 应建立质量保证责任制；

(2) 应建立测试小组专职负责实施过程中的系统测试工作；

(3) 对系统的集成测试、系统测试等过程，应进行过程控制；

(4) 测试方法以黑盒测试为主，白盒测试为辅；

(5) 项目过程文档需统一配置目录，并做好配置更新工作。

附录 A 系统验收内容

（资料性附录）

项目验收文档是项目承担单位在项目验收时向项目验收组必须提供的文档资料，是项目验收的基础，主要包括以下各项。

1）项目研制报告

项目研制报告需说明项目开发的目的、任务书要求、项目来源、开发日期、开发过程（包括项目承担单位和协作单位分工、合作情况）、任务完成情况以及对整个开发工作的各个方面的评价，总结本项目开发工作的经验与教训，主要包括：

（1）项目概述。项目开发的目的、任务书要求、项目来源、意义、必要性，项目研究的目标、内容和技术路径等。

（2）项目工作描述。包括系统的软硬件配置，系统实际具有的主要功能和性能，用图给出程序系统的实际的基本处理流程；系统开发过程描述，介绍系统的开发日期、数据收集情况、系统建设的问题及经验；以及系统的进度与费用等。

（3）项目评价。包括对生产或管理效率的评价、对系统质量的评价、对技术方法的评价及系统开发的经验与教训等。

2）第三方测试报告

系统第三方测试报告是把测试的结果、发现及分析写成文件加以记载，具体的内容要求如下：

（1）按照系统需求分析说明书和系统设计说明书，对网络、硬件、软件等多个方面集成后的功能、性能和安全等方面进行综合测试。

（2）软件的功能、输入和输出等质量指标的测试。

（3）提供测试结果与系统要求之间的比较，陈述经测试证实的系统与软件的能力、缺陷和限制，并提出改进建议。

3）用户使用手册

使用非专业语言描述系统所具有的功能及基本的使用方法．使非计算机专业用户通过本手册能够了解该系统的用途，并能操作使用。

4）其他

除项目验收文档还需提交项目技术文档，技术开发文档是项目开发过程中用以指导项目开发以及项目完成后对系统进行维护、升级及扩展所必需的技术文件，由于项目开发过程中产出的文档较多，技术服务商具体需要提交哪些技术文档给项目组织单位备存由双方按合同规定或协商决定，一般应提交如下文档：

（1）用户需求分析报告。

（2）软件需求规格说明书。

（3）系统设计说明书。

（4）数据库设计说明书。

（5）系统集成测试报告。

（6）技术培训课件。

附录B 试点项目之“上海城市地质基础信息管理与服务系统”建设概况

（资料性附录）

“上海市三维可视化城市地质基础信息与咨询服务系统研发”专题项目隶属“上海市三维城市地质调查”，是全国首个启动的城市三维地质信息系统研发项目。上海城市地质基础信息管理与咨询服务系统，是一个运行于上海城市地质数据中心局域网、政府专用网和广域网（Internet）的网络集成系统，其网络运行结构如图 B-1 所示。本项目充分利用上海地调院原有各种软硬件资源，根据需要改建了原有工作场所，新增了全套网络立体投影系统，升级改造了相关网络设备，建成了一个以上海市城市地质数据中心为核心的全新网络化系统运行环境。这一网络运行环境采用先进的 Internet/Intranet 技术，通过防火墙技术与 Internet 互联，将整个网络划分为内网、外网、专网三部分：在防火墙内部是内网部分，为系统的核心应用部分，各种关键性、保密性应用都集中于此，上海市地质调查研究院各部门作为整个系统的数据生产、维护和信息处理者以内网为信息交流平台，完成城市地质数据、信息的加工、处理、传递与存储；防火墙外是外网部分，负责向 Internet 网上发布各类城市地质公共信息，完成有关服务功能；专网与内、外网物理隔离，通过专有的物理链路实现政府机构对城市地质数据中心的信息访问。

1）建设城市地质数据中心，奠定城市地质信息服务基础

以城市地质信息化管理的数据标准为基础，通过对全市范围内已有地质资料的有效搜集、分类整理和规范化处理，建立起一个专业化、标准化的综合城市地质数据库，为方便快捷地使用城市地质数据奠定基础。以此为基础，完成了上海城市地质数据中心的建设，该数据中心是地质数据库建设成果的主要载体，实现了地质数据的规范采集处理、合理存储、科学管理和有效使用。

上海城市地质数据中心既是地质数据采集中心，又是地质数据及成果的共享与服务中心。它促进了地质成果资料汇交制度的落实，使地质数据库能及时反映最新地质调查成果，为实现地质资料社会化共享提供了充分的保障；同时它又为城市建设与管理部门决策提供地质信息支持，并为地质调查队伍的能力建设提供技术支撑。

上海市地质资料馆（上海城市地质数据中心）积累了上海地质工作五十年以来的地质工作成果，包括 13 000 多份纸质文档，近几年，随着图文地质资料数字化工作有序推进，目前已全部完成馆藏文档的数字化工作。

上海城市地质数据中心还建立起上海地质基础数据库，截至 2008 年底，建成了基本完备的、涵盖多数据源、多尺度的、多维的城市地质空间基础数据库，包括各类地质钻孔约 30 万个，地质环境监测数据 1500 多万条，地质图件 500 多幅，总数据量约 800G。

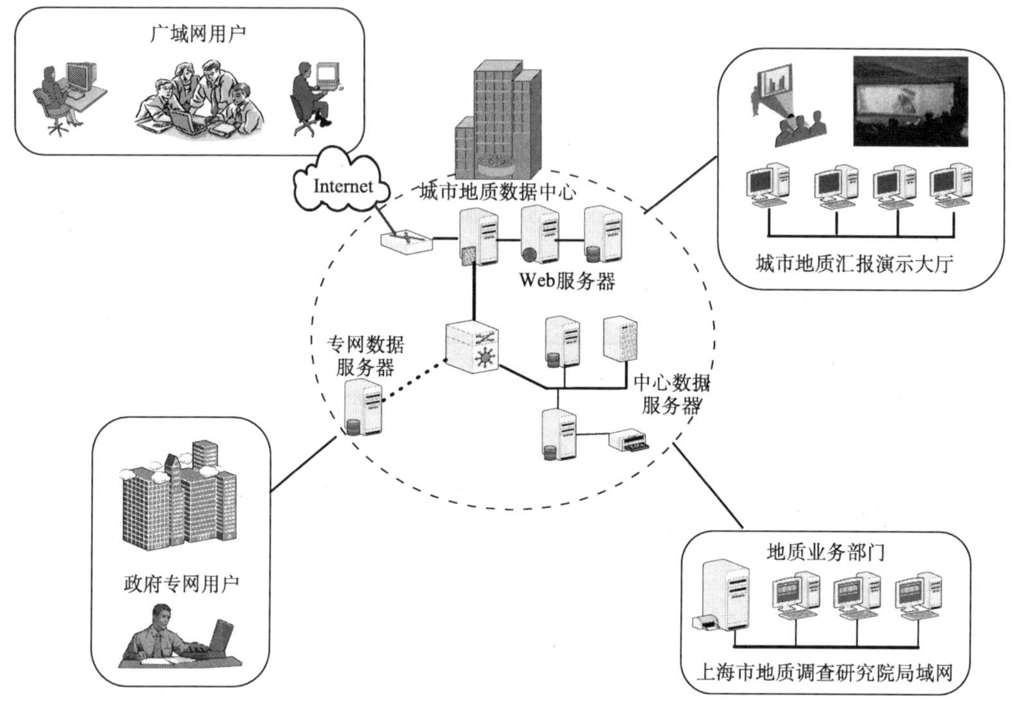

图 B-1　上海城市地质基础信息管理与咨询服务系统运行环境

目前上海城市地质数据中心除提供地质信息和数据服务外，还提供经过二次开发的集成信息产品、提供软件、数据处理、地学咨询、技术培训以及地学科普宣传等服务。

2）建立城市地质数据集成管理平台，实现地质数据规范、高效管理

基于综合城市地质数据库，建立集地表、地下空间地质信息于一体的大型综合性二维、三维空间数据管理平台，实现对来源广泛、类别众多、数量庞大、时空多维、主题鲜明的城市地质数据的集成管理，实现地质数据规范、高效管理，促进地质信息有效利用。

3）建立城市地质数据分析应用平台，实现城市地质信息专业分析、处理

基于二维、三维 GIS 基础平台建立城市地质数据分析应用平台，提供对基础地质、工程地质、水文地质、地球物理、地球化学、地面沉降、河口海岸、地下空间等多专题数据的查询、统计和专业分析功能；通过钻孔、剖面等多源数据耦合建立相应专业的三维空间模型，提供对模型的三维显示、查询和一定三维分析应用功能（图 B-2）。

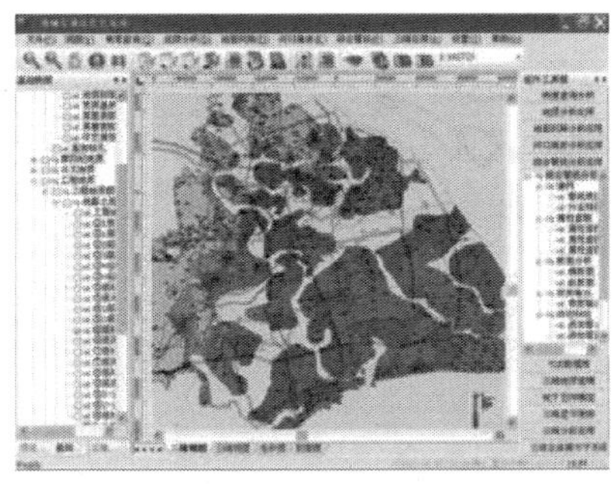

(a) 全市工程地质⑥层分布图

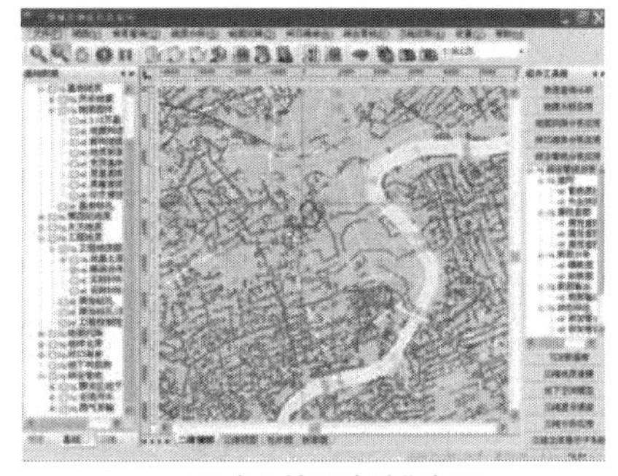

(b) 中心城区暗浜分布图

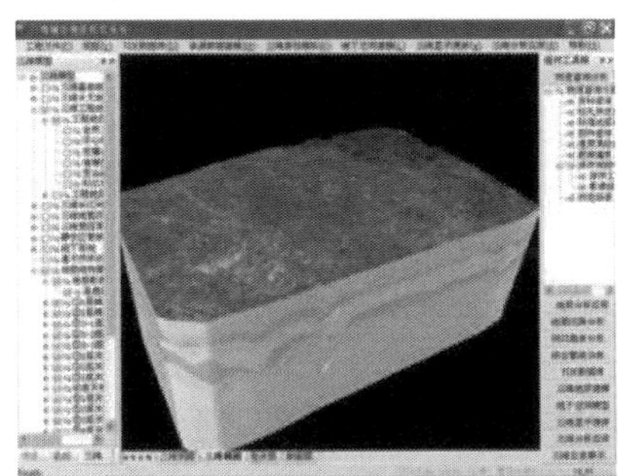

(c) 宝山-嘉定新城三维地质模型

(d) 松江新城三维地质模型

图 B-2 系统在城市规划中应用实例

4）建立上海城市地质信息共享与发布平台，实现城市地质信息社会化服务

根据社会公众对城市地质信息的需求，以数据共享机制为基础，建立上海城市地质信息共享与发布平台，通过城市地质信息门户网（http：//www. sigs. com. cn），实现地学信息社会共享，使所有 Internet 用户能够通过网络浏览器（IE 或 Netscape）访问上海市城市地质信息资源和服务功能，包括城市地质信息服务政策与服务内容，三维地质模型信息，在线地质数据查询与服务，在线地质资料检索。并通过用户授权方式实现不同用户共享数据和服务的差异性：普通用户可浏览系统提供的公开性资料；经注册授权的用户可根据权限不同检索、查看甚至下载不同地质数据和资料，使用不同的地质专业服务功能（图 B-3）。

5）建立多通道（立体）投影平台，实现城市地质信息虚拟现实表达

在多通道环幕（立体）投影有关软硬件环境和城市地质数据分析应用平台基础上，实现城市地质信息大屏幕展示和更高级、更具沉浸感的虚拟现实立体展示（图 B-4）。

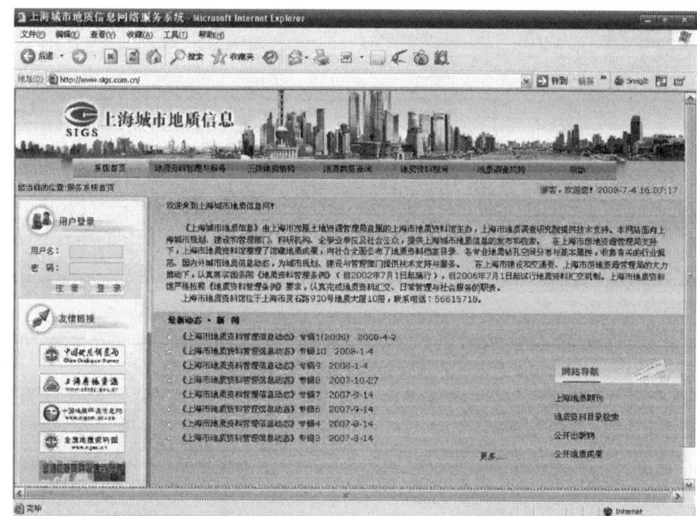

图 B-3　作为上海市城市地质信息门户的上海城市地质信息网

图 B-4　三通道环幕（立体）投影环境下的城市地质成果展示

附录C　试点项目之“北京城市地质信息管理与服务系统”建设概况

（资料性附录）

为满足首都建设和可持续发展对城市地质信息的需求，北京市人民政府和国土资源部共同协商，于2002年底落实了“北京市多参数立体地质调查”项目，由北京市地质矿产勘查开发局负责具体实施。2003年1月至7月，中国地质调查局和北京市地质矿产勘查开发局多次交换意见，确定了项目的目标和任务，进入总体编写设计阶段。

北京市城市地质信息管理与服务系统是“北京市多参数立体地质调查”项目的六个专题之一，由北京市财政经费和国土资源大调查专项经费共同资助，目标是在现有产品软件的基础上补充开发相关应用系统、建立北京市三维立体地质平台，实现地质调查数据的可视化管理和社会化服务。

本专题的目标是建立基于大型数据库系统的城市地质数据管理与信息服务系统，实现地质体的三维可视化显示与服务。经过专题组技术人员三年的努力，取得了开创性的研究成果，建立了城市地质数据管理与信息服务的应用体系和应用成果软件，完成了北京市城市地质数据库建设和三维地质模型建设，形成了基于大型数据库的地质数据管理与信息社会化服务应用体系。

成果一：北京城市地质数据库

系统地总结了地质调查数据库建设的经验和教训，结合北京市城市地质调查的实际情况，基于面向对象技术提出了《北京市城市地质调查数据库标准》和《北京市城市地质调查数据库建设工作指南》，有效地解决了数据冗余和数据之间的关联问题，并把数字化成果地图作为再创造性成果而纳入了数据库具体内容。为城市地质调查数据库建设奠定了技术基础。

依据上述数据库标准和工作指南，开展了北京市城市地质调查数据库建库工作，在基础地理方面，完成了北京市全区1∶250 000、1∶100 000地理底图和平原区1∶5万地理底图，1∶25万全北京市地形图6幅、1∶5万全平原区地形图共计27幅、1∶1万奥运会场馆及CBD区地形图共计135幅等；在原始资料数据库方面，共录入各类野外调查点55 003个，涉及地下水环境、地下水资源、地热资源、垃圾、活动断裂、土壤地球化学、基岩三维调查、新生界三维调查、工程层三维调查等专题领域，总体数据量达到4 530 249个数据。在综合成果数据库方面，共完成数据库图层33个，并收录数字化地图成果27张（图C-1）。

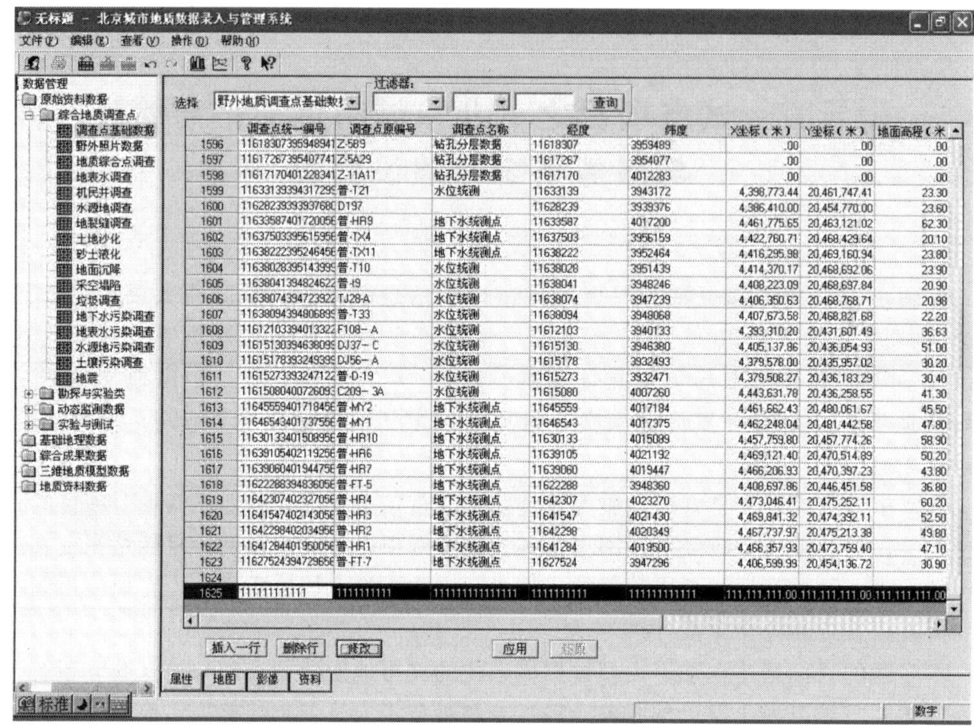

图 C-1　北京城市地质数据录入与管理系统主体界面

成果二：城市地质调查应用软件系统

结合北京市城市地质调查的实际需要，提出了面向不同用户、由多个独立应用软件组成的体系结构，将应用软件系统划分为“城市地质数据录入与管理子系统、城市三维地质建模子系统、城市地质数据共享与社会化服务子系统”三个相对独立的子系统，以满足数据库管理、三维地质建模、数据共享等不同用户的需要。城市地质数据录入与管理子系统面向基层地质单位和个人用户，重点提供数据库的管理与综合应用功能，主要包括：数据表格的录入与编辑、图形的自动生成与导入、多功能数据查询、数据统计与报表制作、时序曲线的生成、多格式数据输出等。城市三维地质建模子系统面向从事三维地质建模的专业用户，重点基于剖面的三维建模和可视化过程，解决城市地质不同专业领域的三维建模与可视化问题，主要包括：模型范围建立、数据的导入与编辑、三维地质建模交互过程、模型可视化等功能。城市地质数据共享与社会化服务子系统面向不同的用户提供数据共享与综合信息服务，重点解决地质资料的社会化服务问题，主要提供：网络数据的查询与浏览、数据的获取与下载、专业图表的生成等功能（图 C-2）。

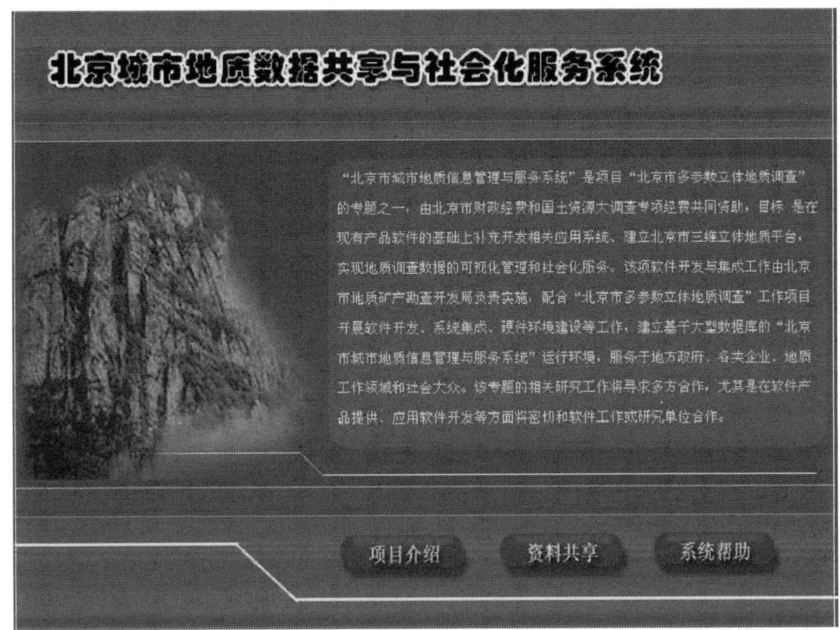

图 C-2　北京城市地质数据共享与社会化服务系统主界面

成果三：城市地质三维模型

利用城市三维地质体建模系统，按“点－线－面－体”的建模思路，建立了北京市基岩地层、新生界地层、工程建设层等三维地质模型和城市地下水流仿真模型，清晰地展现了不同地质对象的空间结构特征与关联关系（图 C-3）。

（1）基岩地层三维地质结构模型利用贯穿全区的地质剖面 17 条，将地层按以系为单位划分为 14 地质对象，生成 92 个地质体，33 个断层，面积约 1209 平方公里。蕴涵于地质学者脑海中的北京市平原区地质体及其形态构造直观形象的展现在规划设计师和岩土工程师的面前，能够最大限度地增强地质分析的直观性和准确性。

（2）新生界地层三维地质结构模型利用 412 个钻孔，40 大剖面，以地层的岩性为单位，生成 681 个地质体，构建了新生界地层三维地质结构模型，涉及面积约 5328 平方公里。该模型清晰地展现了新生界地层主要岩性地质体的空间分布规律，为城市设计和建筑规划提供了重要的地质依据。

（3）城市工程建设层三维地质结构模型以工程钻孔为基础，利用 595 个钻孔、绘制了大剖面 187 条、辅助剖面 214 条，以岩性地层为建模单位，完成了北京市平原区、亦庄新城区、顺义新城区、通州新城区、奥运公园区和 CBD 重点区共计 6 个三维地质结构模型，包括 1101 个空间地质对象，覆盖面积 5059 平方公里，为以三维角度分析、评价和研究各类土体的物理力学性质、工程性质提供平台，为城市规划、建设管理和预测工程建设与地质环境的相互影响等提供技术支持。

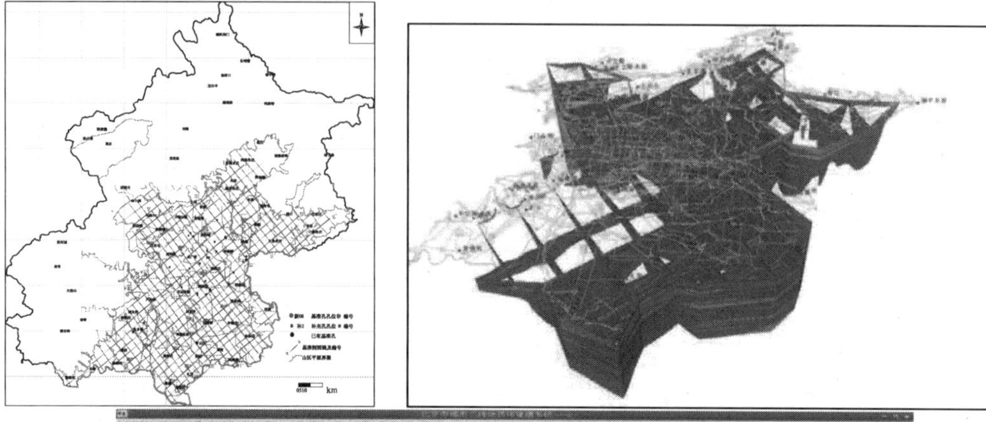

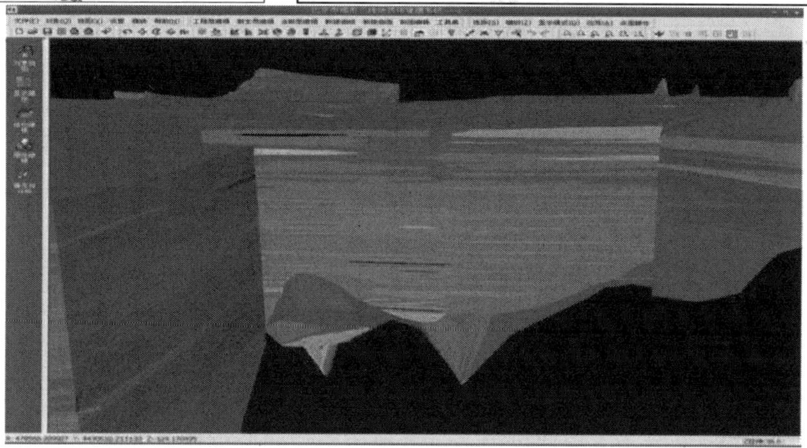

图 C-3　北京市平原区新生界三维结构模型

（4）城市地下水流模型以地下水资源数值模型提供的地下水系统结构模型和水文地质参数为基础，建立了城市地下水流模型与仿真显示模型，以仿真的形式从三维角度再现了地下水含介质的空间结构特征、地下水水位的动态变化和地下水流线的动态绘制。

本指南属于城市地质调查信息化技术指南，与数据库建设指南等文档属于同等地位，配合使用。

本指南的附录 A、附录 B、附录 C 为资料性附录。

本指南起草单位：中国地质调查局南京地质调查中心。

本指南主要起草人：尚建嘎、程光华、黄美谦、屈红刚。

城市地质调查物探工作指南

1 范围

本指南阐述了城市地质调查中的物探勘查的目的、任务、工作内容、方法技术、资料采集和处理、资料解释和成果表达形式等内容。

2 规范性引用文件

下列文件中的条款通过本工作指南的引用而成为本工作指南的条款。凡是不注日期的引用文件，其最新版本适用于本工作指南。

GB/T 14499—1993 地球物探勘查技术符号

CJJ7—1985 城市勘察物探规程

DZ/T 0004—1991 重力调查技术规定（1∶50 000）

DZ/T 0069—1993 地球物探勘查图图式图例及用色标准

DZ/T 0070—1993 时间域激发极化法技术规定

DZ/T 0071—1993 地面高精度磁测技术规程

DZ/T 0072—1993 电阻率测深法技术规程

DZ/T 0073—1993 电阻率剖面法技术规程

DZ/T 0081—1993 自然电场法技术规程

DZ/T 0082—2006 区域重力调查规范

DZ/T 0142—1994 航空磁测技术规范

DZ/T 0144—1994 地面磁勘查技术规程

DZ/T 0153—1995 物化探工程测量规范

DZ/T 0170—1997 浅层地震勘查技术规范

DZ/T 0171—1997 大比例尺重力勘查规范

DZ/T 0172—1997 垂直地震剖面法勘探技术标准

DZ/T 0173—1997 大地电磁测深法技术规程

DZ/T 0181—1997 水文测井工作规范

DZ/T 0187—1997 地面瞬变电磁法技术规程

JGJ/T 143—2004 多道瞬态面波勘察技术规程

SY/T 5772—2002 可控源声频大地电磁法勘探技术规程

DD 2004-03 地质调查 GPS 测量规程

DD 2006-03 岩矿石物性调查技术规程

3 术语和定义

1）城市物探

指在城市市区或者城市发展规划区开展的地球物理勘查工作。

2）定性解释

判断物探异常地质起因的工作。

3）定量反演（解释）

依据物探资料定量异常计算异常源（地质体）的埋深、大小、形状等几何参数和物性参数的工作。

4）多解性

指定性解释与定量反演的结果有可能出现两种及以上答案的情况。

5）从已知到未知

减少多解性的重要途径之一；指依据已知地质起因异常，通过追溯、对比判断未知地质起因异常的地质属性和依据少量已知异常源几何参数或物性参数反演未知异常源几何参数、物性参数的工作。

6）补充物探

是指在城市地质调查过程中，对于指定区域的城市地质调查工作，在充分收集已有的物探资料基础上，完成已有的物探资料二次开发后，物探资料仍然不能满足城市地质调查技术要求的前提条件下，新布置的物探工作。

7）特殊要求

特殊要求是指城市物探工作中，对于每一种物探方法技术，必须达到除了相应的方法技术规范、规程规定的要求以外的物探方法技术要求。

4 总则

4.1 目的

物探作为勘查手段之一，与其他勘查手段相配合，在开展城市三维地质结构、工程地质、灾害地质、水文地质、矿产地质等调查中，达到总体上加快调查速度、降低调查成本、提高调查质量的目的。

4.2 任务

（1）基岩调查：包括隐伏基岩面埋藏深度和起伏形态调查；出露或浅覆盖基岩风化壳分层、分带调查；隐伏断裂破碎带调查；识别与圈定基岩面上的地质体。

（2）松散沉积层调查：松散沉积层分层；提供地下岩土工程物性参数。

（3）地下水、地热资源空间分布信息；识别与圈定含水层、隔水层以及水质评价。

（4）活动断层及区域稳定性评价。

（5）古河道、古湖泊、海水入侵、古池塘的分布与埋深等，采空区、岩溶发育带的分布和埋深。

（6）城市地质调查中的其他需要物探工作解决的问题。

4.3 原则

4.3.1 城市物探工作原则

（1）本工作指南在“城市地质调查工作指南”的框架下执行。

（2）目前城市物探工作以分析、利用已有物探资料为主，适当补充开展物探工作。

4.3.2 补充物探总原则

（1）在以往地质、物探工作基础上，有针对性地布置补充物探工作。

（2）物探剖面原则上设计为直线，并应可能通过较多的井孔；设计折线剖面时，应具备相应的资料反演方法技术。

（3）单一物探方法能解决问题的，不使用其他方法；单一方法不能解决问题的，采用综合物探方法。

（4）方法有效性不明时，应通过方法有效性试验选择适当的物探方法技术。

4.3.3 城市地质调查补充物探调查工作部署具体要求

（1）研究深度小于100m的城市地质调查，原则上以钻探工作为主，视情况需要可适当布置物探工作。如：①钻探取样困难时，应开展物探测井工作，测试项目应包括电阻率、自然电位、自然伽马、伽马密度、井温等；②岩性横向变化较大、地质构造复杂、钻孔难以控制的地区，应适当部署物探工作，进行加密研究。

（2）研究深度为100～500m的地质调查采用钻探控制、物探剖面连接的原则。

（3）研究深度大于500m的地质调查以物探为主，有条件时适当布置钻探工作进行验证和约束。

（4）一般要求至少部署贯穿整个调查区的十字或井字物探剖面，进行基础地质、水文地质、工程地质、环境地质等综合调查；布设的每一条综合物探剖面必须尽量通过已有或新布设的地质钻孔。

（5）地球物理方法的选择，判断有效性应综合考虑探测对象与其围岩之间的物性差异、探测对象的大小和埋藏深度以及存在的干扰因素和非目标物引起的干扰异常。

(6) 认定有效的方法，其具体技术参数也应在通过已知地段的试验后选定。

地球物理场的特征、方法的有效性因地而异，在地球物理调查工作实施之前，必须在工作区域内穿过已知钻孔地质剖面开展方法可行性和有效性试验，确定方法技术选择的合理性和有效性、仪器设备及技术指标。

地球物理异常可以由多种不同地质或干扰因素引起。同样，相同地质体所处地质环境不同，可以引起不同的地球物理异常。因而，地球物理调查工作必须结合地质调查工作的部署和已有地质资料，合理选择工作比例尺和相应的地球物理勘查技术装置和技术组合。

(7) 严格按照前述各方法技术相应的技术规范、规程等实施野外数据采集、质量监控、数据处理、反演解释和编写报告。在需要与可能的情况下，应高于行业技术标准的要求。

5 城市物探工作程序

5.1 总流程

(1) 明确物探工作的地质目的任务。

(2) 资料初步收集与整理。

(3) 设计编写和审定。

(4) 仪器的检验和标定。

(5) 测网布设。

(6) 物探方法的可行性试验。

(7) 野外数据采集和已有资料的详细收集。

(8) 数据整理与存储。

(9) 数据处理与反演解释软件的检验。

(10) 数据处理与解释。

(11) 报告编写。

5.2 工作任务

(1) 应根据上级主管单位下达的任务书或者有关合同（协议）明确工作任务。

(2) 工作任务书的内容应包括：项目名称、工作地区及范围、工作目的、勘查对象、物探勘查方法技术或者勘查方法技术组合及实物工作量、技术经济指标、提交成果资料内容和期限。

5.3 资料初步收集与整理

(1) 编写工作设计前，应由项目负责人组织收集和分析工区及邻区有关地质、钻探、物探及其他技术资料，并在现场踏勘的基础上编写工作设计书。

（2）现场踏勘应包括以下内容：实地考察测区地形、地貌、交通及工作条件；核对已收集的地质、物化探及测绘资料。在干扰比较严重的情况下和地质条件比较复杂或已知资料比较缺乏时，现场踏勘应先进行一定工作量的现场方法有效性试验。

5.4 设计编写和审定

（1）设计书应包括以下内容：

①概述：包括工作目的、任务、范围、工作期限、勘查依据。

②工区的地理位置、地形地物（尤其是通行条件、物探工作条件）、地质（地质背景、构造、水文地质和工程地质）和地球物理特征。

③测区内以往的工作程度，资料收集情况；工区的地球物理勘查条件分析和存在的有利因素和不利因素；干扰情况及抗干扰措施。

④野外工作布置和工作量，包括：试验工作内容和方法、工作方法选择依据、测线布置及依据（包括测线长度和方向、测网密度等）、方法技术选择及依据（包括观测方式、接收方式、仪器因素选择等）、主要技术措施和观测精度、测地工作及精度要求、质量控制措施、实物工作量及进度安排等。

⑤物探资料处理和解释：资料处理方法、资料解释方法与精度要求。

⑥提交成果报告的内容和时间。

⑦人员组成、设备材料计划和费用预算。

⑧地球物理勘查存在的问题及相应的解决预案。

⑨设计书附图：包括交通位置图、研究程度图、工作布置图（图示布置依据），其他有关图件（如地形图和地质图及综合柱状图等）。

（2）短期或工作量不大的任务，设计书内容可从简。但必须包括下列内容：工作目的、任务，工作地区和工作量，工作方法及精度要求，完成期限等。

（3）设计书提交上级主管单位审查或经任务下达单位批准或委托单位审查前，应提交项目承担单位并且由项目承担单位组织本单位同行专家进行初审，提交审查的设计书应包括初审意见书。

（4）设计书应由上级主管部门审查或经任务下达部门批准或委托单位认可，方可正式施工。

（5）设计书批准后应严格执行。生产过程中由于客观条件变化或其他原因，需要变更设计时，应及时将变更理由和内容上报设计审批部门或委托单位，经认可后方可变更。项目承担单位可以在不影响工作进度且能保证地质任务完成的前提下，对施工顺序及工作方法做部分的改动，但必须及时报告主管单位备案。

5.5 仪器的检验和标定

（1）应按仪器设备的检验周期和技术指标对仪器进行定期检验，每次检验的结果应有记录。

（2）传感器必须定期进行标定，并且有相应的记录。否则不得进行测量。

（3）外业工作开工前应检查仪器状态、性能。符合相应的技术要求方能进行外业作业。

（4）现场工作前应对仪器进行检查，在同一测区观测的多台同类仪器应在同一组测点上采用相同观测装置和观测方式进行一致性对比。

（5）外业工作时若出现仪器设备不正常，应排除故障并经检查正常后才能继续工作。

5.6 测网布设

应按照不同比例尺的地球物理勘查方法的技术规程要求和精度执行。

5.7 方法技术条件选择

物探方法在城市地质调查中的可行性试验包括三个部分：背景噪声调查以及相应的应对措施试验、已知区试验和最佳采集参数试验。

（1）应进行背景噪声调查，分析噪声背景来源和成分，并且进行相应的应对措施试验，提出解决办法和克服噪声的途径。

（2）城市地球物理勘查必须进行已知区试验，遵循已知到未知原则和简单到复杂的原则；根据已知区情况进行物探方法有效性试验；地球物理物性前提不明时，没有经过有效性试验的物探方法禁止使用。

（3）最佳采集参数试验，包括仪器的状态和精度检测、观测方法试验、采集参数试验和人工场的人工场源试验等；根据试验结果选择最适合本地区的最佳采集参数组合进行城市物探勘查。

5.8 野外数据采集及质量监控

5.8.1 物探记录要求

（1）物探记录包括：仪器检验、检查和维修记录，原始记录，重复检查记录，自检记录，测量记录，成果校审记录等。

（2）原始记录包括：观测数据或记录（文件号、数据的打印记录，仪器观测过程中的异常情况记录等），现场班报（包括工程名称、测区、测线或钻孔、测点号、工作单位和操作人员、校验人员、仪器名称、型号、仪器主要工作技术参数、观测系统等主要参数）。

（3）物探记录不应涂改、擦去或撕页，计算机采集数据文件号不应有错，文件内容应齐全。

5.8.2 野外数据采集要求

（1）观测时，应在背景相对安静和信号相对稳定时进行。

（2）在测线的端点、曲线的突变点和畸变线段、仪器参数或观测条件改变的情况下，应在三个点上进行重复观测，重复观测的平均相对误差应小于设计精度。

(3) 一个测区或测线的检查观测工作量应满足相应规范要求。

(4) 测线边缘出现有价值的异常时，应延伸测线长度，直至测量出正常背景场。

(5) 检查点宜在全测区范围内均匀分布；异常地段、可疑点、突变点应有加密点和检查点。

(6) 一个测区或测线的检查观测误差大于设计要求时，应全部重测。

(7) 操作员应现场查看每个记录，若不符合要求，应查明原因并及时重测。

5.8.3 资料检查和评价要求

(1) 现场操作人员应对全部原始记录进行自检。

(2) 作业组技术负责人应组织人员对原始记录进行检查和评价，抽查率应大于30%。

(3) 承担单位检查，抽查率不小于10%。

(4) 原始资料应评定为合格与不合格两类，存在下列情况之一者为不合格：

①记录不全；

②原始记录有涂改、擦去、撕页现象；

③计算机采集数据文件名与内容不符或内容不全；

④未按要求做重复观测、检查观测；

⑤检查观测精度不符合要求；

⑥使用的仪器不合格；

⑦采用不符合要求的观测系统和装置；

⑧需要进行漏电检查的仪器没有进行漏电检查或检查不合格；

⑨无仪器检查记录，未做定期检查或检查不合格的仪器所得的全部记录。

5.9 数据整理与存储

(1) 物探数据整理应在野外工作结束后5个工作日内整理完毕。

(2) 物探数据整理结果和存储格式应符合城市地质调查的入库要求。

(3) 物探数据应存储在光盘上，并且至少有三份以上的备份。

(4) 物探数据整理完成后，应由甲方进行原始资料验收，验收合格后方能入库。

5.10 数据处理与反演解释软件的检验

物探反演软件应经过已知数据的检验和测试。要求对每一种物探反演软件都有一套标准处理流程。

5.11 数据处理与解释

资料处理与解释应符合下列要求：

(1) 资料的解释与推断应充分结合物探工作范围内各类地质、物化探和钻孔资料，在反复对比分析中，总结和分析各种异常现象，得出较为准确的结论。

（2）应遵循内外业同步进行、内业指导外业的原则，现场应及时对资料进行初步整理和解释。如果发现原始资料有可疑之处或论述解释结论不够充分时，应作必要的外业补充工作。

（3）物探数据处理与反演应遵循已知到未知的原则。

（4）解释成果应分别使用各用户相关专业语言来表达。

5.12 报告编写和成果提交

（1）成果报告应按照本指南8.4节物探报告编写要求编写。

（2）成果报告编写完成后，承担单位应组织专家进行初审。

（3）物探成果报告应及时提交给业主或上级主管部门评审。

6 探测对象及探测流程

6.1 松散沉积层分层

（1）松散沉积层分层是指：松散层地质分层、岩土分层、风化层分层、水文地质分层、工程地质分层。包含城市地质中的岩土力学参数测定、古河道识别等。

（2）松散沉积层分层调查地球物理方法，宜采用的方法以人工地震、可控源声频大地电磁测深为主，可适当选用电阻率测深、瞬变电磁测深、大地电磁测深、地震雷达、面波勘查等方法，见表1。

表1 推荐的松散沉积层分层的物探方法技术表

物探方法技术	调查深度/m		提交成果（规范要求以外）	执行/参考技术标准
	100～500	＞500		
电阻率测深	√		带地形二维反演的基岩风化层厚度、松散沉积层分层深度断面图或地层界面深度平面等值线图	《电阻率测深法技术规程》DZ/T 0072—1993
频率电磁测深	√		反演的基岩风化层厚度、松散沉积层分层断面图或地层界面深度平面等值线图	《煤田电法勘探规范》MT/T 898—2000
瞬变电磁测深	√		二维反演的基岩风化层厚度、松散沉积层分层深度断面图或地层界面深度平面等值线图	《地面瞬变电磁法技术规程》DZ/T 0187—1997
大地电磁测深		√	二维反演的地层分层深度断面图或地层界面深度平面等值线图	《大地电磁测深技术规程》DZ/T T 0173—1997
可控源声频大地电磁测深	√	√	带地形二维反演的地层分层深度断面图或地层界面深度平面等值线图	《可控源声频大地电磁法勘探技术规程》SY/T 5772—2002
人工地震	√	√	地震剖面划分的地层分层深度、基岩风化层厚度断面图或地层界面深度平面等值线图	《浅层地震勘查技术规范》DZ/T 0170—1997

(3) 松散层分层调查地球物理方法的关键技术。地质雷达和面波勘探只能用于浅部的松散层分层，一般不大于30m。可控源声频大地电磁测深进行浅部的松散层分层勘查，应进行二维反演。地震勘探用于松散层分层，必须使用高频震源、小道间距检波、高频检波器。电测深的资料处理应进行带地形的二维反演。

6.2 基岩

(1) 基岩地质调查是指基岩埋深调查、基岩地质填图等。

(2) 推荐的基岩地质调查地球物理方法：宜以高精度重力、高精度磁法、人工地震、可控源声频大地电磁测深为主，可适当选用电阻率测深、频率电磁测深、瞬变电磁测深、大地电磁测深等物探方法，见表2。

表2 推荐的基岩调查的物探方法技术表

物探方法技术	调查深度/m			提交成果（规范要求以外）	执行/参考技术标准
	<100	100～500	>500		
高精度重力	√	√	√	重力反演的基岩顶界起伏断面图或基岩面埋深平面等值线图；重力资料解释构造、岩性分布图；重力资料解释地下岩溶分布图	《大比例尺重力勘查规范》DZ/T 0171—1997
高精度磁法	√	√	√	磁测数据反演的磁性基岩顶界起伏断面图或磁性基岩面埋深平面等值线图；磁测资料解释构造、岩性平面分布图	《地面高精度磁测技术规程》DZ/T 0071—1993
电阻率测深	√	√		带地形二维反演的基岩顶界起伏断面图或基岩面埋深平面等值线图；电阻率测深解释构造、岩性平面分布图；解释地下岩溶分布图	《电阻率测深法技术规程》DZ/T 0072—1993
高密度电阻率	√	√		带地形二维反演的基岩顶界起伏断面图或基岩面埋深平面等值线图；电阻率测深解释构造、岩性平面分布图；解释地下岩溶分布图	《电阻率测深法技术规程》DZ/T 0072—1993
频率电磁测深		√	√	反演的基岩顶界起伏断面图或基岩面埋深平面等值线图；反演的地层分层深度断面图或地层界面深度平面等值线图；地质构造、岩性平面分布图；解释地下岩溶分布图	《煤田电法勘探规范》MT/T 898—2000
瞬变电磁测深	√	√		反演的基岩顶界起伏断面图或基岩面埋深平面等值线图；反演的地层分层深度断面图或地层界面深度平面等值线图；地质构造、岩性平面分布图；解释地下岩溶分布图	《地面瞬变电磁法技术规程》DZ/T 0187—1997

续表

物探方法技术	调查深度/m			提交成果（规范要求以外）	执行/参考技术标准
	<100	100～500	>500		
大地电磁测深			√	反演的基岩顶界起伏断面图或基岩面埋深平面等值线图； 反演的地层分层深度断面图或地层界面深度平面等值线图； 地质构造、岩性平面分布图	《大地电磁测深技术规程》 DZ/T T 0173—1997
可控源声频大地电磁测深		√	√	反演的基岩顶界起伏断面图或基岩面埋深平面等值线图； 反演的地层分层深度断面图或地层界面深度平面等值线图； 地质构造、岩性平面分布图； 解释地下岩溶分布图	《可控源声频大地电磁法勘探技术规程》 SY/T 5772—2002
人工地震	√	√	√	基岩顶界起伏断面图或基岩面埋深平面等值线图； 地层分层深度断面图或地层界面深度平面等值线图； 地质构造、岩性平面分布图； 解释地下岩溶分布图	《浅层地震勘查技术规范》 DZ/T 0170—1997

（3）基岩调查地球物理方法关键技术。补充测量的高精度重磁剖面资料解释应结合区域重力勘查资料。电测深的资料处理应进行带地形的二维反演。地震勘探的震源和采集参数的选择宜根据基岩埋深选择合适的震源；对于基岩埋深较浅的地区应采用高频震源。

6.3 断裂

（1）断裂地质调查包括：隐伏基岩断裂识别与定位，活动断层的定位与识别。

（2）隐伏地质构造、断裂破碎带调查的方法技术，以人工地震、可控源声频大地电磁测深、高精度重力、高精度磁法为主，可适当选用电阻率剖面、氡气法、汞气测量法等，见表 3。

（3）隐伏地质构造、断裂破碎带调查地球物理方法关键技术。对于深覆盖地区，隐伏地质构造、断裂破碎带、活动断层调查宜先采用快速的方法进行扫描，如高精度重磁勘查，划分出异常带，然后进行高分辨率的地球物理勘查如地震勘探。活动断裂调查标准程序为：基底隐伏断裂调查、中深部基岩断裂调查和浅部松散层的断裂调查。基底资料和深部基岩资料在城市地质调查中可以通过收集相关行业资料，对于无相关资料的地区进行活动断裂调查，应补充物探工作，调查基岩断裂情况。对于深覆盖地区，活动断裂追踪，深部宜采用高精度重磁或大能量大道间距的地震勘探追踪；浅部宜采用精度高的小道间距高频震源的地震勘探或者高密度电阻率勘查。

表 3 推荐的隐伏地质构造、断裂破碎带调查的物探方法技术表

物探方法技术	调查深度/m		提交成果（规范要求以外）	执行/参考技术标准
	100～500	>500		
高精度重力	√	√	重力资料解释构造、破碎带、岩性接触带平面分布图	《大比例尺重力勘查规范》DZ/T 0171—1997
高精度磁法	√		磁测资料解释构造、破碎带、岩性接触带平面分布图	《地面高精度磁测技术规程》DZ/T 0071—1993
电阻率剖面	√		电阻率剖面资料解释构造、破碎带、岩性接触带平面分布图	《电阻率剖面法技术规程》DZ/T 0073—1993
可控源声频大地电磁测深	√	√	解释构造、破碎带、岩性接触带断面和平面分布图	《可控源声频大地电磁法勘探技术规程》SY/T 5772—2002
人工地震	√	√	解释构造、破碎带、岩性接触带断面和平面分布图	《浅层地震勘查技术规范》DZ/T 0170—1997
氡气法	√		断裂、破碎带平面分布图	
汞气测量法	√		断裂、破碎带平面分布图	

6.4 环境地质与地质灾害

（1）环境地质与地质灾害调查是指：岩溶发育区和地下洞穴调查，地裂缝调查，滑坡发育带调查，海水入侵带、地下水发育情况调查，地下水污染范围追索等。

（2）环境地质与地质灾害调查的方法技术，以人工地震、可控源声频大地电磁测深、瞬变电磁法为主，可适当选用高密度电阻率、电阻率剖面。极浅部勘查亦可采用地质雷达和面波勘探方法，见表 4。

（3）环境地质与地质灾害调查的地球物理关键技术。环境地质和地质灾害调查一般要求精度较高，因此适宜选择精度和分辨率高的地球物理勘查方法，而且为了消除地球物理勘查的多解性，宜采用综合物探方法进行勘查。注意：电磁法勘探应进行定量反演；地震勘探宜采用 60Hz 以上的检波器；物探资料必须利用钻孔资料进行标定。

表 4 推荐的岩溶发育区和采空区调查的物探方法技术表

物探方法技术	调查深度/m		提交成果（规范要求以外）	执行/参考技术标准
	100～500	>500		
电阻率剖面	√		电阻率剖面资料解释构造、破碎带、岩性接触带平面分布图； 解释地下岩溶或采空区分布图	《电阻率剖面法技术规程》DZ/T 0073—1993
可控源声频大地电磁测深	√	√	解释构造、破碎带、岩性接触带断面和平面分布图； 解释地下岩溶或采空区分布图	《可控源声频大地电磁法勘探技术规程》SY/T 5772—2002

续表

物探方法技术	调查深度/m		提交成果（规范要求以外）	执行/参考技术标准
	100～500	＞500		
人工地震	√	√	解释构造、破碎带、岩性接触带断面和平面分布图； 解释地下岩溶或采空区分布图	《浅层地震勘查技术规范》 DZ/T 0170—1997
瞬变电磁测深	√	√	反演的基岩顶界起伏断面图或基岩面埋深平面等值线图； 反演的地层分层深度断面图或地层界面深度平面等值线图； 地质构造、岩性平面分布图； 解释地下岩溶或采空区分布图	《地面瞬变电磁法技术规程》 DZ/T 0187—1997
高密度电阻率	√		带地形二维反演的基岩顶界起伏断面图或基岩面埋深平面等值线图； 电阻率测深解释构造、岩性平面分布图； 解释地下岩溶或采空区分布图	《电阻率测深法技术规程》 DZ/T 0072—1993

6.5 资源

（1）地质资源调查的种类很多，可分为建筑材料、水资源、地热资源调查等。

（2）地下含水层、隔水层调查，地热资源调查采用的方法以可控源声频大地电磁测深、电阻率测深、激发极化法、人工地震为主，可适当选用高密度电阻率、频率电磁测深、大地电磁测深、自然电位、充电法等，见表5。

（3）建筑材料调查必须依据所需要调查的建筑材料特性，特别是建筑材料地层物性来确定方法。基于地下建筑材料地层的物性与上覆地层和下部地层的物性差异确定适合的地球物理勘查方法。通常用来区分差别的物性参数有密度、速度、电阻率、极化率、介电常数等物理参数。

表5 推荐的地下含水层、隔水层调查的物探方法技术表

物探方法技术	调查深度/m		提交成果（规范要求以外）	执行/参考技术标准
	100～500	＞500		
激发极化法	√		含水地层、富水地段断面或平面分布图； 隐伏古河道平面分布图； 含水构造断面和平面分布图	
电阻率测深	√		含水地层、富水地段断面或平面分布图； 隐伏古河道断面或空间分布图； 地下水水位深度断面或平面等值线图； 岩溶区地下岩溶管道、洞穴、暗河断面或平面分布图； 含水构造断面和平面分布图	《电阻率测深法技术规程》 DZ/T 0072—1993

续表

物探方法技术	调查深度/m		提交成果（规范要求以外）	执行/参考技术标准
	100～500	＞500		
高密度电阻率	√		含水地层、富水地段、含水体断面或空间分布图； 隐伏古河道断面或空间分布图； 地下水水位深度断面或平面等值线图； 岩溶区地下岩溶管道、洞穴、暗河断面或空间分布图； 含水构造、破碎带断面或空间分布图	《电阻率测深法技术规程》 DZ/T 0072—1993
频率电磁测深	√	√	含水地层、富水地段断面或平面分布图； 岩溶区地下岩溶管道、洞穴、暗河断面或空间分布图； 含水构造、破碎带断面或空间分布图	《煤田电法勘探规范》 MT/T 898—2000
大地电磁测深		√	深部含水地层、富水地段、含水体断面或平面分布图	《大地电磁测深技术规程》 DZ/T T 0173—1997
可控源声频大地电磁测深	√	√	含水地层、富水地段、含水体断面或平面分布图； 含水构造、破碎带断面或平面分布图	《可控源声频大地电磁法勘探技术规程》 SY/T 5772—2002
人工地震	√	√	含水地层、富水地段、含水体断面或平面分布图； 隐伏古河道断面或空间分布图； 岩溶区地下岩溶管道、洞穴、暗河断面或平面分布图； 含水构造、破碎带断面或空间分布图	《浅层地震勘查技术规范》 DZ/T 0170—1997
自然电位	√	√	地下水流向平面分布图	
充电法	√		含水地层、含水体断面或平面分布图	

6.6 污染区

（1）污染区包括垃圾填埋场的污染区、加油站的污染区、工业产生的污染区等。

（2）污染区地球物理调查的方法技术可选择：高密度电阻率法、探地雷达法、激发极化法、瞬变电磁法，见表6。根据物性前提，在已知区充分试验的基础上，选择两种或者多种反映不同物理性质的地球物理方法技术组合。

（3）污染区调查的地球物理勘查关键技术。污染区的地球物理勘查宜选用能够反映污染区和非污染区的物性差异的方法。不同的污染源宜在对污染区和非污染区物性试验的基础上进行。污染区的地球物理勘查工作必须满足以下技术要求：①污染区的地球物理勘查工作必须在进行污染区和非污染区的物性试验后，污染区和非污染区具有物性差异前提下，选择适合的能够检测出污染区和非污染区物性差异的地球物理方法才能开展工作。②污染区的地球物理勘查工作必须查明测量区域的已知非污染区的背景场；无测量区域的非污染区地球物理背景场测量的地球物理污染区调查数据视为无效数据；污染区的地球物理背景场调查包含两个方面的含义：其一，地球物理勘查测线宜延伸至非污染区的正常场；其二，在非污染区正常场区域应布置完整的测线。③污染区的地球物理调查工作必须进行时间推移测量，时间间隔为3～6月一次；物探方法技术和勘查方法的观测系统应相同；时间推移地球物理勘查宜使用相同的仪器、相同的观测方法、相同的测线布置。④污染区的地球物理调查应注意降水对地球物理场的影响，条件适合时，应进行雨前和雨后观测。

表 6 推荐的污染区调查的物探方法技术表

物探方法技术	调查深度/m		提交成果（规范要求以外）	执行/参考技术标准
	100～500	＞500		
激发极化法	√		污染区段断面或平面分布图； 污染区地质构造断面和平面分布图	
电阻率测深	√		污染区段断面或平面分布图； 污染区段深度断面或平面等值线图	《电阻率测深法技术规程》 DZ/T 0072—1993
高密度电阻率	√		污染区段断面或空间分布图； 污染区段深度断面或平面等值线图	《电阻率测深法技术规程》 DZ/T 0072—1993
频率电磁测深	√	√	污染区段断面或空间分布图； 污染区段深度断面或平面等值线图	《煤田电法勘探规范》 MT/T 898—2000
可控源声频大地电磁测深	√	√	污染区段断面或空间分布图； 污染区段深度断面或平面等值线图	《可控源声频大地电磁法勘探技术规程》 SY/T 5772—2002
人工地震	√	√	污染区段断面或空间分布图； 污染区段深度断面或平面等值线图	《浅层地震勘查技术规范》 DZ/T 0170—1997
自然电位	√	√	污染区段断面或空间分布图	

6.7 其他

（1）其他是指本指南没有列出的其他城市地质调查内容。

（2）对于本指南没有列出的其他城市地质调查内容，宜根据目标体的物性差异选择能够反映目标体物性差异的地球物理勘查方法。

（3）勘查方法参见相应的方法技术规范。

7 城市物探资料的收集与整理

7.1 资料范围

（1）所有有关的城市物探资料都是需要收集的资料范围。它包括基本物探资料、其他物探资料、其他相关资料等。

（2）基本物探资料：重力、磁法、电法、地震、测井等资料。

（3）其他物探资料：航空物探、遥感资料等。

（4）其他相关资料：地质资料、钻孔资料、工程地质资料、水文地质资料、地震活动资料等。

7.2 资料收集

（1）对于物探已有资料的收集应该了解：开展物探工作的目的、当时地球物理勘查方法技术选择背景、设计、物探测量的精度和误差、当时使用的仪器以及仪器的技术指标和精度、数据采集的方法和工作布置以及其局限性、资料处理的过程和使用的处理软件以及数据处理软件的局限性、资料解释和成果的可靠性。

（2）已有物探资料的收集应包括：区域重力、磁法（包括地面和航空磁测资料）、物性以及电法、浅层地震和测井资料等。

（3）收集取得的资料，除按照各方法有关规范进行整理和图示外，还要编绘若干综合性图件，以综合反映地质体的物探特征。

（4）对取得的数据进行各种转换和处理时，要考虑原始数据的质量、数据量、数据的空间密度、控制范围等状况，方法的特点及预期目的，以制定合理的数据处理方案，使处理过程简便，结果实用可靠，费用低廉。

（5）采用多种物探方法时，要全面利用各方法的资料进行综合研究，提取其中各类信息。只有运用多种资料综合分析，相互补充，相辅相成，才能更全面、更可靠地反映地质情况。

（6）资料收集要求：①收集资料过程中要注明研究资料的来源、工作单位、工作年代、工作精度。②收集单项物探方法资料时，应尽可能收集原始物探资料；收集单项物探成果资料时，应同时记录物探勘查方法、采集参数、使用仪器型号、精度以及工作单位、工作年代等，特别是应记录物探异常的形态。经过分析、归纳、评价与筛选，进行综合整理、综合研究，注意保留工作精度高、一致性程度高的资料，进行资料二次开发利用和补充。③收集综合物探资料和综合物探成果报告应记录综合成果的异常来源，宜记录异常来源于一种物探方法或多种物探勘查方法的每一种施工的方法技术参数、仪器型号、采集参数、精度、施工时间、施工单位。

（7）收集数据表格图件文字报告要求：①收集文字报告资料宜收集报告完整的插图、附图、附表等附件；②收集图表资料宜收集完整相应的图表说明，以及图表资料的来源、年代、工作方法和施工单位信息。

7.3 资料整理

7.3.1 分类

收集资料的分类应按照城市地质调查数据库入库要求进行分类。

7.3.2 标准化

收集资料的分类应按照城市地质调查数据库入库要求进行标准化。

8　城市物探成果集成

8.1　资料整合

（1）物探数据处理应有针对性、实用性。

（2）解释推断要以获得调查目标物的地质信息为目的，全面利用物探资料，结合地质情况，运用模型和识别准则进行地质解释，以完成物探工作的地质任务。

（3）依据模型进行地质解释时，一般要先对物探数据进行处理和反演，求得所推断的“物性体”，而后与已建立或选定的有关模型进行类比，进而得到普查目标物的有关情况。模型的建立或选定应从设计开始，不断完善；必要时应在普查区或邻区同类已知目标物上进行专门的试验工作。

（4）定性解释是判断引起物探异常的地质体的性质，是解释推断中一个基本的、重要的环节，必须充分重视。异常应逐一定性，尤其在城市地质调查工作中没有无意义的异常，在填图工作中，所有异常都是有意义的。

（5）异常定性，要依据异常体的物性资料和从“已知到未知”的追索。

（6）在定性解释的基础上，对具备定量解释条件的某些方法的异常做定量解释时，既要以定性解释为基础和约束条件，又要用定量解释的结果去检验定性解释的可靠性。

（7）定量解释一般可按下列程序进行：

①对数据进行预处理，以压制干扰，突出有用信息；

②依据观测或处理后的数据，选用适当的反演方法，对目标物的埋深、产状、规模和物性参数等某些方面做出推断；

③在条件许可时，用正演计算等办法，检验反演结果是否正确合理；

④定量解释的过程中，要注意和提倡新的技术和解释方法的开发、研究和应用。

8.2　以往资料的再解释

（1）重磁资料：一般要求进行二维、三维定量反演，并适当利用现有物性和钻孔资料进行约束，了解隐伏基岩面埋深及形态、地质体界线和断层及破碎带的分布。

（2）电法资料：一般要求进行带地形二维定量反演，条件成熟时可进行三维定量反演，并适当利用现有物性和钻孔资料进行约束，了解松散沉积层分层、隐伏基岩面埋深及形态、地质体界线和断层及破碎带的分布、岩溶带和地下含水层的分布。

（3）地震资料：一般要求进行剖面定量解释，条件成熟时，可进行二维速度分析或层析成像反演，并适当利用现有物性和钻孔资料进行约束，了解松散沉积层层状结构的界线，追索地质构造、基岩顶界面的埋深和形态以及岩溶带的分布。

（4）具有多种物探方法资料剖面上，要全面利用各方法的资料进行综合研究，相互补充，相辅相成，才能更全面、更可靠地反映地质情况。条件成熟时，应进行物探方法间的互约束或联合反演，减少物探反演结果的多解性，提取其中各类信息。

8.3 物探综合研究

（1）传统的物探综合研究方法，一般来说，就是把各种物探方法获得的资料摆放在一起，相互对照、参考，或者把几个不同的物性参数叠合在一起进行综合解释及评价，然后由地质家依据自己的先验知识对这些综合资料进行合理的地质推断及解释。当然这种传统的物探综合研究是必要的；但是这种综合的结果有时会因人而异。后来，普遍采用的综合技术主要是剖面试错解释，这对于重磁电勘探方法来说也是不合适的。由于体积效应，剖面试错往往会引导人们掉进旁侧异常体的陷阱。

（2）综合物探技术的发展必须依赖于三维基础上的联合反演综合研究，于是一些新的联合反演方法应运而生，本指南推荐以下四类方法进行物探综合研究：

①约束外推法。如果一个地区有钻井、地震及重磁电资料，或是电法资料可靠，只是缺少深层反射，可以在地震资料可靠的部位，利用地震等先验知识约束重磁电资料的反演，在地震资料品质不好的部位，利用重磁电反演资料进行补充，最终得到整个地球物理模型。

②异常剥离法。如果已知地下构造的一些参数，包括几何格架和物性资料，但局部参量难以确定，那么可以通过正演已知模型的异常，从总异常中把正演异常去掉，然后再反演剩余模型的参数。例如，地震和钻井资料已经确定地下构造和部分岩性，未知部分的岩性可以采用异常剥离法确定；反过来，如果岩性已知，部分边界不能确定，也可以采用异常剥离法。

③顺序修正法。以一种地球物理方法为主建立模型，其他方法为辅，依次修改模型，最终使各自的目标函数泛函极值逐渐减小，最终得到符合各种地球物理信息的地球物理模型，这是目前已实现并开始应用的联合反演技术。

比如重力与地震资料顺序联合步骤：用地震资料建立初始模型，在地震解释模型中结合重力资料充填地层密度；计算模型响应并求两者之差，即剩余异常，根据剩余异常的情况修改模型；用上述模型进行地震资料的反演，获得新的模型；用新的模型进行重力计算，再修改模型，如此反复，直到获得满意的拟合结果。

④统一修正法。这是一种完全联合反演。即真正在三维基础上实现，其反演步骤是：建立共同模型并根据某种规律建立统一的目标函数；参照各种地球物理信息统一修改模型；正演计算模型响应；判断目标函数是否减小，若减小，则修改模型；重复第二、三、一步骤，直到拟合到满意结果为止。

8.4 物探报告编写

（1）补充物探方法：采用单项物探方法完成一个工区的一项或几项工作任务应编写专题物探成果报告，采用多项物探方法从事综合物探应编写综合物探成果报告。补充物探完成一个工程或工区的一个设计阶段的物探工作后，应编写阶段性综合物探成果报告。

（2）专题物探方法勘查报告内容应包括：

①概况：工程概况、物探任务、工作时间、以往工作情况、工作量完成情况等；

②地形、地质简况及地球物理特征：与物探工作有关的地形地貌和地质情况、物探地质条件（有利条件和不利因素）和物性特征；

③工作方法与技术：方法原理简述、测线布置、现场工作方法与技术、仪器设备及工作参数；

④资料解释与成果分析：原始资料的评价、资料处理与解释方法、成果分析及其地质解释；

⑤结论与评价应包括：任务解决的程度、物探成果结论、成果解释精度、成果检验情况；

⑥问题与建议：可以是本次物探工作尚存的问题及需要补充开展的其他物探工作和验证工作的建议；也可以是本次探明的问题及可行的设计和施工处理建议。

（3）阶段性综合物探成果报告应符合下列要求：

①宜以该阶段的物探成果报告或以前各阶段的物探成果报告为基础编写；

②内容应包括概况：工程概况、地理位置、物探任务、工作起止时间、物探工作布置、综合利用各种物探技术的探测情况及完成的工作量（可列表示出）。地形、地质简况及地球物理特征：与物探工作有关的地形地貌、地层构造及水文地质情况、地球物理特征。物探方法综合成果包括：探测目的层（体）的地质物探特点、探测内容、探测方法技术、各物探方法的综合分析和地质解释。结论与评价：阐明应用综合物探方法所解决的工程地质问题的结论与效果，并做出成果质量与精度评价；问题与建议可以是本次物探工作尚存的问题及需要补充和需要开展的其他物探工作和验证工作的建议；也可以是本次探明的问题及可行的设计及施工处理建议。

（4）综合物探方法勘查报告编写。综合物探方法勘查报告应该包含专题物探报告的内容。综合物探方法勘查报告应包括独立一章介绍综合物探方法的综合解释的依据和成果。综合物探成果报告要突出多种物探方法的异常对比，着重阐述综合物探方法在解决地质问题方面的应用及各种方法所获得资料的综合分析。

（5）物探成果图件应符合下列要求：

①要求的图件应符合城市地质调查的规定；

②物探成果报告的插图可包括：方法原理图、典型曲线图、对比分析图等；插表可包括工作量表、物性参数表、仪器技术因素表、成果解释列表、测试数据列表、精度表等；

③附图图件应包括：工作布置图、成果图、成果解释图等；

④成果图应包括单一物探方法或综合物探方法所得到的剖面或平面图件，图件可以是曲线图、等值线图或图像等；

⑤成果解释图应是对实测物探资料进行的定性和定量解释的成果体现，应与物性资料相对应；

⑥同一测线进行多种物探方法的物探成果图应使用同一比例尺绘制在一张图上；

⑦物探成果图与成果解释图宜绘制在一张图上，上部绘制物探成果图，下部绘制成

果解释图。多种物探方法勘查的测线和区域应有相应的综合成果图件，并且要求注明每一种单一方法的物探异常点和多种方法解释的综合物探异常；

⑧物探所有附图图件必须有责任表和相应的责任人签名，否则视为无效图件。

8.5 归档与入库

（1）城市物探资料和成果必须按照城市地质调查要求的内容、格式进行归档。

（2）城市物探资料和成果必须按照城市地质调查要求的内容、格式进行入库。

9 城市物探方法技术

9.1 地震勘查方法

9.1.1 地震面波

1）可解决的主要城市地质问题及局限性

（1）在水平层状介质中进行浅部（小于30m）地层划分。

（2）岩土力学参数原位测试。岩土体弹性波速度值与介质的物理力学参数密切相关，利用岩土体的纵波速度、横波速度及密度数值可计算岩土体的压缩模量、剪切模量、泊松比等。

（3）饱和砂土层液化判别。当饱和砂土层的横波速度值小于其液化临界横波速度值时，饱和砂土层将发生液化。利用地震面波速度值，可判别饱和砂土层的液化可能性。

（4）地下不均匀体的探测。当地下存在未知的巷道、溶洞、古墓及各种掩埋物等不均匀体时，地震面波频散曲线在不均匀体空间位置处，频率和速度关系曲线会发生畸变，由此可探测地下不均匀体的存在。

（5）机场跑道、高等级公路路面、路基质量无损检测。利用地震面波法可求取路面、路基的横波速度及各结构层的厚度。进而可推算路面的抗剪、抗压强度及路基的承载能力。从而可实现对路面、路基的快速无损检测。

（6）地基加固处理效果检验。地震面波法对地基加固处理效果的检验，是通过对地基加固处理前后的波速变化来检验地基的处理效果及地基加固的影响深度。同时可检验地基加固处理后的均匀性。

（7）地质灾害调查。地震面波可应用于山体滑坡、基坑边坡的稳定性调查，圈定存在危险隐患的区域。

2）适用的技术规范

JGJ/T 143—2004 多道瞬态面波勘察技术规程

DZ/T 0170—1997 浅层地震勘查技术规范

3）主要干扰因素与抗干扰措施

（1）主要干扰因素有：城市人文活动的振动干扰，自然环境的振动干扰。

（2）抗干扰措施有：采用灵活的排列方式和灵活的工作时间，避开干扰源；垂直叠加和多次叠加；加大激振能量。

4）仪器设备特殊要求

仪器设备特殊要求如下：

（1）检波器固有频率宜小于 28Hz；

（2）地震面波稳态激振工作方式，激振设备一般选用电磁激振器，应根据不同勘探深度选用不同激振力的激振器，接收检波器的频率响应在激振低频时应不失真，仪器记录设备宜采用具备瞬时浮点放大功能的多道地震仪；

（3）地震面波瞬态激振工作方式，对激振设备不具体要求，接收检波器及仪器记录设备与稳态激振工作方式相同；

（4）技术指标：稳态激振法工作建议使用日本 GR-810 面波勘探系统；瞬态激振法工作建议使用低频检波器接收振动信号，检波器要有良好的一致性，在相同点接收同一信号时，检波器一致性要求小于 0.5ms。建议使用具备瞬时浮点放大功能的多道地震仪作为信号记录设备。具体指标可见所使用仪器说明。

5）野外数据采集特殊要求

（1）方法选择依据。当探测深度较浅，需要详细分层或需要探测场地不均匀性时选择该方法。可行性试验：地震面波工作前，应根据工作任务要求进行可行性试验。当要求探测浅地表信息时，应设法激发高频振动。激发点偏移距要小，使记录到的信号高频成分被尽可能地保留。当要求探测深部信息时，应设法激发大能量的低频振动，可适当加大偏移距，加长排列，以便记录到频率丰富的振动信号。当测点附近有陡立地质体时或测线垂直方向存在较宽深的裂缝时，应分析它对观测数据的可能影响。

（2）地震面波的工作方式。地震面波分稳态激振和瞬态激振两种工作方式：稳态激振法应根据不同的工作目的、勘探深度等选择合适型号的激振器。当勘探深度较小时（10m 内），可使用输出激振力较小的轻便激振器。当勘探深度很大时（10～100m），应使用输出激振力很大的、低频振动不失真的大功率激振器。瞬态激振法可采用不同重量、不同材质的手锤、吊锤进行垂直向激振，也可采用爆破或其他震源激振。在考虑激振能量的同时，还应考虑激振的频率，当勘探深度较大时，应充分激发低频能量。

（3）地震面波的观测方式。地震面波观测方式有两种：单端激振，两道或多道接收观测；双端分别激振，两道或多道接收观测。

6）资料处理与反演特殊要求

资料处理一般采用面波拟合程序：在地层速度逐步增加情况下，拟合系数不小于 0.9；在地层速度倒转情况下，拟合系数不小于 0.6。

7）成果表达要求

地震面波勘探提交的主要成果应符合：

（1）各测试点频散曲线（深度、速度曲线），当按固定点线距测试时，应按一定的比例将同一测线上各测试点的频散曲线绘制在一条直线上，组成一个完整剖面。场地有高程差异时，应按测点实际高程绘制。

（2）用地震面波资料处理软件或规程给出的计算公式计算和反演各地层的面波速度。

（3）将相邻点相同速度层连接在一起，可绘制地震面波速度剖面。

（4）将多条剖面相同速度层连接在一起，可绘制多个地震面波速度层的空间三维立体图。

（5）绘制工作任务需要解决的地质问题的有关图件，如推断的洞穴位置图、地层软弱区域、滑坡及边坡失稳危险区域。

8）质量要求

质量要求如下：

（1）使用稳态激振法工作时，激振器应与地面均匀紧密耦合，并使其保持竖直状态。

（2）检波器安置时，应与地面垂直并与地面紧密耦合，不同地面条件可采用不同的耦合方式。

（3）检波器点距，可根据接收不同激振频率进行选择，稳态激振采用等幅振动信号时，检波器点距应小于最小波长距离。

（4）使用稳态激振法工作时，激振频率步长应根据不同探测对象的精度要求、不同地层的速度变化情况，通过试验选择。

（5）为保证观测精度，应合理选择记录仪器的采样周期和计算相位时差的平均次数。

（6）瞬态激振法工作时，要求记录波形完整，多次采样有较好的相似性，信噪比高，无消波现象。

（7）宜采用垂直多次叠加的方式，抑制杂波干扰。

（8）对瞬态激振采集的数据，应在现场及时进行处理，获得频散曲线。

9.1.2 折射波地震勘探

1）可解决的主要城市地质问题及其局限性

（1）当基岩埋深较浅时、可用其确定基岩埋深及起伏，判定基岩岩性变化。

（2）勘查基岩浅埋区的基岩构造、破碎带及浅部岩溶发育带。

（3）在地质灾害调查中，用其确定完整岩体的埋深，圈定疏松带的范围。

（4）进行低速带调查，为地震反射的资料处理提供相应资料。

（5）折射波地震勘探法不适用于探测速度逆转层。

2）适用的技术规范

DZ/T 0170—1997 浅层地震勘查技术规范

3）主要干扰因素与抗干扰措施

（1）主要干扰因素有：城市人文活动的振动干扰，自然环境的振动干扰。

（2）抗干扰措施有：采用灵活的排列方式和灵活的工作时间，避开干扰源；垂直叠加和多次叠加；加大激振能量；检波器串组合检波，推荐二串二并。

4）仪器设备特殊要求

仪器设备特殊要求有：

（1）地震仪：浅层不少于 24 道；中深层不少于 48 道；仪器输入断短路噪声必须小于 1μV；仪器动态范围必须大于 140dB。

（2）震源：宜使用非炸药震源；震源能量通过试验确定。

（3）检波器固有频率宜小于 28Hz，通常选择 10～28Hz 检波器检波。

5）野外数据采集特殊要求

（1）每个排列炮点数不少于 9 炮。

（2）原始资料记录质量评价，“优良”品合格率不少于 85％。

（3）单炮记录不得多于一道坏道。

6）资料处理与反演特殊要求

（1）资料解释前应对速度资料进行分析、整理。选择速度时应注意近地表速度的不均匀性，应尽量利用钻孔测井资料进行综合分析。同一测线横向速度变化较大时，应计算沿测线速度变化曲线，并参与深度解释。

（2）应根据测区地震地质条件、时距曲线特征和精度要求，选择合理的解释方法（TO 法、时间场法、射线追踪法等）。只有在近水平层状介质、地表与界面起伏较小、界面视倾角不小于 5°、横向速度无明显变化或由于勘查区条件限制无法获得相遇时距曲线时，方可采用截距时间法或交点法。

（3）利用折射波进行岩性变化解释时，应具有物性资料依据。

7）成果表达要求

应提交的主要成果有：

（1）勘查区试验剖面。

（2）地震工作布置图。

（3）各测线时距曲线。

（4）速度参数表及钻孔柱状剖面。

（5）地震-地质综合解释图。

9.1.3 反射波地震勘探

1) 可解决的主要城市地质问题及局限性

反射波地震勘探应用非常广泛，对于城市地质调查中的地质问题几乎都可以使用，它是目前分辨率最高的一种地球物理勘查方法。可解决的主要城市地质问题包括：松散沉积层、基岩、断裂、环境地质与地质灾害、资源。

2) 适用的技术规范

DZ/T 0170—1997 浅层地震勘查技术规范

3) 主要干扰因素与抗干扰措施

(1) 主要干扰因素有城市人文活动的振动干扰和自然环境的振动干扰，干扰波调查包括类型、特征、地域特点。

(2) 抗干扰措施包括：常见干扰波抗干扰措施，包括组合激发、组合检波、垂直叠加、水平叠加等；特殊干扰波抗干扰措施，包括分析特殊波的频谱，针对性地提出抗干扰措施；多次叠加，多次覆盖，选择合适的采集参数，增加震源能量。

4) 仪器设备特殊要求

仪器设备特殊要求有：

(1) 地震仪。浅层不少于 24 道；中深层不少于 48 道；仪器输入断短路噪声必须小于 1μV；仪器动态范围必须大于 140dB。

(2) 震源：宜使用非炸药震源；震源能量通过试验确定。

5) 野外数据采集特殊要求

(1) 应采用多次覆盖观测系统，覆盖次数不得低于 6 次。

(2) 原始资料记录质量评价，“优良”品合格率不少于 85%。

(3) 单炮记录不得多于一道坏道。

6) 资料处理与反演特殊要求

(1) 原则上进行二维速度分析或层析成像反演。

(2) 沿剖面要保证有足够的提取动校正速度分析段；宜不少于 25 个 CDP 点有一个动校正曲线。

(3) 应进行地形静校正、低速带静校正；地形起伏较大的地区，要求使用动态基准面进行静校正。

(4) 在界面有一定倾角 15°时，应进行偏移处理。

7) 成果表达要求

应提交的主要成果及要求有：

（1）提供满足总项目要求内容的成果；内容、格式、数据库版本、纸质版本。

（2）背景噪声成果资料。

（3）勘查区域试验剖面：包括采集参数确定的依据。

（4）地震工作布置图。

（5）速度参数表以及钻孔柱状剖面。

（6）反射地震剖面图。

（7）地震-地质综合解释图。

9.2　电磁法勘查方法

9.2.1　电阻率剖面法

1）概述

电阻率剖面法（resistivity profiling）是用以研究地电断面横向电性变化的一类方法。一般采用固定的电极距并使电极装置沿剖面移动，这样便可观测到在一定深度范围内视电阻率沿剖面的变化。根据电极排列形式不同，可分为二极剖面法、三极剖面法、联合剖面法、四极剖面法、偶极剖面法和中间梯度法等，见表 7。其特点是资料简单、直观，工作效率高，以定性解释为主，成本低。

2）可解决的主要城市地质问题及局限性

（1）由于电阻率剖面法种类很多，不同的装置形式所能解决地质问题的能力也不一样。联合剖面法还具有分辨能力强、异常明显等优点，因此在工程地质等调查中获得了广泛的应用。但由于联合剖面法有无穷远极，野外工作中有装置笨重、地形影响大等缺点；主要适于找低阻陡立板状地质体。

（2）对称剖面曲线的异常幅度和分辨能力均不如联合剖面曲线。但由于对称四极装置不需要无穷远极，野外工作轻便、效率高。在工程地质调查中多用于面积性的普查，探测基岩的起伏、构造破碎带及高阻岩脉等。在合适的条件下还可以圈定岩溶的分布范围及追索古河道等。

（3）中间梯度法主要用来寻找陡倾的高阻体，如石英脉、伟晶岩脉等。这是由于陡立高阻体对均匀电场有较强的畸变作用。

（4）电阻率剖面法可解决的问题：追索构造破碎带，探测隐伏断层、破碎带的位置；探测隐伏地下洞穴的位置、埋深，判断充填状况；划分不同岩性陡立接触带、岩脉，探测拉张裂缝的位置。

3）适用的技术规范

DZ/T 0073—1993　电阻率剖面法技术规程

表 7 电阻率剖面法可采用的装置形式

装置名称	装置示意	装置符号	装置系数	装置特点
对称四极	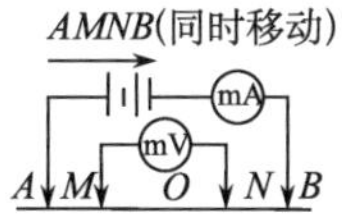 AMNB(同时移动) A M O N B	AMNB	$K=\pi\frac{AM\cdot AN}{MN}$	异常简单，勘探深度大
复合对称四极	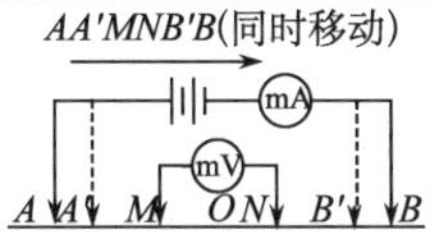 AA'MNB'B(同时移动) A A' M O N B' B	AA'MNB'B	$K=\pi\frac{A(A')M\cdot A(A')N}{MN}$	可同时获取两个深度信息
联合剖面	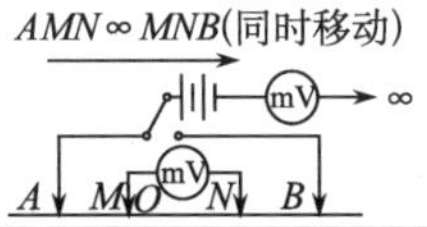 AMN∞MNB(同时移动) A M O N B ∞	AMN∞MNB	$K=2\pi\frac{AM\cdot AN}{MN}$	横向分辨率高，地形影响大
单侧偶极	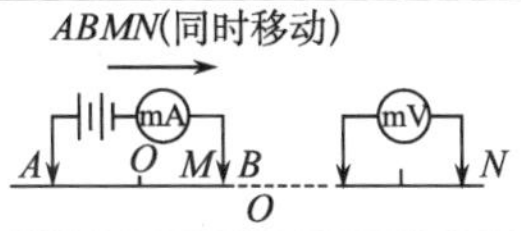 ABMN(同时移动) A O M B O N	ABMN	$K=\pi na(n+1)(n+2)$ 式中，$n=AB=MN$ $n=BM=1,2,\cdots$	横向分辨率高,异常形态复杂
双侧偶极	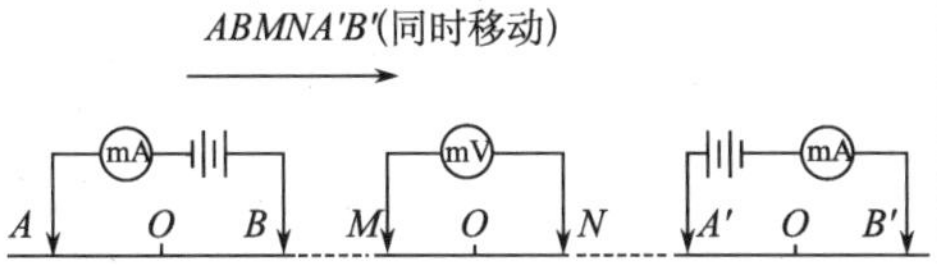 ABMNA'B'(同时移动) A O B M O N A' O B'	ABMNA'B'	$K=\pi na(n+1)(n+2)$ 式中，$a=AB=A'B'=MN$ $n=BM=NA'=1,2,\cdots$	异常复杂,分辨率高,便于综合分析
赤道装置	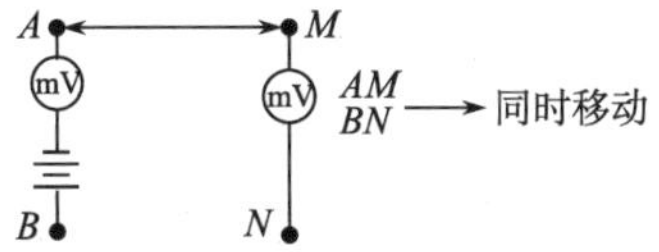 A M B N AM BN 同时移动	AM BN	$K=\pi a/(1/n-1/\sqrt{n^2+1})$ 式中，$a=AB=MN$ $n=AM=BN=1,2,3,\cdots$	可在特殊地形地物区工作,异常较复杂
中间梯度	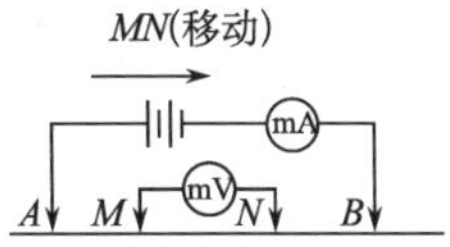 MN(移动) A M N B	A-MN-N	$K=2\pi/(1/AM-1/AN-1/BM+1/BN)$	在相同AB极距条件下,该装置探勘深度大,异常简单,工作效率高

4）主要干扰因素与抗干扰措施

（1）不稳定的地电场电位差。

①大地电流场，可采取下述方法避免或减小：选在大地电流弱的时间（冬季或避开中午）工作；加大供电电流，以增大信噪比；进行多次观测，合理取数。较先进的仪器采用了多次叠加技术，能自动选取满足一定精度的多次观测的平均值。

②游散电流，克服方法如下：在停电或用电量最小的时间进行观测；加大供电电流，以提高信噪比；在工作目的允许的情况下，使布极方向垂直于游散电流方向；多次观测，合理取数。

③随时间变化的渗滤电场，为避免这种干扰，一是雨后不要立即进行观测；二是在干燥地区为减小测量电极接地电阻而浇水时，应事先浇好；供电电流不稳定导致 ΔV_{MN} 随时间变化（一般是减小）。为保证供电电流稳定，当采用干电池作为电源时，要定期更换电池，使每根供电电极的电流不超过 0.2A。

(2) 感应电动势。

使测量导线尽量不要悬空。加大 MN 线和 AB 线之间的距离。应使测量线垂直输电线。

(3) 变化的电极电位。

采用不极化电极。清理电极附近的植物，防止风吹动时植物与电极接触。严防测量导线漏电。

5）仪器设备特殊要求

电阻率剖面法仪器的主要设备见表 8。

表 8 电法勘查仪器设备

仪器名称	型号	主要性能指标	生产商
微机电测仪	DWD-Ⅱ型	输入阻抗 50mΩ 电位分辨率 0.01mV 最大电压 400V 最大电流 5A	北京地质仪器厂
多功能激电仪	DDJ-Ⅰ型	输入阻抗 100mΩ 电位分辨率 μV 电流分辨率 0.01mA	北京地质仪器厂
自动直流数字电测仪	IZSD-G 型	输入阻抗 1000mΩ 电压分辨率 0.01mV 电流分辨率 0.01μV 最大功率 2.5kW（5A，500V）	中国地质大学（武汉）
多功能数字直流激电仪	WDJD-Ⅰ型	输入阻抗＞8mΩ 电压通道±6V±1%±1 个字 电流通道＞3A±1%±1 个字 电压 700V，电流 3A	重庆奔腾数控技术研究所
电子自动补偿仪	DDC-S 型	输入阻抗＞8mΩ 电压 10～700V 电流 3000mA 电压精度±1.5%±0.1mV 电流精度±1.5%±0.1mA	重庆地质仪器厂
数字电阻率仪	WDDS-1 型	输入阻抗＞30mΩ 输入电压范围－6～6V，±1%±1 个字 电流测量 3.5A，±1%±1 个字 最大电压 700V 最大电流 3.5A	重庆奔腾数控技术研究所

续表

仪器名称	型号	主要性能指标	生产商
多功能直流电法仪	D2D-4 型	输入阻抗>8mΩ 电压分辨率 0.01mV 电流分辨率 0.01mA 最大电压 900V 最大电流 5A	重庆地质仪器厂
高密度电阻率测量系统	WGMD-Ⅰ型	转换电极 60 路 绝缘性能≥500M 工作电压 400V_{DG} 工作电流 2A_{DG}	重庆奔腾数控技术研究所
AGI 高密度电阻率仪	SWIFT 型	6 心电缆，最大 254 道 功耗电瓶工作 80h	美国 AGI 地学新技术公司
高密度电阻率仪	E60 型	通道数<1024 输入阻抗 6mΩ 最小输入信号 4μVpp	长春科技大学工程技术研究所
高密度电法测量系统	DUK-1 型	转换电路总数 60 路 绝缘性能 500mΩ 最大电压 450V_{DG} 最大电流 2.5A	重庆地质仪器厂
分布式智能化高密度电法测量系统	MD-2E 型	最大 240 道 输入阻抗≥50mΩ 电位范围±10mV 电流范围±3A	中国地质大学（武汉）物探系

6）野外数据采集特殊要求

（1）为使探测对象在观测结果中得到明显反映，电阻率剖面法的工作设计必须满足下列地球物理前提：①被勘探对象必须与围岩在水平方向上有明显物性差异；②被勘探对象相对于埋深应具有一定规模；③干扰水平相对较低，即被勘探对象引起的异常能从干扰背景中区分出来；④沿测线方向地形起伏不大，若有起伏应注意识别或消除地形影响。

（2）在地质条件或地球物理前提不具备的地区，不得布置电法剖面工作；在地质条件具备而地球物理前提不明、方法有效性不肯定的测区，开工前应做电阻率剖面法试验。

（3）遇到下列复杂条件时，一般不布置电阻率剖面法工作：①地形切割剧烈，悬崖峭壁，河网发育以及通行困难地区；②覆盖层厚度大或地表盐渍化，电阻率低，形成低电阻层的屏蔽效应而无法可靠观测信号的地区；③无法避免或无法消除工业游散电流干扰的地区；④接地电阻过大，又无法改善接地条件的地区，如大面积砾石分布区、风化石堆积区、地表冻土达 1～2m 的地带。

7）资料处理与反演特殊要求

（1）局部不均匀影响的消除。

当表层不均匀体和地形起伏相对 AO 很小时，它们对 A 极供电和 B 极供电引起电场畸变是一样的，即引起曲线同步跳跃，故取比值 $F^A=\rho_s^A/\rho_s^B$ 或 $F^B=\rho_s^B/\rho_s^A$ 后，可将表层局部不均匀体或局部地形起伏影响消除掉。这种方法称为比值法。F^A、F^B 曲线消除了局部影响，结果曲线圆滑了，但交点不会消失（也不会无中生有），交点位置不变，交点性质不变。该方法的优点是使曲线圆滑，异常更明显；缺点是反映不出交点处的 ρ_s 值是高阻还是低阻，交点处 F 值总等于 1。另外当浅部不均匀体是有意义地寻找对象时，不能用比值法，因为取比值后，将压制掉浅部异常体引起的曲线畸变。

（2）地形影响的消除。

在地形起伏的剖面上所测得的 ρ_s 曲线，实际上包括了由地质体或构造所产生的异常和纯地形所产生的异常，二者叠加使曲线复杂化，对 ρ_s 曲线影响很大（特别是当 AO 相对地形起伏很小时，尤其如此），往往掩盖了矿体引起的异常或形成假异常，为了消除或减弱地形影响，目前在实际工作中广泛采用了“比较法”。该方法是将野外实测的视电阻率曲线（$\rho_s^{实测}$）除以点位上的纯地形影响值（$\rho_s^{地形}$），这样便得到经过比较法地形改正后的视电阻率曲线 $\rho_s^{改}$，即

$$\rho_s^{改}=\rho_s^{实测}/(\rho_s^{地形}/\rho_0)$$

式中，ρ_0 为模拟地形介质的真电阻率；$\rho_s^{改}$ 为消除或减弱地形影响后的视电阻率。

近年来采用电子计算机进行地形改正，已经取得了满意的地质效果。如果在野外现场，当没有计算机可供使用时，地形改正也可以利用《角域地形曲线图册》来完成。

（3）资料解释原则。

掌握当地的地质及物性资料。

充分研究已知点异常特征，从已知到未知进行解释。

以定性解释为主，确定异常性质（低阻或高阻异常），结合当地条件，阐明异常的地质因素。

在充分研究点异常特征的基础上，分析有关定性图件，进行面上研究，掌握异常发育规律。

在有条件的地方，对反映较好的曲线可进行定量解释。

应对解释结果的可靠程度进行论证。

8）成果表达要求

应提交的主要成果有：

（1）电参数剖面图：反映异常变化的幅度。

（2）综合剖面图：含解释推断成果。

（3）剖面平面图：研究异常的平面分布特点。

（4）等值线平面图：可供研究异常平面分布特点，但是联合剖面和偶极剖面不宜采用。

(5) 综合平面图：研究测区中物理场性质，揭示地质控制因素。

(6) 推断成果图：一套全面反映地质成果的图件。

9.2.2 电阻率测深法

1) 概述

电阻率测深法（resistivity sounding，简称电测深法）的特点是测点不动，按一定比例逐渐加大供电电极距，进行视电阻率测量。随着供电极距 AB 的加大，电流场作用范围加大。因此，ρ_s 值的变化就反映了该测点周围更深更广范围内的电性变化情况。电测深的种类很多，可分为对称四极测深、三极测深、偶极测深、五极纵轴测深以及环形测深等，见表 9。其特点是方法简单、成熟，较普及；资料直观，定性定量解释方法均较成熟；成本较低。

2) 可解决的主要城市地质问题及其局限性

目前最常用的是对称四极测深。通过研究地电断面，查明地质构造或者解决与深度有关的地质问题。如确定电阻率有差异的地层等，可解决的问题：

(1) 查明基岩起伏和河谷深槽情况，确定覆盖层厚度和基岩风化深度；

(2) 探寻含水层，确定其顶底板埋深和地下水面位置，圈定咸水和淡水分布范围；

(3) 探测浅层地质构造问题，如探测断层破碎带、陡立岩性接触界线，了解其产状和分布方向、范围、构造凹陷和隆起等；

(4) 探测浅层的大规模的电性局部不均匀体，如河床覆盖层中局部的砂砾石透镜体、古河道及人工洞穴、古窑、充水溶洞等。

3) 适用的技术规范

DZ/T 0072—1993 电阻率测深法技术规程

4) 主要干扰因素与抗干扰措施

参考电阻率剖面法。

5) 仪器设备特殊要求

见表 8。

6) 野外数据采集特殊要求

(1) 一般来说，应用电测深解决问题的有利条件是：沿垂向有足够大的电性差异，目的层应有一定的厚度，存在比较稳定的标准层，地形较平坦。

(2) 不宜设计电测深工作或不设计提交定量解释成果工作：

①冻土、流沙、砾石及风化堆积物等广泛分布，且厚度大，接地严重困难；

表 9　电阻率测深法常见装置

装置名称	装置示意	装置符号	装置系数	装置特点
对称四极	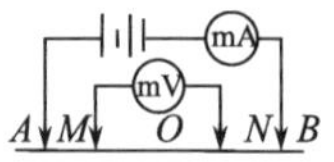 mA mV A M O N B (AB与MN同步或不同步向两侧移动)	←AMNB→	$K=\pi\frac{AM\cdot AN}{MN}$ 或 $K=\frac{\pi}{2}\left(n-\frac{1}{n}\right)\cdot\frac{AB}{2}$ 式中，$n=AB/MN(3,4,\cdots,n)$	工作方便，为常见形式
三极	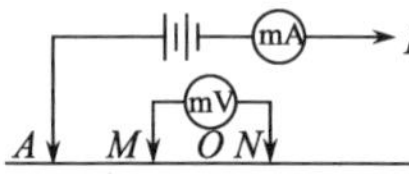 mA mV A M O N B∞ (单侧移动A与对称于O向两侧移动MN)	←AMNB∞	$K=2\pi\frac{AM\cdot AN}{MN}$ 或 $K=\pi\left(n-\frac{1}{n}\right)\cdot AO$ 式中，$n=AB/MN(3,4,\cdots;n)$	可用于地形有障碍地区
联合三极	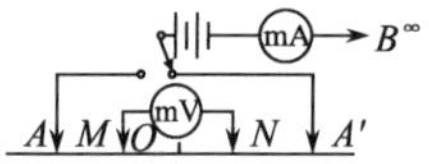 mA mV A M O N A′ B∞ (两侧三极)	←AMN∞ ∞MNA′	$K=2\pi\frac{AM\cdot AN}{MN}$ 或 $K=\frac{\pi}{2}\left(n-\frac{1}{n}\right)\cdot AO$ 式中，$n=AB/MN(3,4,\cdots;n)$	可用于对异常体特征的分析，提供多方位信息
轴向偶极	单侧(移动AB或MN) 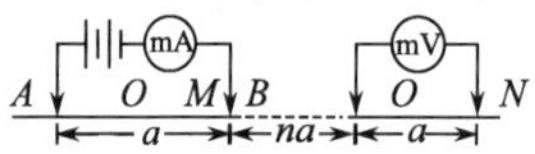 mA mV A O M B O N a na a	←AM NB→	$K=2\pi/(1/AM-1/AN-1/BM+1/BN)$ 或 $K=\pi na(n+1)(n+2)$ 式中，$n=AB=MN$ $n=BM/a(1,2,\cdots)$	横向分辨率高,异常形态复杂
赤道装置	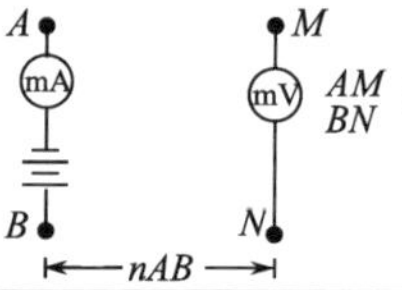 A mA B M mV N AM BN (单侧移动AB或MN) nAB	A|M B|N	$K=2\pi/(1/AM-1/AN-1/BM+1/BN)$ 或$K=\pi a/\left(1/n-1/\sqrt{n^2+1}\right)$ 式中，$n=1,2,3,\cdots$	可用于特殊地形地物区,勘探深度小
五极纵轴	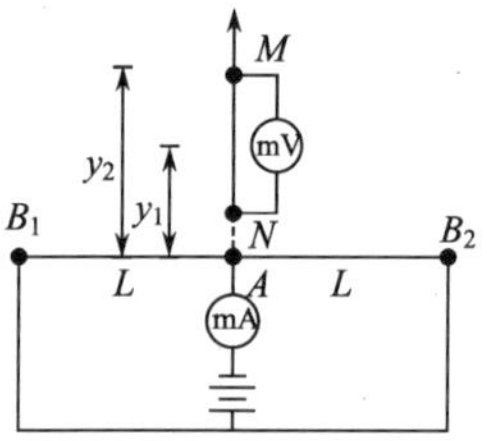 M mV N y_2 y_1 B_1 L A L B_2 mA	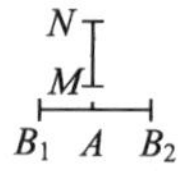 N M B_1 A B_2	$K=2\pi/[(y_1-y_2)/y_1y_2-1/\sqrt{L^2+y^2}-1/\sqrt{L^2+y_2^2}]$ 式中，$AB_1=AB_1=L$， $AM=y_1,AN=y_2$	纵向分辨率高,常用于详细划分破碎带及地层埋深等

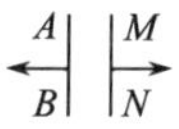

②地电断面中存在强烈的电性屏蔽层（指位于探测对象上方占据一定分布面积，具有极高或极低的电阻率，能严重阻碍电流向下穿透而又与探测对象无规律联系的电性层）；

③地下经常存在无法克服的较强的工业游散电流；

④地形影响难以改正；

⑤地质构造复杂，断裂发育，测区地电断面变化很大且无规律；

⑥某些主要电性层的电阻率沿水平方向变化很大且无规律；

⑦地表切割剧烈，地形地貌复杂。

7）资料处理与反演特殊要求

（1）电测深的资料解释一般包括定性解释和定量解释两个阶段，定性解释可以给出测区内电性层的分布及其与地质构造的关系；定量解释则可获得电性层的埋深及厚度。二者的正确运用和紧密结合方能作出符合客观实际的地质结论。电测深的资料解释也和其他电探资料解释一样，必须遵循从已知到未知、从易到难、反复实践、反复认识的原则。

（2）定性解释。主要是根据反映测区电性变化的各种定性图件来进行的，它可以提供区内电性层的分布、地电断面和地质断面的关系以及测区地质构造的初步概念。定性解释的内容有：

①定性图件的综合分析方法：平面分析、断面分析、综合分析；

②电阻率参数的确定及应用效果；

③典型地电断面的正演计算；

④地电断面与地质断面对应关系的概述。

（3）定量解释。随着计算机的迅速发展及其在地质领域中的广泛应用，先后开发和研制了适合于各种微型机和袖珍机的电测深曲线的数字处理软件，从而使电测深曲线的定量解释由“量板法”过渡到以计算机数字解释为主的阶段。主要目的是确定区内各电性层的埋深、厚度及其电阻率。电测深曲线的定量解释方法主要有：基于理论曲线与实测曲线进行对比的量板法，计算机数字解释方法以及在某些特定条件下所采用的各种经验方法等。应该指出，定量解释的结果除了和所采用的方法有关外，还和中间层参数的选取、工区地质资料的丰富程度等因素有关。由于电测深曲线是在一定观测误差情况下得到的，于是便出现这样的现象：有些不同地电断面所对应的电测深曲线间的差别在观测误差范围以内，常将其看成为“同一条”电测深曲线，这种情况称为电测深曲线的等值现象。由于等值现象的存在，一条实测电测深曲线可对应一组不同的地电断面，从而造成错误的解释。为此，必须了解等值现象发生的原因和规律，以提高解释质量。

（4）地形引起畸变的一般特点：

①平行地形走向布极较垂直走向布极对曲线的影响小；

②观测点位于山脊或山谷轴部时，地形影响最强烈；

③山脊地形对曲线影响大于山谷地形；

④地形影响曲线畸变，将有规律地出现在一系列相邻电测深点的不同极距上。

8）*成果表达要求*

应提交的主要成果有：

（1）ρ_s 电测深 ρ_s 曲线图（册）；

（2）电测深 ρ_s 曲线类型图；

（3）等 ρ_s 断面图（ρ_s 等值线断面图）；

（4）等 $AB/2$ 的 ρ_s 平面图；

（5）电测深 ρ_s 曲线极值点坐标平面图或剖面图；

（6）总纵向电导（s）平面图及剖面图、总横向电阻（T）平面图及剖面图、“中间层”纵向电导（或横向电阻）平面图或剖面图；

（7）地电断面图。

9.2.3 激发极化法

1）概述

当采用某一电极排列向大地供入或切断电流的瞬间，在测量电极之间总能观测到电位差随时间的变化，在这种类似充、放电的过程中，由于电化学作用所引起的随时间缓慢变化的附加电场的现象称为激发极化效应（简称激电效应）。激发极化法（induced polarization，IP，简称激电法）就是以岩、矿石激电效应的差异为基础，从而达到解决某些工程地质问题的一类电法勘探方法。

常用的装置类型有：中间梯度装置（简称中梯），联合剖面装置（简称联剖），偶极剖面装置（简称偶极），电测深装置（简称测深）。另外，还有一些其他装置，如充电装置和单极梯度装置（简称单极）等，如表 10 所示。

表 10 激发极化常见装置

装置名称	装置示意	装置符号	装置系数	装置特点
对称四极测深	(AB与MN同步或不同步向两侧移动) 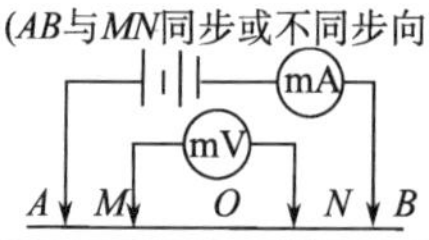 mA mV A M O N B	←AMNB→	$K=\pi\frac{AM\cdot AN}{MN}$ 或$K=\frac{2}{\pi}\left(n-\frac{1}{n}\right)\cdot\frac{AB}{2}$ 式中，$n=AB/MN(3,4,\cdots)$	有足够的二次场强度，工作简便
三极测深	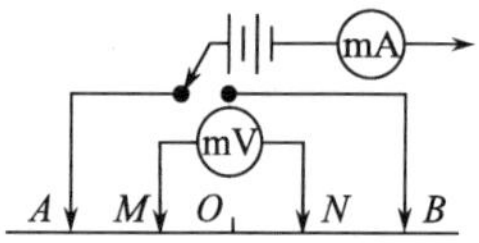 mA mV A M O N B	←AMN∞ ∞MNA′	$K=2\pi\frac{AM\cdot AN}{MN}$ 或$K=\pi\left(n-\frac{1}{n}\right)\cdot AO$ 式中，$n=AB/MN(3,4,\cdots)$	可用于地表有障碍地区，可了解异常体特征
对称四极剖面	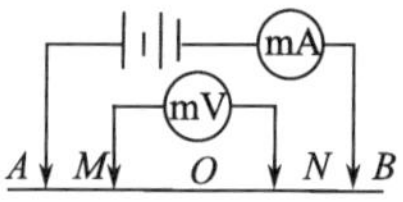 mA mV A M O N B (ABMN同时移动)	AMNB	$K=\pi\frac{AM\cdot AN}{MN}$	工作简便，资料直观

2）可解决的主要城市地质问题及其局限性

激发极化法可确定地下水位，研究水文地质参数，区分含水和非含水的低阻异常，研究断裂破碎带及岩溶发育和基岩风化情况等。

3）适用的技术规范

DZ/T 0070—1993 时间域激发极化法技术规定

4）主要干扰因素与抗干扰措施

参考电阻率剖面法。

5）仪器设备特殊要求

见表 8。

6）野外数据采集特殊要求

激发极化法受地形起伏及围岩电阻率不均匀性影响较小，且可充分利用其时间（或频率）特性，此方法适合山区勘查工作，可与同装置的视电阻率测量同步进行。

激发极化法应用条件：

（1）工作区内没有地下埋设管线的影响；

（2）激发源有较大的供电电流；

（3）由于二次场较弱，要求工作区内无较强的干扰电场。

7）资料处理与反演特殊要求

（1）激电常用参数。

①表征岩石激发极化强弱的参数：

极化率（η）

充电率（M）

②表征激发极化放电快慢的参数：

半衰时（S_1）

衰减度（D）

③综合参数：

激发比（J）

综合参数（Z）

电阻率（ρ_s）

相对衰减时（S_R）

偏离度（r）：实测结果与直线方程的偏离程度

（2）定量解释。

①在解释推断工作之前，对异常的可靠程度必须有个准确全面的估价，例如，正确地统计计算异常下限值。解释者应对该地段可能出现异常的大小及形态有个初步估计。另外还应从野外记录及备注中了解到由于布极以及其他极化体的干扰和旁侧影响等情况，来分析可能引起激电异常畸变的原因。

②区分地质与非地质因素引起的异常。根据异常特征和对异常地段可能引起异常的地质与人为因素的了解，辅以必要的其他装置的激电法，把地质因素引起的异常与人为因素异常区分开来。

③对于几何形态近似为规则体（球、柱、板状等）的，可采用类似选择法确定极化体形状、大小、产状及空间位置。对于不规则勘探对象，存在异常的部分采用最优化方法。

(3) 资料解释。

综合分析多种参数，划分异常并判断异常的可靠性。

研究曲线图，确定各种参数异常反应特征。

结台当地条件，分析引起异常的地质因素。

分析异常位置，确定异常体深度。

8) 成果表达要求

应提交的主要成果有：

(1) ρ_s、η_s、S_R、Z 等各种参数曲线图；

(2) 剖面平面图；

(3) 等值线平面图；

(4) 综合平面图。

9.2.4 高密度电阻率法

1) 概述

高密度电阻率法（high density resistivity method）的基本原理与传统的电阻率法完全相同，是以岩（矿）石的电性差异为基础，研究在供电电场作用下地下传导电流的分布规律，从而达到勘探地质体的目的。高密度电阻率法工作时，将数十根电极一次性布设完毕，每根电极既是供电电极，又是测量电极。通过程控式多路电极转换器选择不同的电极组合方式和不同的极距间隔，从而完成野外数据的快速采集。当电极排列间距为 Δx 时，测量电极距 $a=n\cdot\Delta x$，依次取 $n=1$，2，…，每个极距依固定的装置形式逐点由左至右移动来完成该极距的数据采集。对某一极距而言，其结果相当于电阻率剖面法，而对同一记录点处不同极距的观测又相当于一个电测深点。高密度电阻率法实际上就是电阻率剖面法和电阻率测深法的组合。相对于常规电阻率法而言，它具有以下特点：

(1) 电极布设是一次完成的，这不仅减少了因电极设置而引起的故障和干扰，而且为野外数据的快速和自动测量奠定了基础。

(2) 能有效地进行多种电极排列方式的扫描测量，因而可以获得较丰富的关于地电断面结构特征的地质信息。

(3) 野外数据采集实现了自动化或半自动化，不仅采集速度快（每一测点需2～5s），而且避免了由于手工操作所出现的错误。

(4) 可以对资料进行预处理并显示剖面曲线形态，脱机处理后还可自动绘制和打印各种成果图件。

(5) 与传统的电阻率法相比，成本低、效率高、信息丰富、解释方便。勘探能力显著提高。

根据不同的勘探对象和地质条件选择不同的装置形式或组合，其常见的电极装置有温纳四极、偶极和微分装置，电极组合方式见图 1。

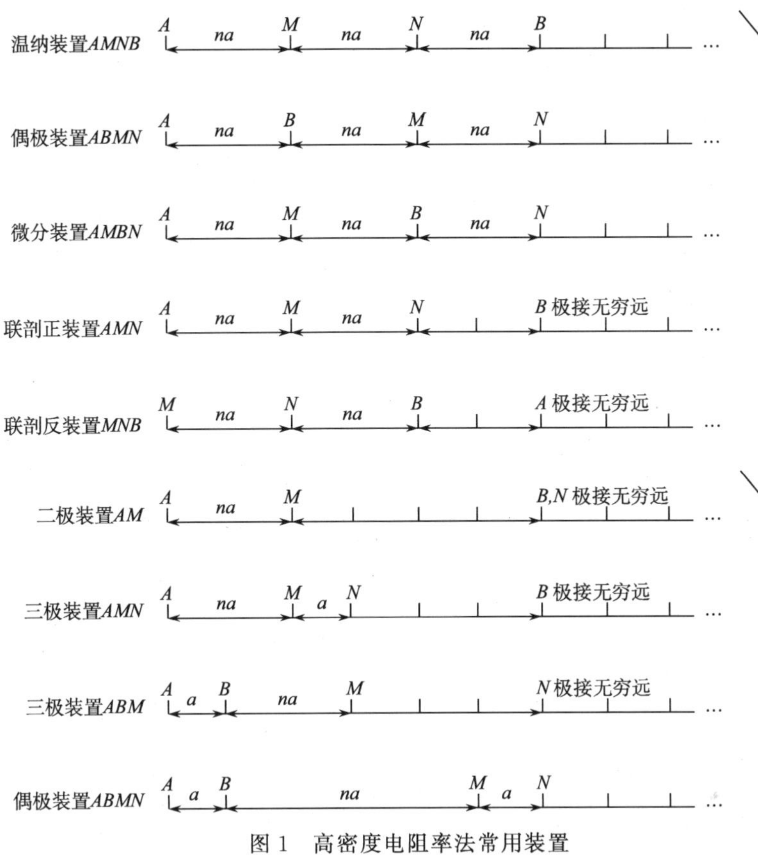

图 1　高密度电阻率法常用装置

2）可解决的主要城市地质问题

（1）探测隐伏断层、破碎带的位置、产状、性质。
（2）探测隐伏地下洞穴的位置、形态、埋深，判断充填物性质。
（3）探测隐伏裂缝的位置、产状、延伸及充填状况。
（4）测定覆盖层厚度，确定基岩面形态。
（5）划分基岩风化带，确定其厚度。
（6）探测崩塌体的地层结构，岩性接触关系。
（7）测定崩塌堆积体的厚度，确定堆积床形态。

3）适用的技术规范

DZ/T 0073—1993　电阻率剖面法技术规程
DZ/T 0072—1993　电阻率测深法技术规程

4）主要干扰因素与抗干扰措施

参考电阻率剖面法。

5）仪器设备特殊要求

见表 8。

6）野外数据采集特殊要求

（1）测线的布设应垂直勘探目标走向，尽量选择地形平坦且覆盖较均匀的地段。极距的选择要保证 $AB/2$ 大于勘探目标埋深的 1.5 倍。

（2）根据不同的勘探对象、地质及地形条件来选择相应的测量装置。一般而言，不同装置对地质体的异常反应具有不同的特点：

①相对而言，温纳四极分辨力较低，而偶极、微分和联合三极分辨力较高；

②温纳四极受地形起伏、地表不均匀等干扰影响较小，而其他三种不对称电极影响较大；

③异常幅度偶极法最大，联合三极和微分法次之，温纳四极最小；

④勘探深度温纳四极最大，偶极、微分装置次之，联合三极最小；

⑤异常形态温纳四极简单，伴随异常较小，偶极、微分法随极距变化伴随异常相对较明显，联合三极亦然。

7）资料处理与反演特殊要求

（1）含有突变点的数据断面进行滤波处理（如使用扩展偏置滤波器），剔除掉其中的虚假点。如果是长断面下的测量，则对其进行数据拼接，绘制等值线图，初步分析地下异常体的分布。高密度电阻率法数据处理流程见图 2。

（2）采用比较经济的实时数据处理方法（如比值计算）对数据断面进行前期处理。

（3）资料解释原则：

①异常的定性解释，分析对比各种参数断面图，正确区分正常场和异常场，根据参数等值线梯度变化密集程度确定异常大致分布特征。

②异常的定量解释，定量解释的方法主要有特征点法、数值模拟法等。解释的目标体与围岩电阻率都应较均匀，对于几何形态近似为规则体（球、柱、板状等）的，可采用经验公式确定其规模及埋深。对于不规则勘探对象，存在异常的部分采用电阻率成像、反演进行较精确的处理（如佐迪方法、最优化方法等），利用二维反演方法进一步确定异常源的空间分布特征。

8）成果表达要求

应提交的主要成果有：

（1）各种参数（ρ_s^{α}、ρ_s^{β}、ρ_s^{γ} 以及其他方法处理对应的参数）的等值线断面图；

（2）各种参数的分级断面图；

（3）各种参数不同隔离系数的剖面图；

（4）地电断面图。

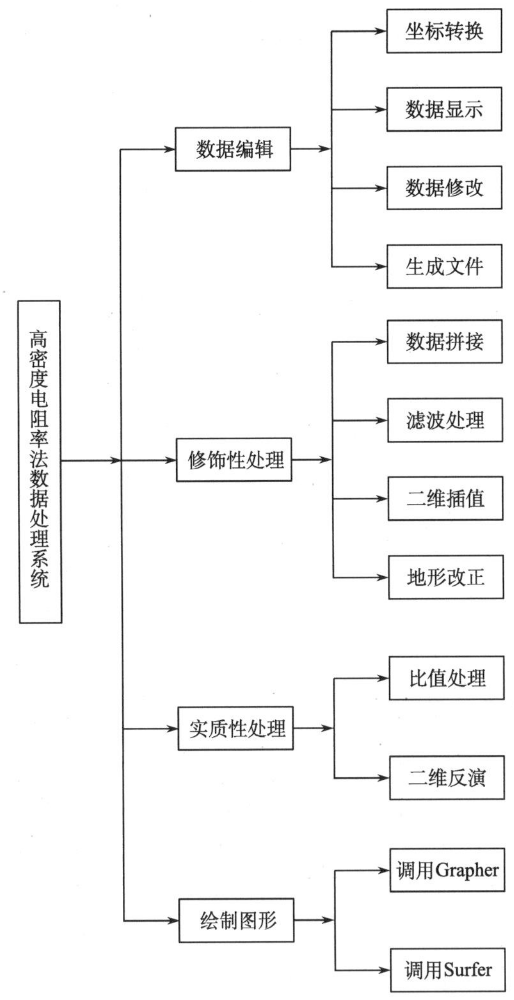

图 2　高密度电阻率法数据处理流程

9.2.5　大地电磁测深

1）概述

大地电磁测深是以天然交变电磁场为场源，当交变电磁场以波的形式在地下介质中传播时，由于电磁感应作用，地面电磁场的观测值将包含有地下介质电阻率分布的信息。由于电磁场的集肤效应，不同周期的电磁场信号具有不同的穿透深度，因此，研究大地对天然电磁场的频率响应，可获得地下不同深度介质电阻率分布的信息。

2）可解决的主要城市地质问题及其局限性

(1) 可解决的主要城市地质问题有：

①研究深部构造，探测基岩起伏和埋深，划分地质构造单元；

②探测断裂和推覆构造分布，探测高阻层覆盖区的下覆构造；

③调查地热资源，研究与地热有关的岩浆活动。

（2）进行大地电磁测深法勘查的区域必须有明显的稳定的电性标志层，测区内各目的层有足够的厚度，显著的电性差异，测区内电磁噪声比较平静，各种人文干扰不严重。

3）适用的技术规范

DZ/T 0173—1997　大地电磁测深法技术规程

4）主要干扰因素与抗干扰措施

主要干扰因素为人文活动的电磁场干扰。

抗干扰措施有：

（1）离开大的工厂、矿山、电气铁路、电站 2km 以上；

（2）离开广播电台、雷达站 1km 以上；

（3）离开高压线 500m 以上；

（4）离开繁忙公路 200m 以上；

（5）应选择在干扰背景小的时间段观测；

（6）观测时电极或磁棒连线不应悬空、晃动或成匝状，磁棒应水平放置于测点位置，接收机、操作员、磁性物体应远离磁探头；

（7）电偶极子场源的观测应在电偶极子 AB 垂直平分线两侧 30°角的扇形范围内的远场区内进行。

5）仪器设备特殊要求

仪器设备需具备：

（1）要求每公里供电线的电阻应小于 6Ω，导线应质软、耐磨、绝缘电阻应大于 2MΩ；

（2）宜使用不激化电极；

（3）同一测区两台及两台以上仪器工作时，应在同一测点采用相同装置进行一致性观测，要求 80%以上频点的相对误差小于 5%；

（4）基点和测点的同步精度不宜小于 10^{-9}s；

（5）电偶极子布置应平行于测线，方向误差应小于 5°；

（6）电偶极子供电电极点宜选择在土壤潮湿处，采用坑埋（深度 1～2m、面积 1～2m^2）并接多层金属板、网、锡箔或环形布置和并接多根电极；接地条件差时可浇盐水，接地电阻宜小于 30Ω；

（7）磁偶极子应选在地势平坦、相对干燥处，轴线方向应垂直大地，误差应小于 5°。

6）野外数据采集特殊要求

（1）观测方式有：

①二分量观测方式为最基本的观测方式，仅观测相互正交的电场分量（E_x）和磁场分量（H_y），一般在地下介质各向同性或受地形条件限制时常用。

②四分量观测方式是同时观测相互正交的电场水平分量（E_x、E_y）和磁场水平分量（H_x、H_y），一般适用于地下介质各向异性。

③五分量观测方式是在四分量观测方式基础上增加对磁场垂直分量（H_z）的测量，该分量用于确定构造产状。

（2）数据采集要求：

①电磁场的发射和观测应从高频至低频，频率范围应与探测深度相符；

②每点或每站观测完毕，宜及时显示或打印视电阻率曲线、相位曲线，每次观测的视电阻率曲线和相位曲线形态应一致；

③当视电阻率曲线、相位曲线极值点在频率轴上出现位移或曲线类型发生变化时，应重复观测；同一测点的重复观测或检查观测的视电阻率曲线、相位曲线形态和对应幅值宜一致；

④移动或更换场源，同一测线应有三个测点被覆盖，覆盖点可作为检查点；

⑤同一测深点进行二分量观测时，视电阻率曲线上标准偏差小于40%的点超过75%和相位曲线上不超过45°或135°的点大于75%，两种情形均满足时该点资料评为合格；

⑥同一测深点进行四分量观测时，视电阻率曲线上标准偏差小于40%的点超过70%和相位曲线上不超过45°或135°的点大于70%，两种情形均满足时该点资料评为合格；

⑦不合格的测深点大于总检查测深点数的30%，该测线或测区资料不合格。

7）资料处理与反演特殊要求

（1）数据预处理：首先进行时序曲线分析，去掉干扰因素影响较大的时序曲线。视电阻率和相位随频率变化曲线，一般用滤波来抑制干扰，圆滑曲线；对个别突跳频点需采用手工剔除，以免造成假异常。

（2）反演处理：主要包括一维反演、二维反演以及二维拟断面反演。其中一维反演方法较多，Bostick反演法最为常用，效果较好；二维反演可根据具体情况合理选择；二维拟断面反演可抑制地表不均匀产生的静态效应，方法较为简单。

（3）异常的定性解释：通过分析视电阻率参数断面图，正确区分正常场和异常场，根据等值线梯度变化密集程度确定异常大致分布特征。

（4）异常的定量解释：定量解释主要有一维反演和二维反演等方法，一维反演的对象为均匀层状介质，确定层参数，二维反演法既可以确定层数，也可以进一步确定似二维异常源的空间分布特征。

8）成果表达要求

应提交的主要成果有：

（1）视电阻率随深度或频率变化等值线断面图；

（2）相位随深度或频率变化等值线断面图；

（3）电阻率断面图。

9.2.6 瞬变电磁法

1）可解决的主要城市地质问题及其局限性

可进行的调查内容和解决的主要城市地质问题有：

（1）松散沉积层：可进行地质分层，古河道位置勘测，风化层厚度勘查，水文地质分层；

（2）基岩面埋深勘查；

（3）断裂调查：基岩断裂及活动断裂勘查；

（4）环境地质与地质灾害：岩溶勘查，地下洞体（老窑洞、防空洞、煤矿采空区等）勘查，地裂缝勘查，边坡检测，海水入侵调查（在滨海勘查海水入侵范围、在滨海及内陆渍化区寻找淡水、勘查咸水顶底板深度），地下水污染调查（前提是地下水污染前后离子浓度的变化带来电阻率的差异）；

（5）资源调查：具电阻率差异的建筑材料，含水层与隔水层，地热调查（由于地下热水矿化度增加，电阻率下降）；

（6）其他：桥基、路基、坎基、高层建筑地基勘查，地下隐蔽工程质量检测（防渗墙质量检测，大堤渗漏隐患探测，桩基础钢筋笼长度检测），水域瞬变电磁测深（用于桥墩选址、过江隧洞选线等），输电工程中的接地极址选择，金属管线探测，矿井工作面含水探测及涌水、突水通道勘查，地铁隧道超前探测，煤炭地下气化燃空区范围探测，陷落柱探测。

2）技术标准

DZ/T 0187—1997　地面瞬变电磁法技术规程

3）主要干扰因素与抗干扰措施

（1）主要干扰因素有：高压线、变压器、工业游散电流、管线、通信设备、建筑物、交通等对电磁信号的干扰。

（2）主要抗干扰措施有：抗干扰装置（如“8”字形重叠回线）、增加叠加次数（噪声类干扰区叠加次数建议大于 512 次）、增大发射电流（在考虑发射电压与电流限制、匹配情况、下降沿等因素的情况下，尽量增大发射电流）、数据预处理时剔除明显强干扰、尽可能避开强干扰区段。

4）仪器设备特殊要求

（1）仪器与小装置的匹配性好：城市地质调查与矿产资源调查相比，一般更注重浅层信息，其对仪器的要求首先是该仪器能较好地与较小的线圈匹配，如匹配不好，观测的信号表现为振荡（或为远大于二次场的一次场），其反演结果可信度低甚至无效，故不得在匹配不好的情况下进行观测。

(2) 下降沿较短（关断时间较小）：为观测浅层信息，下降沿应较短。下降沿与仪器、装置、发射电流等有关，应对所使用的具体装置进行下降沿测试，工程物探中下降沿宜小于 15μs。

(3) 采集速度较快：因城市噪声干扰一般较大，叠加次数一般应较大，有时还需多次观测（以便室内数据处理时可选择干扰较小的数据），加之场地经常因交通等因素，不便长时间施工，一次叠加次数为 512 次的观测时间宜小于 30s。

(4) 采集数据道（尤其早期道）应较密：城市地质调查因更注重浅层信息，目的物经常规模较小，对观测精度要求便更高，早期道采样间隔宜小于 10μs。

5) 野外数据采集特殊要求

(1) 仪器与装置良好匹配：首先，所采用的仪器应能较易与小装置进行较好的匹配。在匹配过程中，一般可通过改变线圈匝数、线的电阻大小、线圈边长及在线圈中并接电阻的办法进行，匹配中须谨防因并接电阻过小造成的过阻尼。

(2) 采集参数：在同一工区各测点的数据采集过程中，第一道采样延时、发射脉冲宽度（时基）、发射电流大小、匹配电阻等参数一般不宜再改变，以尽量减少系统误差，但叠加次数可据干扰情况随时调整。另外，如采用“8”字形回线装置，其长轴方向需平行高压线等干扰源。

(3) 叠加次数选择：对稳定的噪声干扰区，叠加次数应较大，如干扰时强时弱，叠加次数则不宜过大，宜采用较少叠加次数，多次观测（此时，建议观测三次以上），再对数据进行筛选。

(4) 引线使用：城市 TEM，因线圈一般不大，金属外壳的仪器影响将相对较大，仪器与装置之间应使用 5m 以上的引线连接。

(5) 测线布设：布置在地形相对平坦、覆盖相对较均匀的场地，尽量远离高压线、变压器以及一切人文干扰。

(6) 剖面方向：应垂直勘探对象走向，剖面长度应根据异常的宽度和必要的正常场的长度确定。

(7) 线距和点距：普查时，对于重叠回线和中心回线，一般测线间距等于回线边长 L，点距等于（0.25～1.0）L；对于大定源回线，线距和点距可比上述密一倍。详查时，重叠回线的重叠覆盖可达 90%。

(8) 现场记录：应记录剖面地质、地貌、居民区分布、管道、高压线、风力等对读数质量有影响的因素，以便以后解释时参考。

(9) 检查工作：依照《地面瞬变电磁法技术规程》(DZ/T 0187—1997)，安排检查工作，确保观测质量。

6) 资料处理与反演特殊要求

(1) 数据预处理：由于中、晚期二次响应受随机干扰影响较大，数据预处理便成为瞬变电磁法数据处理不可缺少的部分。首先，应进行强干扰剔除，而不宜先采取圆滑处理（因圆滑处理会将某道的强干扰分配到其他测道中去）；其次，在强干扰剔除的基础上，通过滤波处理进一步抑制噪声干扰。滤波方法较多，对于响应的剖面曲线和衰减曲线可选择不同的滤波方法。常用的滤波方法有三点滤波、四点滤波（Fraser 滤波）、六点滤波（Karous 滤波和 Hielt 滤波）、卡尔曼滤波和函数拟合法。三点滤波法适用于衰减曲线和剖面曲线；四点和六点滤波法适用于剖面曲线；卡尔曼滤波和函数拟合法适用于衰减曲线，但响应有负值时无法应用。上述滤波方法亦可加权组合使用。

（2）反演处理：主要包括一维反演、一维连续介质反演以及二维拟地震反演等方法。反演计算时，应尽量利用现有物性和钻孔资料进行约束。TEM 反演计算方法有各种理论公式、经验公式，应尽量使用包含多种结果的反演计算程序，并通过试算，选择更适合本区的反演计算方法和结果。

7）成果表达要求

根据不同的工作要求，提供下述部分或全部图件：

（1）不同时间道的瞬变响应与测点剖面图；

（2）视电阻率随深度或时间变化等值线断面图；

（3）视纵向电导随深度或时间变化等值线断面图；

（4）各种方法反演结果之断面图；

（5）同一深度上的视电阻率或视纵向电导或各种方法反演结果的平面等值线图。

9.2.7　可控源声频大地电磁测深法

1）可解决的主要城市地质问题及其局限性

可进行的调查内容和解决的主要城市地质问题有：

（1）探测构造形态、产状及断裂的空间展布。

（2）探测目标层的分布及其厚度。

（3）研究地下电性的三维空间分布，开展地电构造立体填图。

（4）地热勘查、水文地质工程地质勘查等。

（5）寻找深部隐伏金属矿等。

2）适用的技术规范

SY/T 5772—2002　可控源声频大地电磁法勘探技术规程

3）主要干扰因素与抗干扰措施

（1）主要干扰因素有：

①静态效应、近场效应；

②电磁干扰（工业干扰和人文干扰）、高压电线、通信电缆；

③接地电阻；

④地表低阻区。

（2）抗干扰措施有：

①静校正的空间滤波法、相位法；

②计算全频域视电阻率近场校正；

③避开电磁干扰源；

④电极附近浇水，降低接地电阻。

4）仪器设备

加拿大凤凰公司产 V-5、V-5-2000、V-6、V-8。

美国 Zonge 公司产 GDP-16、GDP-32。

5）野外数据采集特殊要求

野外数据采集需求：

（1）场源与测线基本平行，测点布置在“远区”。

（2）收发距 $r \geqslant$（3～6）H（H 为勘探深度），$AB \leqslant$（1/3～1/5）r，$MN \leqslant 1/10r$。

（3）供电时采用低压大电流，尽量减小接地电阻和导线电阻。

（4）测量电极 MN 采用不极化电极，尤其在低频段，可减小直流飘移或电极不稳造成的干扰。

（5）磁探头与 MN 电极垂直，并使磁探头水平放置。

6）资料处理与解释

（1）资料处理：

①对明显畸变的数据进行平滑处理。

②选择适当的滤波程序对干扰大、噪声强的数据做滤波处理。

③进行近场和过渡区校正。

④根据电阻率或相位断面等值线图，依据地质和地形起伏情况，判断静位移影响，选择最佳方法对静位移进行校正。

⑤对地形复杂地区做地形校正。

⑥浅部可用二维反演，深部采用一维反演。

（2）资料解释包括：

①定性解释：收集工作区各种有关的地质、物化探资料，在分析研究资料基础上进行定性解释。研究工作区曲线类型，对井旁测深曲线进行反演模拟，建立地电模型。研究电阻率和相位断面图，进行剖面对比，初步了解工作区地质构造特征。根据地质解释需要，完成视电阻率、相位断面等值线图。

②定量解释：利用已知钻孔资料进行单点和连续断面反演计算，根据反演结果确定地质构造和地质体变化范围。利用地质模型做控制进行二维圆滑反演，完成深度-电阻率断面图。面积性测量工作时，应完成 2～3 个不同测量深度电阻率平面图。

③综合解释：根据完成的视电阻率、相位断面等值线图和深度-电阻率断面等值线

图，结合地质等资料进行综合分析；按从已知到未知、从点到面、从简单到复杂的解释原则，对工作区进行地质解释；完成地质构造、岩性变化等地质解释图件。

7）成果表达要求

应提交的主要成果有：
（1）视电阻率断面图、等值线图；
（2）相位断面等值线图；
（3）解释推断剖面图。

9.2.8　地质雷达

1）概述

探地雷达主要是研究电磁波在介质中的传播速度、介质对电磁波的吸收以及电磁波在介质交界面的反射。

地质雷达分辨率高，但是探测深度浅，一般地探测深度局限于 30m 范围内。

2）可解决的主要城市地质问题及局限性

（1）可解决的主要城市地质问题有：
①确定不同的岩性，进行地层岩性的划分，浅部松散层分层；
②追踪浅部断裂，探查褶皱构造形态；
③浅地面地质灾害发育调查：滑坡、岩溶发育区、采空区、洞穴等；
④寻找古河道的空间位置；
⑤浅地表地下埋设物如管线、电缆等探测；
⑥探查覆盖层厚度；
⑦探查含水层的分布情况、埋藏深度及厚度，寻找充水断层及主导充水裂隙方向。
（2）局限性：
①地质雷达分辨率高，局限性是探测深度浅，一般小于 30m。
②其次，受电磁干扰和人文活动干扰影响较大。
③不能探测极高电导屏蔽层下的目的体或目的层。

3）适用的技术规范

DZ/T 0217—2006　电偶源频率电磁测深法技术规程

4）主要干扰因素与抗干扰措施

（1）干扰因素。

由于雷达波在地下的传播过程十分复杂，各种噪声和杂波的干扰非常严重，正确识别各种杂波与噪声、提取其有用信息是探地雷达记录解释的重要环节，其关键技术是对探地雷达记录进行各种数据处理。

探地雷达的噪声和杂波大致可归结为以下几类：

①系统噪声：主要源于发射和接收天线之间的耦合；

②多次波干扰；

③空中直接反射：非屏蔽干扰；

④来自电台、电视台、雷电放电、太阳活动等人文活动干扰和外部电磁干扰。

（2）抗干扰措施。

对系统噪声干扰可采用滤波和多次叠加压制；空中直接反射的干扰常常很强烈，易识别，但难以消除，一般使用屏蔽天线以尽量消除这种干扰。来自电台、电视台、雷电放电、太阳活动等外部电磁干扰可通过滤波技术进行有效压制。

常规的探地雷达拟浅层地震资料处理技术有：滤波、道均衡、速度分析、多次叠加、单道多次测量平均、偏移、反褶积、复信号处理等，而偏移和反褶积为两大热门技术。

5）仪器设备特殊要求

探地雷达的仪器设备必须达到以下要求：

（1）仪器的动态范围必须大于150dB；

（2）具有程控叠加功能；信号增益控制应具有指数增益功能；

（3）A/D转换位数≥16bit；

（4）点测时有多次叠加功能，且叠加次数≥8次；

（5）连续测量时扫描速率≥128线/s。

常见的探地雷达有：SIR系列、RAMAC系列。

6）野外数据采集特殊要求

（1）探地雷达可选用剖面法、宽角法、环形法、透射法、多天线法和孔中雷达等工作方式。常用的探地雷达观测方法有剖面法和宽角法两种。

（2）仪器的信号增益应保持信号幅值不超出信号监视窗口的3/4，天线静止时信号应稳定。

（3）宜选择所用天线的中心频率的6～10倍作为采样率。

（4）剖面法是发射天线和接收天线以固定间距沿测线同步移动的一种测量方式。当发射天线与接收天线间距为零，即发射天线和接收天线合二为一时，为单天线形式，反之为双天线形式。

（5）为了原位测量地层介质的电磁波速度，在探地雷达工作中还经常采用宽角法或共中心点法观测方式。一个天线固定在地面某一点不动，而另一个天线沿测线移动，记录地下各不同界面反射波的双程走时，这种测量方式为宽角法。也可以用两个天线，在保持中心位置不变的情况下，改变两个天线的距离，记录反射波的双程走时，这种测量方式为共中心点法。探地雷达法进行剖面测量时必须进行宽角法测量，以确定地层背景的电磁波速度。

7）资料处理与反演特殊要求

常规的探地雷达拟浅层地震资料处理技术有：滤波、道均衡、速度分析、多次叠加、单道多次测量平均、偏移、反褶积、复信号处理等，偏移和反褶积为常用技术。

除了常规处理外应进行下列处理：

（1）滤波：一维滤波、二维滤波；通过滤波达到压制干扰、提供信噪比目的。

（2）二维偏移归位处理方法：常见的偏移归位方法有绕射偏移、波动方程偏移和克希霍夫积分偏移，通过偏移处理的雷达剖面可反映地下介质的真实位置。

8）成果表达要求

（1）探地雷达实际材料图集中显示雷达测网布置。

（2）雷达剖面成果图：显示雷达测线下地层与构造形态。

（3）平面等值线图表达测线范围内某些目的层的分布特征，其中包括基岩高程图、目的层等深图等。

（4）雷达推测成果图，包括推断构造分布、异常体范围成果图、异常体平面分布图。

9.3 高精度重力勘探

9.3.1 可解决的主要城市地质问题及其局限性

（1）调查新近系和古近系覆盖区主要断裂的基本格架，调查结晶基底深度变化与基底的组成结构研究，编制推断基岩地质构造图。推断断裂构造，研究平面上断裂构造的展布，条件有利时研究断裂构造的产状。当基底与盖层有明显密度差异时，研究基岩顶面埋深。

（2）探测隐伏断裂和破碎带。

（3）若盖层深度与物性通过钻探或地震勘探已获知，能够利用重力正演剥离基岩以上地层重力影响，进而研究基岩内部横向密度变化，进行基岩地质填图。

（4）有钻孔约束条件下的城市沉积盖层多层密度结构研究；研究有密度界面差异的地层厚度变化，该密度界面与地质界面吻合时可进行地质分层。

（5）当风化层与原岩有密度差异，且达到一定厚度规模时，可利用重力勘探研究风化壳厚度变化。在滑坡区，覆盖层厚度的获得对滑坡治理有重要价值。

（6）加密重力测量可发现有一定规模的地下洞穴或地裂缝，或进行掩埋垃圾场的发现与规模研究；探测岩溶侵蚀带和溶洞，圈定地下河道，应用于地热资源勘查。

（7）剖面高精度重力测量用于城市活断层快速定位，为其他物探方法工作部署指明方向。

（8）在地震、电磁法等地球物理方法施工困难地区，高精度重力测量可为有效方法之一。

9.3.2 适用的技术规范

DZ 0004—1991 重力调查技术规定
DZ/T 0082—2006 区域重力调查规范
DZ/T 0171—1997 大比例尺重力勘查规范
GB/T 18314—2001 全球定位系统（GPS）测量规范
DZ/T 0153—1995 物化探工程测量规范
GB/T 12898—1991 国家三、四等水准测量规范

9.3.3 主要干扰因素与抗干扰措施

（1）振动干扰。通过远离干线公路、繁忙施工场地、重型动力设备、人群嘈杂环境等避免干扰。

（2）可以采用深夜时段观测避免在繁华中心城市开展重力测量时的振动干扰。

（3）地形干扰。合理选点，尽可能避免近区地形尤其是20m之内的地形影响；远离建筑物。

（4）当使用GPS测量时，尽可能保证GPS天线上天空开阔。保证GPS有固定解。

9.3.4 仪器设备特殊要求

要求使用分辨率等于或优于$0.01\times10^{-5}m/s^2$重力仪。如使用LCR-D/G重力仪和CG-3、CG-5、贝尔雷思（Burris）等重力仪。

测点平面位置与高程可采用两种方式测量：

（1）采用手持GPS定点，高程使用水准仪测量。

（2）使用测地型单频、双频GPS接收机或实时RTK-GPS接收机观测三维坐标，要配合CQG2000高程异常改正。在GPS信号接收受障的城区，高程宜采用水准仪测量。

9.3.5 野外数据采集特殊要求

（1）开展1∶50 000重力测量进行面积重力场研究时，重力测量精度要求达到$(100\sim150)\times10^{-8}m/s^2$。可以使用GPS静态测量定点并进行高程测量。

（2）1∶5000及更大比例尺的重力测量工作，重力测量精度要求达到$(30\sim100)\times10^{-8}m/s^2$。测点高程要使用水准仪测量。

（3）优于$50\times10^{-8}m/s^2$重力测量工作，宜采用6小时（半日内）闭合一次基点。

（4）选点避免主要干扰因素干扰。

（5）对近区地形影响进行要八方位地形改正。

9.3.6 已有资料的利用

（1）全面收集城市1∶20万、1∶10万、1∶5万或更大比例尺的重力资料。收集的

重力数据应包括点号、X 坐标、Y 坐标、高程、近区地改值、中区地改值、布格重力异常值七项内容，并收集所有数据的技术说明书。

（2）收集的重力数据必须按《区域重力调查规范》（DZ/T 0082—2006）进行“五统一”改算。即如下所述：

①统一采用 2000 国家重力基本网系统；

②统一采用 1954 年北京坐标系统和 1985 国家高程基准；

③统一采用国际大地测量学会（IGA）推荐的 1980 年公式计算重力异常值；

④统一采用《区域重力调查规范》（DZ/T 0082—2006）规定的公式进行布格改正和中间层改正，密度统一采用 $2.67\times10^3\text{kg/m}^3$；

⑤统一采用 166.7km 的半径进行地形改正。

（3）已有成果资料收集包括：

①图件资料（含平面图、综合剖面图等各种解释图件）；

②物性资料（统计数据；若可能，收集物性标本点位数据资料；如必要，需进行进一步统计工作）；

③已有的解释推断成果（含推断成果图和文字报告中有关解释推断成果的描述）。重点包括 1∶20 万研究地区的重力综合解释成果报告、1∶5 万及更大比例尺资料解释推断成果。

9.3.7 资料处理与反演特殊要求

（1）常规位场转换工作既可以采用频率域方法，也可以采用空间域方法。

（2）面积性重力测量异常分离与增强方法既可以使用常规方法，也可以使用有特色的方法技术。剖面重力测量可以通过计算重力异常水平梯度揭示可能存在的断点。

（3）工作区位于沉积盆地时，要开展三维重力正演剥层工作，并随着已知资料的不断增加把正演剥层作精细、深化。进而开展基底的连续介质三维密度界面反演或基岩顶面视密度反演，达到逐步认识基岩地质特征的目的。

（4）建立城市主干地质剖面，开展二度半剖面重力正反演拟合工作，并随着认识加深不断完善。

（5）建立城市重力三维正反演模型，并不断细化。

9.3.8 成果表达要求

主要提交以下图件：

（1）基础图件：布格重力异常图。

（2）数据处理图件：剩余重力异常图、区域重力异常图、水平梯度图与水平导数图、垂向二次导数图、向上（向下）延拓图、各种滤波图。

（3）地质解释图件：正反演解释剖面图、推断基岩顶面深度图、推断目的地层厚度图、推断地质构造图。

以上图件按表现形式又可分为三类：第一类为剖面图、正反演断面图；第二类为常规平面图；第三类为三维模型可视化显示图。

(4) 成果报告用于帮助用户正确使用推断成果图，应逐一详细具体地说明成果及其内涵、可靠性（精度、依据)、使用（引用）注意事项等图上难以表达的具体内容。

9.4 高精度磁力勘探

9.4.1 可解决的主要城市地质问题及其局限性

可发挥的作用和解决的主要城市地质问题有：

(1) 为区域地质调查提供基础地质资料；

(2) 城市磁起伏基底研究，适合于盖层无磁性或弱磁性、基底为中等或强磁性变质基底或火成岩构成基底的沉积盆地地区；

(3) 推断断裂构造，研究平面上与有磁性地质体边界有关的断裂构造的展布，与火成岩体侵入、喷出等有关的断裂构造的展布，条件有利时研究断裂构造的产状；

(4) 研究磁性火成岩体的空间产状；

(5) 城市地下管线探测；

(6) 城市未爆炸弹及其他金属掩埋物探测；

(7) 城区考古探测；

(8) 城市废弃物填埋场、废弃井探测，污染场污染程度研究。

以上探测成功与否取决于目标信号的信噪比。

9.4.2 适用的技术规范

DZ/T 0071—1993　地面高精度磁测技术规程

DZ/T 0142—1994　航空磁测技术规程

GB/T 18314—2001　全球定位系统（GPS）测量规范

DZ/T 0153—1995　物化探工程测量规范

9.4.3 主要干扰因素与抗干扰措施

(1) 城市磁测量的主要干扰因素为人文干扰。以研究磁性体分布、深部磁性界面埋深、断裂构造、岩体分布为主要目的的磁法勘探工作，宜以航磁测量为主。航磁测量易于通过航高控制观测仪器与人文干扰的距离，能够把握在充分衰减人文干扰的前提下，卓有成效地采集反映地下地质结构磁场信息。

(2) 以城市地下管线探测、城市未爆炸弹及其他金属掩埋物探测、城区考古探测、城市废弃物填埋场探测为目的的地面磁测，干扰主要为人文建筑、电力及其他各类管线、车辆等。宜采用远离人文干扰布设测线、选择干扰不活动时段开展施工或关闭研究区电源开展施工等措施抑制干扰。

(3) 一般在城市开展高精度磁测时，应远离高压线 150m、远离高大建筑群 100m、远离汽车 50m、远离普通民房 30m。

(4) 避免在下水道、高压线、变压器、繁忙公路、密集楼群内开展高精度磁测工作，但特殊目的的勘探工作除外（如寻找未爆炸弹)。

9.4.4　仪器设备特殊要求

地面磁测应以高精度磁测为主，要求仪器分辨率在 1nT 以上，仪器精度优于 10nT。国产及进口质子磁力仪、光泵磁力仪均可，梯度容差大的仪器优先考虑。

9.4.5　野外数据采集特殊要求

(1) 选择责任心强的仪器操作员操作磁力仪，时刻避免人文磁干扰。

(2) 以寻找铁磁目标物为目的的勘探工作要考虑采用适当密的测网，以不漏掉目标物为宜。

(3) 以寻找弱磁性目标物（如古墓）为目的的勘探工作要加密测网，并严格执行仪器的各项改正，提高测量精度。

(4) 为突出近地表磁性体，可以采用磁梯度测量、磁张量测量。

9.4.6　已有航磁资料的利用

(1) 数据准备原则是：

①模拟数据必须按照质量要求数字化；

②所有数字数据必须统一到同一格式上；

③低高度数据覆盖高高度数据；

④新数据覆盖旧数据；

⑤大比例尺数据覆盖小比例尺数据；

⑥数字收录数据覆盖模拟记录数据；

⑦高精度数据覆盖低精度数据。

(2) 等值线平面图的编制：要进行数据调平和网格拼接，提高数据质量。

(3) 要收集以下资料：

①收集城市磁测剖面数据，以大于 1∶5 万甚至更大比例尺为主，如没有 1∶5 万或更大比例尺资料时，应用 1∶5 万～1∶20 万。

②收集与磁有关的磁异常地面查证资料，如查证报告、查证剖面图等。

③收集与磁有关的地质矿产与构造资料，以大于 1∶5 万比例尺为主，如没有1∶5 万或更大比例尺资料时，应用 1∶5 万～1∶20 万。

④收集与磁有关的地面磁测资料。

⑤收集与磁有关的物性资料。

⑥收集与磁有关的航磁异常推断解释资料，如大于 1∶5 万比例尺的航磁综合研究报告及航磁异常分布与成矿预测图。

9.4.7　资料处理与反演特殊要求

(1) 以区域地质构造研究为目的的航磁资料处理与解释除采用常规的化磁极、延拓、垂向一次导数、剩余磁异常计算等处理外，还要计算磁基底深度，开展二维、三维正反演拟合。

（2）通过原始 ΔT 磁异常或其剩余异常、垂向一次导数等的阴影图突出断裂构造的空间展布。通过开展欧拉反褶积工作判断磁性体埋深。

（3）以寻找目标物为目的的地面磁测更强调剩余磁异常的提取和局部有用信号的增强。宜采用向下延拓、各种滤波处理；配合开展二维、三维正反演计算磁性体埋深与产状。

9.4.8 成果表达要求

主要提交以下图件：

（1）基础图件：航磁 ΔT 异常图、航磁 ΔT 平面剖面图；

（2）数据处理图件：剩余磁异常图、磁异常垂向一次导数图、向上（向下）延拓图、各种滤波处理图；

（3）地质解释图件：正反演解释剖面图、推断基岩顶面深度图、推断地质构造图。

以上图件按表现形式又可分为三类：第一类为剖面图、正反演断面图；第二类为常规平面图；第三类为三维模型可视化显示图。

（4）成果报告用于帮助用户正确使用推断成果图，应逐一详细具体地说明成果及其内涵、可靠性（精度、依据）、使用（引用）注意事项等图上难以表达的具体内容。

9.5 物探测井和井中物探

9.5.1 测井方法

测井方法种类非常多，而且新方法不断涌现，测井由第二代的数字测井正在向第三代的成像测井过渡。常见的测井方法有：电阻率测井、感应测井、自然电位测井、自然伽马测井、中子测井、密度测井、声波测井、电视测井、超声成像测井、电阻率成像测井、PS 波测井、流量测井、井液电阻率测井、井径测井、温度测井、井斜测井。

9.5.2 可解决的主要城市地质问题及局限性

可进行的调查内容和解决的主要城市地质问题有：

（1）判别岩性、编录和校正钻孔地质剖面；

（2）松散层分层；

（3）测定地层的物理参数（如密度、速度等），为地面地球物理方法提供标定依据；

（4）确定含水层的位置、厚度及性质；

（5）进行区域性的地层对比；

（6）确定地层的产状；

（7）验证地面物探成果。

9.5.3　适用的技术规范

DZ/T 0181—1997　水文测井工作规范

9.5.4　主要干扰因素与抗干扰措施

与地面方法相比较，物探测井和井中物探干扰相对简单和单一。

各种测井方法的干扰因素差别很大，相应的抗干扰措施也差别很大。每一种方法的差异请参考石油测井技术规范。

9.5.5　仪器设备特殊要求

（1）测井仪器（包括地面仪器、下井探头和测井电缆）必须在测井前六个月以内进行过标定。

（2）必须使用数字测井仪器或者第三代成像测井系统，禁止使用模拟测井仪器系统。

（3）连续测井时，地面记录设备必须具备现场监控实时测井记录功能；点测时，地面设备必须具备实时回放连续监视记录功能，禁止使用手工记录作业方式。

（4）测井电缆深度记录必须是自动记录，禁止使用手工深度记录；测井电缆深度累计误差必须小于5‰。

9.5.6　野外数据采集特殊要求

（1）重复测量工作量不小于有效工作量的10％。

（2）测井过程中，电缆的下放或者提升速度必须恒定。

（3）井孔深度在500m范围内，测井的提升速度必须满足1∶50的比例尺要求；井孔深度大于500m时，测井的提升速度必须满足1∶200的比例尺要求。

9.5.7　测井资料回放及其处理的特殊要求

（1）完成现场测量工作后，两个工作日内，必须对每条测井曲线进行等级评定；要求所有测井曲线评级必须优于乙级。

（2）测井工作完成后，必须回放测井原始记录剖面；比例尺要求为1∶50或者1∶200。

（3）多种方法测井，必须根据测井曲线进行深度归位。

（4）测井结束后，十个工作日后，必须提交测井综合成果图。

9.5.8　成果表达要求

主要提交以下成果：

（1）钻孔测井综合成果图及其相关图表；

（2）测井成果报告。

9.6 核勘查方法

9.6.1 概述

在城市地质调查中，主要以氡气测量作为气体调查方法，把壤中汞气测量一并纳入城市地质调查的勘查方法予以应用。两种气体的测量受气候干扰因素相同，除此之外，汞气受人为干扰较大，氡气则相对稳定。

9.6.2 可解决的主要城市地质问题及局限性

氡汞测量可用以确定断裂构造位置，辅助地质填图、城市环境监测等城市地质调查工作。由于氡、汞气体测量受气候影响较大，所获数据重现性差。

9.6.3 技术标准

(1) 适用规范《汞蒸气测量规范》(DZ 0003—1991)。

(2) 氡气测量在城市地质地质调查中没有适用的规范。

(3) 野外工作质量检查量不小于5%。

(4) 检查要求在同一天预定点位处打两个孔进行基本检查。同时要求在异常地段隔日重复观测，重复观测要求异常出现的形态基本一致，并有50%的异常重现率即认为测量结果合格。

9.6.4 主要干扰因素与抗干扰措施

刮风、下雨等气候因素，测量点堆积物类型等对氡、汞测量有较大影响。在野外工作期间应选择土层较厚、土壤颗粒较细的部位进行工作。

9.6.5 仪器设备特殊要求

(1) 仪器极限探测灵敏度：小于0.1eman ($1Bq/L = 0.27 \times 10^{-10} Ci/L = 0.27eman$)。

(2) 在温度−10～−40℃环境下及温度+40℃、相对湿度95%的气候条件下正常工作，与常温、常湿条件相比，计数误差≤±10%。

(3) 仪器测量（精度）本底≤4脉冲/h。

(4) 抽气泵密封性能：在700mm泵柱时，漏气速率≤20mmHg/min。

9.6.6 野外数据采集特殊要求

(1) 测点位置应选择预定点位上土层较厚、土壤颗粒较细的部位，应避开砂砾、碎石、人工堆积物，保证测点有一定的密封性能，并避开人工污染源。

(2) 地温大于气温、大雨后、特大风沙天应暂停野外工作，1～3天后再行工作，避免气候因素对测量数据的影响。

（3）野外工作质量检查量不小于 5%。

（4）检查要求在同一天预定点位处打两个孔进行基本检查，基本检查要求两侧观测数据的相对误差 RE≤30%为合格，合格率不能少于 80%。

（5）同时要求在异常地段隔日重复观测，重复观测要求异常出现的形态基本一致，并有 50%的异常重现率即认为测量结果合格。

9.6.7 资料处理与反演特殊要求

（1）氡汞测量的背景值和异常下限值采用统计计算法，一般异常下限采用背景值加 2 倍标准偏差确定。

（2）当剖面测量时，数据可以采用 3 点移动平均或者 5 点移动平均对数据进行圆滑处理，消除偶然因素的干扰。

（3）当面积测量时，可以选用窗口移动平均进行圆滑处理，消除孤立的点异常，降低偶然因素对分析解释的影响。

9.6.8 成果表达要求

主要提交以下成果：

（1）氡（汞）测量剖面图；

（2）面积性测量氡（汞）等值线图；

（3）氡汞测量推断解释的构造、岩性平面图。

9.7 地温勘查

9.7.1 可解决的主要城市地质问题及有效程度

（1）开展地热普查，圈定地热异常区，寻找地下热水。

（2）了解地下热储、地质构造分布情况。

（3）环境灾害勘查、工程热害、矿山热害等调查。

9.7.2 适用的技术规范

GB/T 11615—1989 地热资源地质勘查规范

9.7.3 主要干扰因素与抗干扰措施

（1）温度周期变化影响，可采用测量相对地温方法进行改正。

（2）不同地表状况的干扰，可采用剖面校正法、统计校正法、热扩散系数校正法及放热系数校正法。

（3）地下水活动影响。

（4）高程、山的阴坡、阳坡及人为干扰的影响。

9.7.4 仪器设备特殊要求

钻孔测温使用的仪器有最高水银温度计、电阻温度计和半导体热敏电阻温度计。

9.7.5 野外数据采集特殊要求

（1）地温测量可按测网敷设，测线方向垂直地热异常的长轴或热储构造的走向。

（2）测网密度根据地热异常形态、规模等确定。如控制地下热水的构造不清，热异常形态复杂，则加大测网密度。若覆盖层较厚，热异常不明显，测网密度可适当放疏，扩大测量范围。

（3）地温测量的深度，要根据热储构造的埋深、温度及当地的水文地质、气候条件确定。

（4）在埋深较小的高温地热区，由于地表地热异常明显，可采用浅部测温。浅部测温包括地表温度调查和浅孔地温调查。地表温度调查是测量土壤的温度，一般在深2～30m的浅孔中用温度计进行测量，点距要小于50m。浅孔地温测量的孔深一般为50～200m，钻孔间距取决于地热异常的范围。

（5）在覆盖层较厚的地热区，地表没有地热异常显示或显示微弱的情况下，多采用钻孔测温方法。

9.7.6 资料整理

为获得有关地热异常空间分布及其规模的正确结论，必须对原始测温数据及相关原始资料进行全面分析，分类评价。长期静止的废井、基井、生产井、水位变化不大的水文观测孔及终孔后稳定3～5天以上的钻孔测温数据可作为基础数据。钻井过程中的井底温度及矿井平巷浅孔的温度可作为同类数据的对比和参考数据。

9.7.7 成果表达要求

主要提交以下资料：

（1）温度剖面平面图；

（2）温度等值线平面图；

（3）等温线断面图；

（4）钻孔地温剖面图；

（5）典型剖面图；

（6）推断成果图。

本指南起草负责单位：中国地质调查局南京地质调查中心。

本指南起草单位：中国地质科学院地球物理地球化学勘查研究所。

本指南主要起草人：胡平、罗水余、林天亮、许德树、黄立军、杨进、冉伟彦、胡宁、杨建刚、杜庆丰、庞庆恒。